普通高等教育光电信息科学与工程专业系列教材

光电信息技术

（第二版）

主　编　王如刚　周　锋
副主编　方忠庆　杨晓芳　孔维宾

科学出版社

北京

内 容 简 介

本书以光电信息系统为核心，详细介绍光电信息系统中的光源、信号的调制、信号的传输、信号的放大、信号的探测、光谱分析和频谱分析技术，并结合作者多年来在光纤传感领域的研究成果和经验，对分布式光纤传感器的原理、结构和技术等进行深入细致的阐述。

本书可作为高等院校电子信息工程、光电信息科学与工程和自动化等专业的本科生教材，也可供从事传感器研究的研究生以及相关领域的科研人员参考。

图书在版编目（CIP）数据

光电信息技术/王如刚，周锋主编. —2 版. —北京：科学出版社，2024.1
普通高等教育光电信息科学与工程专业系列教材
ISBN 978-7-03-077973-1

Ⅰ. ①光… Ⅱ. ①王… ②周… Ⅲ. ①光电子技术-信息技术-高等学校-教材 Ⅳ. ①TN2

中国国家版本馆 CIP 数据核字(2024)第 002208 号

责任编辑：陈 琪 / 责任校对：王 瑞
责任印制：赵 博 / 封面设计：马晓敏

科学出版社 出版
北京东黄城根北街 16 号
邮政编码：100717
http://www.sciencep.com
北京天宇星印刷厂印刷
科学出版社发行 各地新华书店经销
*
2018 年 6 月第 一 版 开本：787×1092 1/16
2024 年 1 月第 二 版 印张：13 1/2
2024 年 12 月第五次印刷 字数：321 000
定价：59.00 元
（如有印装质量问题，我社负责调换）

前　　言

党的二十大报告指出："推进教育数字化,建设全民终身学习的学习型社会、学习型大国。"本书以此为出发点,在第一版教材的基础上,结合读者的反馈建议及江苏省产教融合一流课程、中国大学 MOOC 平台 SPOC 学校专有课程"光电信息技术"的多年教学实践修订而成。

与第一版教材相比,《光电信息技术》(第二版)保持了原内容体系,遵循"光电信息系统设计的结构顺序:信号的产生—信号的传输—信号的检测与分析"的内容编排规律,具体修订内容如下:

(1) 对全书的公式、图表进行了认真地梳理和确认,修改了部分公式,替换了部分图片。

(2) 对习题进一步修改,删除了部分与章节内容不相关的课后习题,力图使其在难度上更有层次,在题型上更多样化,在提问题的角度上更具有启发性,并重新整理了习题解答。

(3) 增加了第 8 章图像检测技术。图像检测技术是近 20 年来发展起来的一项技术,利用计算机对图像进行处理、分析和理解,以识别各种不同模式的目标和对象的技术,是深度学习算法的一种实践应用。本章中着重介绍了边缘检测算法、自适应阈值算法、改进型差分算法、改进型 Alexnet 模型等方法在图像检测技术中的应用,以利于读者更加深入地了解光电信息技术的发展。

(4) 为强化学生对知识的理解,本书融入视频内容,可扫描书中二维码进行学习。

本书得到了国家自然科学基金(62301473)、盐城工学院教材建设基金的资助。同时,感谢科学出版社对本书出版的全力支持。

由于作者能力所限,书中难免存在疏漏之处,恳请广大读者批评指正。

作　者
2023 年 10 月

目　　录

第一章　激光原理基础

物理学家爱因斯坦早在 1917 年就预言了受激辐射过程的存在，为提出受激辐射的概念奠定了激光理论的基础。

1.1　激光产生的基本原理

爱因斯坦
辐射理论

1.1.1　跃迁

玻尔在解释 H 原子光谱实验规律时，将经典的理论与普朗克的能量量子化概念结合在一起，认为原子中的电子可以在一些特定的轨道上运动，并具有一定的能量。这样，原子中的电子在原子核的势场和其他电子的作用下，分列在不同的能级上，各个能级间的能量不连续。当原子从某一能级吸收了能量或者释放了能量时，就产生了跃迁。凡是吸收能量后从低能级到高能级的跃迁称为吸收跃迁，而释放能量后从高能级到低能级的跃迁称为辐射跃迁。跃迁过程中吸收或者释放的能量必须等于发生跃迁的两个能级之间的能量差。若吸收或辐射的能量都是以光能存在，它们之间的关系可以表示为

$$E_2 - E_1 = h\nu \tag{1-1}$$

式中，E_2 和 E_1 分别为高、低能级的能量；$h\nu$ 为吸收或释放的光子能量；h 为普朗克常量；ν 为频率。爱因斯坦从辐射与原子相互作用的量子论观点出发，提出了它们之间的相互作用包括三种过程：原子的自发辐射跃迁、受激辐射跃迁和受激吸收跃迁。在激光器的发光过程中，这三种跃迁过程始终存在。

1）自发辐射

处于高能级 E_2 的原子自发向低能级 E_1 跃迁，并发射出一个频率为 $\nu = (E_2 - E_1)/h$ 的光子过程称为自发辐射跃迁。这个过程可以用自发跃迁概率来表示，它定义为发光介质在单位时间内，从高能级上产生自发辐射的发光粒子数密度与高能级总粒子数密度的比值，可以表示为

$$A_{21} = \left(\frac{\mathrm{d}n_{21}}{\mathrm{d}t}\right)_{\mathrm{sp}} \frac{1}{n_2} \tag{1-2}$$

式中，$\mathrm{d}n_{21}$ 为 $\mathrm{d}t$ 时间内自发辐射粒子数密度；n_2 为 E_2 能级总粒子数密度；下标 sp 表示自发辐射跃迁。自发辐射跃迁的过程是一种只与原子本身性质有关、而与辐射场无关的自发过程。A_{21} 的大小与原子处在 E_2 能级上的平均寿命有关，不考虑其他辐射跃迁的情况下，E_2 能级上的粒子数密度 n_2 随时间的变化率可以表示为

$$\frac{\mathrm{d}n_2(t)}{\mathrm{d}t} = -\left[\frac{\mathrm{d}n_{21}(t)}{\mathrm{d}t}\right]_{\mathrm{sp}} = -A_{21}n_2(t) \tag{1-3}$$

$$n_2(t) = n_2(0)\mathrm{e}^{-A_{21}t} \tag{1-4}$$

式中，$n_2(0)$ 为 $t=0$ 时刻的粒子数密度。式(1-4)表明，E_2 能级上的粒子数密度因自发辐射作用而随时间按指数规律衰减，粒子数密度由 $t=0$ 时的 $n(0)$ 衰减到它的 $1/\mathrm{e}$ 时所用时间为 E_2 能级的平均寿命 τ，从式(1-4)可以得出：

$$\tau = \frac{1}{A_{21}} \tag{1-5}$$

式中，A_{21} 为自发辐射跃迁爱因斯坦系数。

2) 受激辐射

处于高能级 E_2 上的原子在频率为 $\nu = (E_2 - E_1)/h$ 的辐射场激励作用下，或在频率为 $\nu = (E_2 - E_1)/h$ 的光子诱发下，向低能级 E_1 跃迁并辐射出一个与激励辐射场光子或诱发光子的状态(频率、运动方向、偏振方向、相位等)完全相同的光子的过程称为受激辐射跃迁。用受激辐射跃迁概率 W_{21} 来描述受激辐射为

$$W_{21} = \frac{\mathrm{d}n_{21}}{\mathrm{d}t} \cdot \frac{1}{n_2} \tag{1-6}$$

式中，$\mathrm{d}n_{21}$ 为 $\mathrm{d}t$ 时间内受激辐射粒子数密度；n_2 为 E_2 能级粒子数密度。受激辐射与自发辐射是本质不同的物理过程，其跃迁概率的性质不同，自发辐射跃迁爱因斯坦系数 A_{21} 只与原子本身的性质有关，而受激辐射跃迁概率 W_{21} 不仅与原子本身的性质有关，而且与辐射场 u_ν 成正比，可以表示为

$$W_{21} = B_{21} u_\nu \tag{1-7}$$

式中，B_{21} 为受激辐射跃迁爱因斯坦系数，只与原子性质有关。

3) 受激吸收

受激辐射的反过程可以看成受激吸收过程，一般称为吸收，可以表示为

$$W_{12} = \frac{\mathrm{d}n_{12}}{\mathrm{d}t} \cdot \frac{1}{n_1} \tag{1-8}$$

式中，$\mathrm{d}n_{12}$ 为 $\mathrm{d}t$ 时间内受激吸收粒子数密度；n_1 为 E_1 能级粒子数密度。因为受激吸收跃迁过程也是辐射场作用下产生的，故其跃迁概率 W_{12} 也与辐射场大小成正比，如式(1-9)所示：

$$W_{12} = B_{12} u_\nu \tag{1-9}$$

式中，B_{12} 为受激吸收跃迁爱因斯坦系数，只与原子性质有关。

1.1.2　爱因斯坦系数之间的关系

光与物质相互作用的三种过程为自发辐射、受激吸收和受激辐射，这三种过程通常情况下是同时出现的，而且相互间也是有联系的。通过分析黑体的热平衡过程，可以更好地了解爱因斯坦三个系数之间的关系。热平衡即任一时刻介质系统辐射能量等于吸收能量，也即单位时间内介质系统辐射出的光子数等于被介质吸收的光子数，系统中总光子数保持不变，辐射的光谱能量密度保持不变，对应辐射率和吸收率相等，可以表示为

$$A_{21}n_2 + B_{21}\rho(\nu,T)n_2 = B_{12}\rho(\nu,T)n_1 \tag{1-10}$$

在热平衡时，各能级上的原子数密度以各自能量的高低遵从玻耳兹曼分布定律，可以表示为

$$\frac{n_2}{n_1} = \frac{g_2 \mathrm{e}^{-E_2/(kT)}}{g_1 \mathrm{e}^{-E_1/(kT)}} = \frac{g_2}{g_1} \mathrm{e}^{-h\nu/(kT)} \tag{1-11}$$

式中，g_1、g_2 为跃迁涉及的能级简并度；k 为玻尔兹曼常量。通过求解式(1-10)和式(1-11)，可得出介质中辐射能量密度为

$$\rho(\nu,T) = \frac{A_{21}/B_{21}}{\dfrac{B_{12}g_1}{B_{21}g_2}\mathrm{e}^{h\nu/(kT)} - 1} \tag{1-12}$$

在黑体辐射情况下，普朗克黑体辐射能量密度式可以表示为

$$\rho(\nu,T) = \frac{8\pi h\nu^3}{c^3} \cdot \frac{1}{\mathrm{e}^{h\nu/(kT)} - 1} \tag{1-13}$$

比较式(1-12)和式(1-13)，可以得出：

$$\frac{A_{21}}{B_{21}} = \frac{8\pi h\nu^3}{c^3} \tag{1-14}$$

$$\frac{g_1}{g_2} \cdot \frac{B_{12}}{B_{21}} = 1 \tag{1-15}$$

式(1-14)式(1-15)表示 A_{21}、B_{21}、B_{12} 之间的关系，称为爱因斯坦关系式。由式(1-14)变换后可以得出式(1-16)：

$$A_{21} = \frac{8\pi h\nu^3}{c^3} B_{21} \tag{1-16}$$

从式(1-16)可以看出，自发辐射的大小随光场频率的三次方(ν^3)增加，波长越短，自发辐射的概率越大。爱因斯坦系数由介质原子自身特性决定，尽管爱因斯坦关系式是由黑体辐射这一特殊情形推导出来的，但也是一个普遍成立的关系式。

当能级简并度 $g_1 = g_2$ 时，式(1-15)可以改写为

$$B_{12} = B_{21} \tag{1-17}$$

$$W_{12} = W_{21} \tag{1-18}$$

从式(1-17)和式(1-18)可以看出，当其他条件相同时，受激辐射和受激吸收具有相同的概率，即一个光子作用在高能级 E_2 原子上引起受激辐射的可能性，等于它作用在低能级 E_1 原子上时被吸收的可能性。光与物质相互作用时，自发辐射、受激辐射和受激吸收这三个过程会同时出现。在热平衡状态时，按照玻耳兹曼分布定律，高能级上的原子数一般少于低能级上的原子数，因此，在正常情况下，一个光子被介质吸收的可能性远大于引起受激辐射的可能性。

受激辐射与自发辐射的重要区别在于相干性。自发辐射是不受外界辐射场影响的自发过程，因此，大量原子自发辐射场的相位是无规则分布的，是不相干的。此外，自发辐射场的传播方向和偏振方向也是无规则的，也就是说，自发辐射的能量平均分配在所有模式上。受激辐射是在外界辐射场控制下的发光过程，在量子电动力学的基础上可以证明：受激辐射场与入射辐射场具有相同的频率、相位、传播方向和偏振，因此，受激辐射场与入射辐射场属于同一模式。或者说，受激辐射光子与入射光子属于同一光子态，特别是大量离子在同一辐射场激励下产生的受激辐射处于同一光场模式或同一光子态，因此受激辐射是相干的。

1.1.3 激光产生的增益原理

由受激辐射和自发辐射相干性的讨论可以知道，受激辐射的相干性较好，其光子简并度较大，可以用式(1-19)表示，根据黑体辐射的普朗克式和爱因斯坦系数的基本关系，式(1-19)可以改写为式(1-20)。

$$\bar{n} = \frac{\bar{E}}{h\nu} = \frac{1}{e^{\frac{h\nu}{k_B T}} - 1} \tag{1-19}$$

$$\bar{n} = \frac{\rho_\nu}{8\pi h\nu^3 / c^3} = \frac{B_{21}\rho_\nu}{A_{21}} = \frac{W_{21}}{A_{21}} \tag{1-20}$$

由式(1-20)可以看出，如果能够创造一种环境，即使得腔内某一特定(或少数几个)模式的ρ_ν很大，而其他所有模式的ρ_ν都很小，就可以在这一特定(或几个)模式内形成很高的光子简并度。也就是说，使相干的受激辐射光子集中在某一(或几个)特定模式内，而不是平均分配在所有模式中。激光器就是采取各种技术措施减小腔内光场模式数，使介质的受激辐射恒大于受激吸收来提高光子简并度，从而达到产生强相干光的目的。

1) 光学谐振腔及其选模作用

为了减小腔内光场模式数，将一个充满物质原子(或分子)的柱体腔(黑体)去掉侧壁，只保留两个端面壁，形成开腔。若端面壁对光的反射系数很高，则沿垂直端面的腔轴方向传播的光在腔内多次反射不逸出腔外，而其他方向的光则很容易逸出腔外。这相当于在腔内能够存在的光场模式只有少数几个，起到了光波模式的选择作用，这就是光学中的法布里-珀罗腔，在激光原理中称为光学谐振腔。

2) 光放大物质的增益系数与增益曲线

现讨论在大量原子(或分子)组成的物质中实现光的受激辐射放大的条件。由式(1-11)可知，因为$E_2 > E_1$，所以$n_2 < n_1$；在热平衡状态下，高能级粒子集居数恒小于低能级集居数；当频率$\nu = (E_2 - E_1) / h$的光通过物质时，受激吸收光子数$n_1 W_{12}$恒大于受激辐射光子数$n_2 W_{21}$。因此，处于热平衡状态下的物质只能吸收光子。但是，在一定条件下，物质的光吸收可以转换为光放大，这个条件就是$n_2 > n_1$，称为粒子数反转。一般来说，当物质处于热平衡状态时，粒子数反转是不可能的，只有当外界向物质提供能量(称为激励或泵浦过程)使物质处于非平衡状态时，才可能实现粒子数反转，因此，泵浦过程是光放大的必要条件。处于粒子数反转状态的物质称为激活物质，一段激活物质就是一个光放大器，光放大作用通常用增益系数$G(z)$来描述，若在光传播方向上z处的光强为$I(z)$，则增益系数可以表示为

$$G(z) = \frac{dI(z)}{dz} \frac{1}{I(z)} \tag{1-21}$$

式中，$G(z)$为光通过单位长度激活物质后光强增长的百分数，显然，$dI(z)$正比于单位体积内激活物质的净受激辐射光子数，可以表示为

$$dI(z) \propto \left[W_{21} n_{21}(z) - W_{12} n_{12}(z) \right] h\nu dz \tag{1-22}$$

若$g_1 = g_2$，则

$$dI(z) \propto B_{21}h\nu\rho(z)\big[n_2(z) - n_1(z)\big]dz$$
$$\propto B_{21}h\nu I(z)\big[n_2(z) - n_1(z)\big]dz \tag{1-23}$$

由式(1-23)可得

$$G(z) \propto B_{21}h\nu\big[n_2(z) - n_1(z)\big] \tag{1-24}$$

若 $n_2 - n_1$ 不随 z 变化，则增益系数为一个常数 G^0，式(1-22)为线性微分方程。由积分式(1-22)，可以得出：

$$I(z) = I_0 e^{G^0 z} \tag{1-25}$$

式中，I_0 为 $z = 0$ 处的初始光强。这就是线性增益或小信号增益的情况，如图 1-1 所示。

但是，实际上光强的增加是由于高能级粒子向低能级受激跃迁的结果，或者说光放大是以单位体积内粒子反转数差值 $n_2(z) - n_1(z)$ 的减小为代价的。而且，光强越大，$n_2(z) - n_1(z)$ 减小得越多，所以，$n_2(z) - n_1(z)$ 随 I 的增加而减小，增益系数也随 I 的增加而减小，这一现象称为增益饱和效应。因此，可将单位体积内粒子数反转数差值表示为光强的函数：

$$n_2 - n_1 = \frac{n_2^0 - n_1^0}{1 + I/I_s} \tag{1-26}$$

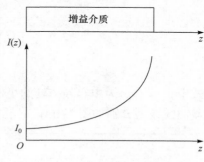

图 1-1　增益介质的光放大

式中，I_s 为由激活物质的性质决定的饱和光强；$n_2^0 - n_1^0$ 为光强等于零时单位体积内的初始粒子反转数差值。结合式(1-24)和式(1-26)，可以得出：

$$G(I) = B_{21}h\nu\frac{n_2^0 - n_1^0}{1 + I/I_s} \tag{1-27}$$

$$G(I) = \frac{G^0}{1 + I/I_s} \tag{1-28}$$

式中，$G^0 = G(I = 0)$ 为小信号增益系数，若在光放大器中光强始终满足条件 $I \ll I_s$，则增益系数 $G(I) = G^0$ 为常数，且不随 z 变化，这就是式(1-27)表示的小信号情况。在条件 $I \ll I_s$ 不满足时，式(1-28)表示的 $G(I)$ 称为大信号增益系数。同时，增益系数是光波频率的函数，一般可以表示为 $G(\nu, I)$，这是因为能级 E_2 和 E_1 由于各种原因总有一定的带宽，所以在中心频率 $\nu_0 = (E_1 - E_2)/h$ 附近一个小范围内都有受激跃迁发生。增益系数随频率的变化曲线称为增益曲线，因激活物质的加宽性质不同，增益曲线的线型不同。对于均匀加宽物质，当频率为 ν、光强为 I_ν 的准单色光入射时，其小信号增益系数和饱和增益系数分别为

$$G_H(\nu) = G_H^0(\nu_0)\frac{\left(\dfrac{\Delta\nu_H}{2}\right)^2}{\left(\nu - \nu_0\right)^2 + \left(\dfrac{\Delta\nu_H}{2}\right)^2} \tag{1-29}$$

和

$$G_H(\nu, I_\nu) = G_H^0(\nu_0) \frac{\left(\dfrac{\Delta\nu_H}{2}\right)^2}{(\nu-\nu_0)^2 + \left(1+\dfrac{I_\nu}{I_s}\right)\left(\dfrac{\Delta\nu_H}{2}\right)^2} \tag{1-30}$$

式中，$G_H^0(\nu_0)$ 为中心频率处的小信号增益系数；$\Delta\nu_H$ 为增益曲线的带宽。对于非均匀加宽物质，当频率为 ν、光强为 I_ν 的准单色光入射时，其小信号增益系数和增益系数分别为

$$G_1(\nu) = G_1^0(\nu_0)\mathrm{e}^{-(4\ln 2)\left(\frac{\nu-\nu_0}{\Delta\nu_D}\right)^2} \tag{1-31}$$

和

$$G_1(\nu, I_\nu) = \frac{G_1^0(\nu_0)}{\sqrt{1+\dfrac{I_\nu}{I_s}}}\mathrm{e}^{-(4\ln 2)\left(\frac{\nu-\nu_0}{\Delta\nu_D}\right)^2} \tag{1-32}$$

式中，$G_1^0(\nu_0)$ 为中心频率处的小信号增益系数；$\Delta\nu_D$ 为增益曲线的带宽，两种加宽机制的增益曲线线型分别如图 1-2(a)、(b)所示。

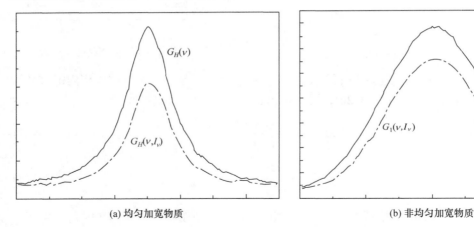

(a) 均匀加宽物质 (b) 非均匀加宽物质

图 1-2 增益曲线

3) 光的自激振荡

光放大器的作用是把弱的激光信号放大，以达到理想的功率输出，而在有些场合，则需要用光自激振荡器，通常所说的激光器都是指光自激振荡器。在光放大的同时，通常还存在着光的损耗，因此，可以引入损耗系数 α 来描述，α 定义为光通过单位距离后光强衰减的百分数，可以表示为

$$\alpha = -\frac{\mathrm{d}I(z)}{\mathrm{d}z}\frac{1}{I(z)} \tag{1-33}$$

若同时考虑增益和损耗，那么式(1-33)可以表示为

$$\mathrm{d}I(z) = [G(I)-\alpha]I(z)\mathrm{d}z \tag{1-34}$$

若有微弱的信号光(光强 I_0)进入一个无限长的放大器，开始阶段，光强 $I(z)$ 将按照小信号放大规律 $I(z) = I_0\mathrm{e}^{(G^0-\alpha)}$ 增长，随着光强的增加，$G(I)$ 将由于饱和效应而按式(1-27)减小，因此

光强的增长将逐渐变缓。当 $G(I) = \alpha$ 时，光强不再增加并达到一个稳定的极限值 I_m (图 1-3)。根据条件 $G(I) = \alpha$ ，可求得 I_m 为

$$I_m = \left(G^0 - \alpha\right)\frac{I_s}{\alpha} \tag{1-35}$$

从式(1-35)可以看出，I_m 只与放大器本身的参数有关，而与初始光强 I_0 无关。不管初始光强多么弱，只要放大器足够长，就总能形成确定大小的光强 I_m，这就是自激振荡器的概念。因此，当光放大器的长度足够大时，它可成为一个自激振荡器。实际上，既不需要给激活物质输入一个较弱的光信号，也不需要真正把激活物质的长度无限增加，而只要在具有一定长度的光放大器两端放置光学谐振腔。这样，沿轴向传播的光波模在两个反射镜间往返传播，就等于增加放大器长度。光学谐振腔的这种作用也称为光的反馈。由于腔内总是存在频率约为 ν_0 的微弱的自发辐射光，沿轴向传播的自发辐射光就相当于输入的信号，它经过多次受激辐射放大就有可能在轴向光波模上产生光的自激振荡，这就是激光器。

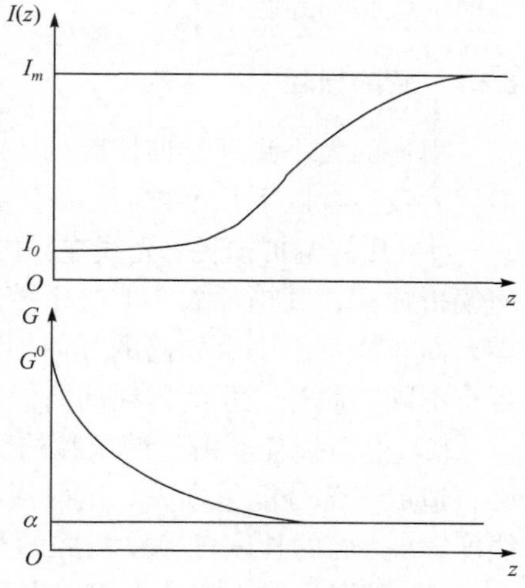

图 1-3　增益饱和与自激振荡

从前面的分析可以看出，一个激光器应包含泵浦源、光放大器和光学谐振腔三个部分，其作用分别是使激光物质成为激活物质、对光信号进行放大、模式选择和提供轴向光波模的反馈。一个激光器能够产生自激振荡模的条件，即任意小的初始光强 I_0 都能形成确定大小的腔内光强 I_m 的条件，由式(1-35)可以得出：

$$I_m = \left(G^0 - \alpha\right)\frac{I_0}{\alpha} \geqslant 0 \tag{1-36}$$

$$G^0 \geqslant \alpha \tag{1-37}$$

式(1-37)为激光器的谐振条件，式中，G^0 为小信号增益系数；α 为包括放大器损耗和谐振腔损耗在内的平均损耗系数。当 $G^0 = \alpha$ 时，称为阈值振荡情况，这时腔内光强维持在初始光强 I_0 的极其微弱的水平上；当 $G^0 > \alpha$ 时，腔内光强 I_m 就增加，并且 I_m 正比于 $G^0 - \alpha$ 。可见增益和损耗是激光器是否振荡的决定因素。激光器的一切特性(如输出功率、单色性、方向性等)以及对激光器采取的技术措施(如稳频、选模、锁模等)都与增益和损耗特性有关。振荡条件式(1-37)也可以表示为另一种形式。设工作物质长度为 l ，光腔长度为 L ，令 $\alpha L = \delta$ 为光腔的单程损耗，振荡条件可改写为

$$G^0 l \geqslant \delta \tag{1-38}$$

式中，$G^0 l$ 为单程小信号增益。

1.2　光学谐振腔和高斯光束

光学谐振腔
的构成和作用

在激活物质的两端恰当地放置两个反射镜片，就构成了一个最简单的光学谐振腔。最早提出的光学谐振腔是平行平面腔，它由两块平行平面反射镜组成，这种谐振腔在光学上也称

为法布里-珀罗腔,简称 F-P 腔。随着激光技术的发展,广泛采用由两块具有公共轴线的球面镜构成的谐振腔,称为共轴球面腔。在共轴球面腔的结构中,有一个或两个反射镜为平面的腔是其特例。理论上分析这类腔时,通常认为其侧面没有光学边界,因此,将这类谐振腔称为开放式光学谐振腔,简称开腔。根据光束几何逸出损耗的高低,开腔通常又分为稳定腔、非稳定腔和临界腔三类。

1.2.1 腔的损耗

损耗的大小是评价谐振腔的一个重要指标,也是腔模理论研究的重要内容,光学开腔的损耗大致包含以下几个方面。

(1) 几何偏折损耗。光线在腔内往返传播时,可能从腔的侧面偏折出去,称这种损耗为几何偏折损耗,其损耗大小取决于腔的类型和几何尺寸,如稳定腔内旁轴光线的几何损耗应为零,而非稳定腔则有较高的几何损耗。对非稳定腔,不同几何尺寸的非稳定腔的几何损耗也各有不同。此外,几何损耗的高低因模式的不同也有所不同。

(2) 衍射损耗。由于谐振腔的反射镜片通常具有有限大小的孔径,当光在镜面上衍射时,必将造成一部分能量损失。衍射损耗的大小与腔的菲涅耳数 $N = a^2/(\lambda L)$(a 为反射镜片的几何线度,L 为腔的长度)有关,与腔的几何参数 g 有关。此外,不同横模的衍射损耗也各不相同。

(3) 腔镜反射不完全引起的损耗,包括镜中的吸收、散射以及镜的透射损耗。为了输出激光,通常需要至少一个反射镜是部分透射的,有时透射率还很高;另一个反射镜即通常所说的全反射镜,但发射率也不可能做到 100%。

(4) 材料中的非激活吸收、散射、腔内插入物(如布儒斯特窗、调 Q 元件、调制器等)引起的损耗。

无论损耗的起源是哪一种,都可以引进平均单程损耗因子 δ 来定量描述光腔的损耗。平均单程损耗因子 δ 可以用式(1-39)表示,定义为:如果初始光强为 I_0,在无源腔内往返一次后,光强衰减为 I_1。因此,平均单程损耗因子 δ 可以用式(1-40)表示

$$I_1 = I_0 \mathrm{e}^{-2\delta} \tag{1-39}$$

$$\delta = \frac{1}{2}\ln\left(\frac{I_0}{I_1}\right) \tag{1-40}$$

如果损耗是由多种因素引起的,每一种因素引起的损耗以相应的损耗因子 δ_i 描述,那么可以得出:

$$I_1 = I_0 \mathrm{e}^{-2\delta_1} \cdot \mathrm{e}^{-2\delta_2} \cdot \mathrm{e}^{-2\delta_3} \cdots = I_0 \mathrm{e}^{-2\delta} \tag{1-41}$$

式中

$$\delta = \delta_1 + \delta_2 + \delta_3 + \cdots = \sum_i \delta_i \tag{1-42}$$

由式(1-41)可以得出,光强为 I_0 的光束在腔内往返 m 次后光强变为

$$I_m = I_0 \left(\mathrm{e}^{-2\delta}\right)^m = I_0 \mathrm{e}^{-2\delta m} \tag{1-43}$$

若取 $t=0$ 时刻的光强为 I_0,则到 t 时刻光在腔内往返的次数可以表示为

$$m = \frac{t}{2L/c} \tag{1-44}$$

由式(1-41)、式(1-43)可以得出 t 时刻的光强为

$$I(t) = I_0 \mathrm{e}^{-\frac{t}{\tau_R}} \tag{1-45}$$

式中，$\tau_R = L/(\delta c)$ 为腔的时间常数，是描述光腔性质的一个重要参数。当 $t = \tau_R$ 时，则有

$$I(t) = I_0 / \mathrm{e} \tag{1-46}$$

式(1-46)表明了时间常数 τ_R 的物理意义。即经过 τ_R 时间后，腔内光强衰减为初始值的 $1/\mathrm{e}$。从式(1-45)可以看出，腔的损耗越大，腔内光强衰减就越快。此外，可以将 τ_R 理解为光子在腔内的平均寿命，设 t 时刻腔内光子数密度为 N，N 与光强 $I(t)$ 的关系可以表示为

$$I(t) = Nhcv \tag{1-47}$$

由式(1-47)和式(1-45)可以得

$$N = N_0 \mathrm{e}^{-\frac{t}{\tau_R}} \tag{1-48}$$

式中，N_0 为 $t = 0$ 时刻腔内的光子数密度，式(1-48)可以看成由于损耗的存在，腔内光子数密度随时间按照指数规律衰减，到 $t = \tau_R$ 时衰减为 N_0 的 $1/\mathrm{e}$。在 $t \sim (t+\mathrm{d}t)$ 时间内减小的光子数密度为 $-\mathrm{d}N = \dfrac{N_0}{\tau_R} \mathrm{e}^{-\frac{t}{\tau_R}} \mathrm{d}t$。$N$ 个光子在 $0 \sim t$ 时间内存在于腔内，经过无限小的时间间隔 $\mathrm{d}t$ 后，它们就不在腔内了。因此，可以计算出所有 N_0 个光子的平均寿命，可以用式(1-49)表示：

$$\tau = \frac{1}{N_0} \int t(-\mathrm{d}N) = \frac{1}{N_0} \int_0^\infty t\left(\frac{N_0}{\tau_R}\right) \mathrm{e}^{-\frac{t}{\tau_R}} \mathrm{d}t = \tau_R \tag{1-49}$$

由式(1-49)可以看出，腔的损耗越小，τ_R 就越大，腔内光子的平均寿命就越长。因此，光学谐振腔与 LC 振荡电路相似，可以采用品质因数 Q 来表示谐振腔的特性。谐振腔 Q 值可以表示为

$$Q = \omega \frac{E}{P} = 2\pi v \frac{E}{P} \tag{1-50}$$

式中，E 为储存在腔内的总能量；P 为单位时间内损耗的能量；v 为腔内电磁场的振荡频率；$\omega = 2\pi v$ 为场的角频率。如果以 V 表示腔内振荡光束的体积，当光子在腔内平均分布时，腔内总能量 E 可以表示为

$$E = NhVv \tag{1-51}$$

单位时间内，光能的减小量可以表示为

$$P = -\frac{\mathrm{d}E}{\mathrm{d}t} = hVv \frac{\mathrm{d}N}{\mathrm{d}t} \tag{1-52}$$

经过计算式(1-47)、式(1-50)及式(1-52)，可以得出光学谐振腔 Q 值的一般表达式，如式(1-53)所示：

$$Q = \omega \tau_R = 2\pi v \frac{L}{\delta c} \tag{1-53}$$

从式(1-53)可以看出，谐振腔的损耗越小，Q 值就越高。

1.2.2　共轴球面腔的稳定条件

根据光学开腔中光的几何偏折损耗的大小，引入 g 参数来描述共轴球面腔的稳定条件，可以表示为

$$g_1 = 1 - \frac{L}{R_1}, \quad g_2 = 1 - \frac{L}{R_2} \tag{1-54}$$

式中，L 为腔长；R_1、R_2 分别为两反射镜的曲率半径。当反射镜的凹面朝向腔内时，R 取正值，而当凸面朝向腔内时，R 取负值。满足式(1-55)的谐振腔为稳定腔，其特点是腔的损耗低。满足式(1-56)的谐振腔为非稳定腔，其特点是旁轴光线在腔内经有限次往返后必然从侧面逸出腔外，几何损耗比较高。满足式(1-57)的谐振腔为临界腔。临界腔是一种极限情况，它们在谐振腔的理论和实际应用中均有重要意义。具有代表性的临界腔有对称共焦腔、平行平面腔和共心腔。大多数临界腔的性质介于稳定腔和非稳定腔之间；而在共焦腔中，任意旁轴光线均可在腔内往返无限多次而不致横向逸出，而且经两次往返即自行闭合。因此，共焦腔属于稳定腔范围。如果给定了腔的参数，其稳定性可由图 1-4 所示的稳定图得到。在图 1-4 中，Ⅰ、Ⅱ为稳定区，Ⅲ、Ⅳ、Ⅴ、Ⅵ为非稳定区，坐标轴及两条曲线上的点为临界区。

$$0 < g_1 g_2 < 1 \tag{1-55}$$

$$g_1 g_2 > 1 \text{或 } g_1 g_2 < 0 \tag{1-56}$$

$$g_1 g_2 = 1 \text{或 } g_1 g_2 = 0 \tag{1-57}$$

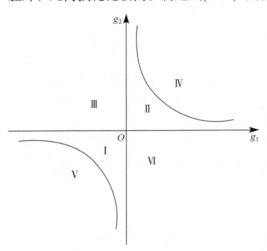

图 1-4　共轴球面腔的稳定图

1.2.3　腔模的物理概念和腔内行波

当光在两镜面之间往返传播时，一方面受到激活介质的光放大作用，另一方面受到各种损耗而衰减。其中，由于反射镜面有限大小所引起的损耗是衍射损耗。在决定开腔中激光振荡能量的空间分布方面，衍射将起主要作用。腔镜的反射不完全以及介质中的吸收所引起的损耗，将使横截面内各点的场按同样的比例衰减，因此对场的空间分布不会产生影响。但是，衍射损耗与此不同，由于衍射损耗主要发生在镜的边缘上，因此对场的空间分布起到主要影响作用，而且只要镜的横向尺寸是有限的，这样的影响就会永远存在。为了简化分析，引入一个理想化的开腔模型，两块反射镜片放在均匀的、无限的且各向同性的介质中，决定衍射效率的孔径就由腔镜的边缘所构成。考虑在上述开腔中往返传播的一列波，设初始时刻在镜 I 上有场分布 u_1，则当波在腔中经第一次渡越到达镜 II 时，将在镜 II 上生成一个新的场分布 u_2，场经第二次渡越后又将在镜 I 上生成一个新的场 u_3。由于每经一次渡越，波都将因衍射而损失一部分能量，并引起能量横向分布的变化，因此，经一次往返后所获得的场 u_3 不仅振幅小于 u_1，而且分布与 u_1 不同，之后 u_3 又转化为 u_4，u_4 再转化为 u_5，如此反复。由于衍射主要发生在镜的边缘附近，因此光在往返传播过程中，镜边缘附近的场衰减得更快。经多次衍射后所形成的场分布，其边缘振幅往往很小，这几乎是开腔模场分布的共同特征。但是，具有这种特征的场分布受衍射的影响也比较小。可以预期，在经过足够多次渡越后，能形成

一种稳态场，即分布不再受衍射的影响，光在腔内往返一次后能够再现出发时的场分布。这种稳态场经一次往返后，唯一可能的变化是镜面上各点的振幅按同样比例衰减，各点的相位发生同样大小的滞后。当两个镜面完全相同时(对称开腔)，这种场分布在腔内经单程渡越后即实现再现，把开腔镜面上经一次往返能再现的稳态场分布称为开腔的自再现模或横模。

研究表明，开腔的自再现模确实存在。一方面，人们从理论上论证了自再现模的存在性，并用数值和解析方法求出了各种开腔的横模；另一方面，又从实验上观测到了激光的各种稳定的强度，而且理论分析与实验观测的结果符合得很好。开腔的自再现模的解析求解以对称共焦腔为研究对象，应用菲涅耳-基尔霍夫衍射积分式，先求得自再现模所满足的积分方程，然后分别设两反射镜为方形或圆形，求出镜面上的场分布。知道镜面上的场分布以后，利用菲涅耳-基尔霍夫衍射积分式即可求出对称共焦腔中任意点的场。对称共焦腔可以解析地表示为

$$E_{nm}(x,y,z) = A_{nm}E_0 \frac{\omega_0}{\omega(z)} \mathrm{H}_m\left[\frac{\sqrt{2}}{\omega(z)}x\right] \mathrm{H}_H\left[\frac{\sqrt{2}}{\omega(z)}y\right] \mathrm{e}^{-\frac{x^2+y^2}{\omega^2(z)}} \mathrm{e}^{-\mathrm{i}\phi(x,y,z)} \tag{1-58}$$

$$\begin{cases} \omega(z) = \omega_0\sqrt{1+\left(\dfrac{z}{f}\right)^2} \\ \phi(x,y,z) = k\left[f(1+\xi) + \dfrac{\xi}{1+\xi^2}\dfrac{x^2+y^2}{2f}\right] - (m+n+1)\left(\dfrac{\pi}{2}-\psi\right) \end{cases} \tag{1-59}$$

式中，$\psi = \arctan\left[(1-\xi)/(1+\xi)\right]$；$\xi = 2z/L = z/f$；$f = L/2$ 为腔镜的焦距；$\omega_0 = \sqrt{f\lambda/\pi}$；$E_{nm}(x,y,z)$ 为 TEM_{nm} 模在腔内任意点 (x,y,z) 处的电场强度；E_0 为一个与坐标无关的常量；A_{nm} 为与模的级次有关的归一化常数；$\mathrm{H}_m(X)$ 为 m 阶埃尔米特多项式。可以看出，E_{nm} 是由腔的一个镜面上的场所产生的，且沿着腔的轴线传播的行波场。只要考虑输出镜的适当透射率，那么式(1-58)不仅适用于腔内空间的场，而且对输出腔外的场也同样是正确的。

1.2.4　对称共焦腔基模高斯光束的特征

1) 振幅分布和光斑尺寸

根据式(1-58)，可以得出对称共焦腔场基模的振幅分布为

$$\left|E_{00}(x,y,z)\right| = A_{00}E_0\frac{\omega_0}{\omega(z)}\mathrm{e}^{-\frac{x^2+y^2}{\omega^2(z)}} \tag{1-60}$$

由式(1-60)可以看出，共焦腔场基模的振幅在横截面内由高斯分布函数所描述，称为高斯光束，$\omega(z)$ 是 z 处定义在振幅的 $1/c$ 处的基模光斑半径，腔中不同位置处的光斑大小各不相同，随坐标 z 按照双曲线规律变化，如图 1-5 所示。在对称共焦腔中心(两镜面的公共焦点)$z=0$ 处，$\omega(z)$ 达到极小值：

$$\omega(z=0) = \omega_0 = \sqrt{f\lambda/\pi} \tag{1-61}$$

在共焦腔镜面上，$z = \pm L/2 = \pm f$，可以得出式(1-62)。通常将 ω_0 称为高斯光束的基模束腰斑半径。

$$\omega(z = \pm f) = \omega_{0F} = \sqrt{L\lambda/\pi} = \sqrt{2}\omega_0 \tag{1-62}$$

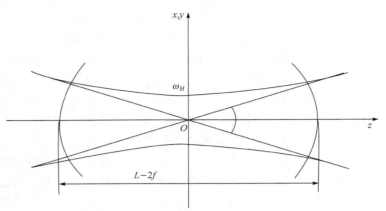

图 1-5　共焦腔基模高斯光束及其腰斑半径

2) 模体积

光场中，某一光波模式的体积描述了该模式在腔内所扩展的空间范围。模体积越大，对该模式的振荡有贡献的激发态粒子数就越多，也就越可能获得大的输出功率；模体积小，则对振荡有贡献的激发态粒子数就少，输出功率也就小。一种模式能否振荡不但与该模式的损耗高低有关，也与模体积的大小密切相关。基模往往集中在腔的轴线附近，模的阶次越高，横向分布的范围就越宽。由于基模的光斑随 z 变化，通常采用式(1-63)估计共焦腔模的模体积：

$$V_{00}^0 = \frac{1}{2}L\pi\omega_{vx}^2 = \frac{L^2\lambda}{2} \tag{1-63}$$

3) 等相位面分布

共焦腔的等相位面分布由式(1-59)中的相位函数 $\phi(x,y,z)$ 描述，可以证明，共焦腔场中等相位面近似为球面，与腔轴在 z_0 处相交的等相位面的曲率半径为

$$R = \left|z_0 - \frac{f^2}{z_0}\right| = \left|f\left(\frac{z_0}{f} + \frac{f}{z_0}\right)\right| \tag{1-64}$$

由式(1-64)可以看出，等相位面的曲率半径随坐标 z_0 变化，当 $z_0 = \pm f = \pm L/2$ 时，$R(z_0) = 2f = L$，表明共焦腔反射镜面与场的两个等相位面重合。当 $z_0 = 0$，$R(z_0) \rightarrow \infty, z_0 \rightarrow \infty$ 时，$R(z_0) \rightarrow \infty$，表明通过共焦腔中心的等相位面是与腔轴垂直的平面，距腔中心无限远处的等相位面也是平面。可以看出，共焦腔反射镜面是共焦腔场中曲率最大的等相位面，共焦腔场中等相位面的分布如图 1-6 所示。

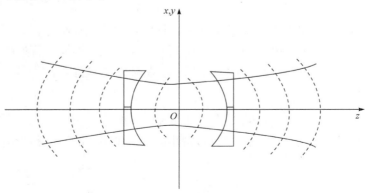

图 1-6　共焦腔场等相位面分布

4) 远场发散角

由于共焦腔的基模光束按双曲线规律从腔的中心向外扩展,可以求得基模的远场发散角。该发散角(全角)定义为双曲线的两根渐近线之间的夹角:

$$\theta_0 = \lim_{z \to \infty} \frac{2\omega(z)}{z} = 2\sqrt{\frac{\lambda}{f\pi}} \tag{1-65}$$

相应的计算表明,包含在发散角内的功率占基模光束总功率的 76.5%,理论发散角具有毫弧度的量级,因此,当共焦激光器以 TEM_{00} 模单模运转时,光束具有优良的方向性。

1.3 光学中的矩阵性质

1.3.1 变换矩阵 $ABCD$ 定律

1. 空间近轴光线的变换

由解析几何学知道,任意空间直线的位置和方向一般需要四个独立变量才能完全确定。例如,可选定一个垂直于 z 轴的 xy 平面作为参考面,那么空间光线可由它与 xy 面交点的坐标 (x, y) 和光线对 x、y 轴的方向余弦 (θ_x, θ_y) 来完全确定,如图 1-7 所示。空间光线经过任意光学系统变换后的位置和方向也可用这四个量来表示。对近轴光线,θ_x、θ_y 都很小,选择适当的坐标系可使这种变换为线性的,于是用一个 4×4 的变换矩阵表示为

$$\begin{bmatrix} x' \\ y' \\ \theta'_x \\ \theta'_y \end{bmatrix} = \begin{bmatrix} A_{11} & A_{12} & B_{11} & B_{12} \\ A_{21} & A_{22} & B_{21} & B_{22} \\ C_{11} & C_{12} & D_{11} & D_{12} \\ C_{21} & C_{22} & D_{21} & D_{22} \end{bmatrix} \begin{bmatrix} x \\ y \\ \theta_x \\ \theta_y \end{bmatrix} \tag{1-66}$$

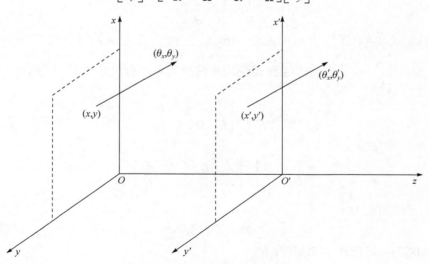

图 1-7 空间近轴光线的传输

式(1-66)为用几何光学方法研究空间近轴光线变换的基本方程,变换矩阵一般为 4×4 的,但对于轴对称光学系统,(x, θ_x) 和 (y, θ_y) 经历的变化相同,只需用一个 2×2 矩阵(称为轴对称

光学系统的变换矩阵或 $ABCD$ 矩阵)来描述这一变换。

$$M = \begin{bmatrix} A & B \\ C & D \end{bmatrix} \tag{1-67}$$

$$\begin{bmatrix} x' \\ \theta'_x \end{bmatrix} = \begin{bmatrix} A & B \\ C & D \end{bmatrix} \begin{bmatrix} x \\ \theta_x \end{bmatrix} \tag{1-68}$$

即

$$\begin{cases} x' = Ax + B\theta_x \\ \theta'_x = Cx + D\theta_x \end{cases} \tag{1-69}$$

可以简写为

$$X' = M \cdot X \tag{1-70}$$

式中

$$X' = \begin{bmatrix} x' \\ \theta'_x \end{bmatrix}, \quad X = \begin{bmatrix} x \\ \theta_x \end{bmatrix} \tag{1-71}$$

式(1-67)、式(1-69)或式(1-70)都是近轴光线 $ABCD$ 定律的数学表达式。对于近轴球面波，曲率半径 R 为

$$R = \frac{x}{\theta_x} \tag{1-72}$$

由式(1-69)可得

$$R' = \frac{AR + B}{CR + D} \tag{1-73}$$

或

$$\frac{1}{R'} = \frac{C + D/R}{A + B/R} \tag{1-74}$$

式(1-73)和式(1-74)都称为球面波的 $ABCD$ 定律。若光线顺次通过变换矩阵为 $M_1 = \begin{bmatrix} A_1 & B_1 \\ C_1 & D_1 \end{bmatrix}$，$M_2 = \begin{bmatrix} A_2 & B_2 \\ C_2 & D_2 \end{bmatrix}$ 的光学系统，利用矩阵规则可以得出：

$$\begin{bmatrix} x' \\ \theta'_x \end{bmatrix} = \begin{bmatrix} A & B \\ C & D \end{bmatrix} \begin{bmatrix} x \\ \theta_x \end{bmatrix} \tag{1-75}$$

式中

$$\begin{bmatrix} A & B \\ C & D \end{bmatrix} = \begin{bmatrix} A_2 & B_2 \\ C_2 & D_2 \end{bmatrix} \begin{bmatrix} A_1 & B_1 \\ C_1 & D_1 \end{bmatrix} \tag{1-76}$$

式(1-76)可以简写为

$$M = M_2 \cdot M_1 \tag{1-77}$$

利用式(1-77)可以把式(1-75)改写为

$$X' = M_2 \cdot M_1 X = MX \tag{1-78}$$

2. 符号规则

在光学著作中，为了避免因符号正负问题引起的混乱，常常需要事先做些人为的规定。

应注意的是一旦规定，就不能任意变动。本书的符号规则如下。

(1) 对 x(光线离轴距离)、θ(光线与光轴夹角)正负号规定如图 1-8 所示，即在光轴上方为正，下方为负，光线出射方向指向光轴上方为正，指向下方为负。

(2) 反射面(折射面)曲率半径 ρ，对凸面反射镜(折射镜)$\rho < 0$，对凹面反射镜(折射镜)$\rho > 0$。

(3) 球面波波面曲率半径 R，对发散球面波 $R > 0$，汇聚球面波 $R < 0$。

(4) 光学元件和系统的长度量，如光学系统的基点(基面)位置、物距和像距等，情况比较复杂，将在后面结合具体问题说明。

(5) 公式中文字符号均表示代数量。

值得说明的是，光学中的符号规则和参考面

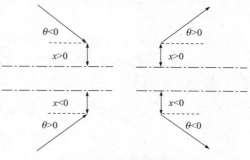

图 1-8 x, θ 符号法则示意图

等的选取带有人为的性质，常因作者习惯不同而异，且往往未能将所有物理量的正负号都作出统一的规定，因此对式中物理量的正负号或数值运算结果出现的正负号问题最好除使用确定的符号规则外，还应当从物理的角度加以分析和取舍，才能得出正确的结果。

3. 变换矩阵的基本性质

1) $\det M$

$ABCD$ 矩阵的一个重要性质是它的行列式的值 $\det M$ 仅由入射光线和出射光线所在空间折射率 n_1、n_2 决定，即

$$\det M = AD - BC = n_1/n_2 \tag{1-79}$$

当入射光线和出射光线位于折射率相同的空间时，可以得出：

$$\det M = AD - BC = n_1/n_2 = 1 \tag{1-80}$$

但相位共轭镜的光线变换矩阵为一个例外。

2) $ABCD$ 矩阵的反向变换矩阵和逆矩阵

若规定由左向右光线传输方向为正，当光线由右向左反向传输时有

$$\begin{bmatrix} x_1 \\ \theta_1 \end{bmatrix} = \begin{bmatrix} x_1 \\ -\theta_1 \end{bmatrix} = \begin{bmatrix} 1 & 0 \\ 0 & -1 \end{bmatrix} \begin{bmatrix} x_1 \\ \theta_1 \end{bmatrix} = \begin{bmatrix} 1 & 0 \\ 0 & -1 \end{bmatrix} \begin{bmatrix} A & B \\ C & D \end{bmatrix}^{-1} \begin{bmatrix} x_2 \\ \theta_2 \end{bmatrix}$$

$$= \begin{bmatrix} 1 & 0 \\ 0 & -1 \end{bmatrix} \begin{bmatrix} A & B \\ C & D \end{bmatrix}^{-1} \begin{bmatrix} 1 & 0 \\ 0 & -1 \end{bmatrix} \begin{bmatrix} x_2 \\ \theta_2 \end{bmatrix} \tag{1-81}$$

式中，$\begin{bmatrix} A & B \\ C & D \end{bmatrix}^{-1}$ 为 $\begin{bmatrix} A & B \\ C & D \end{bmatrix}$ 的逆矩阵，可以得出：

$$\underrightarrow{M}^{-1} = \begin{bmatrix} A & B \\ C & D \end{bmatrix}^{-1} = \frac{\begin{bmatrix} D & -B \\ -C & A \end{bmatrix}}{\det \underline{M}} \tag{1-82}$$

将式(1-82)代入式(1-81)，得

$$\begin{bmatrix} x_1 \\ \theta_1 \end{bmatrix} = \underline{M} \begin{bmatrix} x_2 \\ \theta_2 \end{bmatrix}$$ (1-83)

式中，反向变换矩阵为

$$\underleftarrow{M} = \frac{\begin{bmatrix} D & B \\ C & A \end{bmatrix}}{\det \underline{M}}$$ (1-84)

(1) $\det \underline{M} = 1$ 时，有

$$\underline{M}^{-1} = \begin{bmatrix} D & -B \\ -C & A \end{bmatrix}$$ (1-85)

$$\underleftarrow{M} = \begin{bmatrix} D & B \\ C & A \end{bmatrix}$$ (1-86)

(2) 折射率突变平面。

由表 1-1 常用变换矩阵可以看出：

$$\underrightarrow{M} = \begin{bmatrix} 1 & 0 \\ 0 & n_1/n_2 \end{bmatrix}$$ (1-87)

则

$$\underrightarrow{M}^{-1} = \begin{bmatrix} 1 & 0 \\ 0 & n_2/n_1 \end{bmatrix}$$ (1-88)

4. 归一化变换矩阵

文献中还广为使用另一类归一化变换矩阵。一般地，空间光线在横平面上的位置 x、y 和方向可用正则坐标 q_x、q_y 和正则动量 p_x、p_y 来描述：

$$q_x = x, \quad q_y = y$$

$$p_x = \frac{n\dfrac{\mathrm{d}x}{\mathrm{d}z}}{\sqrt{1 + \left(\dfrac{\mathrm{d}x}{\mathrm{d}z}\right)^2 + \left(\dfrac{\mathrm{d}y}{\mathrm{d}z}\right)^2}}, \quad p_y = \frac{n\dfrac{\mathrm{d}y}{\mathrm{d}z}}{\sqrt{1 + \left(\dfrac{\mathrm{d}x}{\mathrm{d}z}\right)^2 + \left(\dfrac{\mathrm{d}y}{\mathrm{d}z}\right)^2}}$$ (1-89)

式中，n 为介质折射率，在近轴近似下有

$$\begin{cases} p_x = n\dfrac{\mathrm{d}x}{\mathrm{d}z} = n\theta_x \\ p_y = n\dfrac{\mathrm{d}y}{\mathrm{d}z} = n\theta_y \end{cases}$$ (1-90)

与式(1-89)、式(1-90)相应的变换式分别为

$$\begin{bmatrix} q_{x2} \\ q_{y2} \\ p_{x2} \\ p_{y2} \end{bmatrix} = \begin{bmatrix} \widetilde{A}_{11} & \widetilde{A}_{12} & \widetilde{B}_{11} & \widetilde{B}_{12} \\ \widetilde{A}_{21} & \widetilde{A}_{22} & \widetilde{B}_{21} & \widetilde{B}_{22} \\ \widetilde{C}_{11} & \widetilde{C}_{12} & \widetilde{D}_{11} & \widetilde{D}_{12} \\ \widetilde{C}_{21} & \widetilde{C}_{22} & \widetilde{D}_{21} & \widetilde{D}_{22} \end{bmatrix} \begin{bmatrix} q_{x1} \\ q_{y1} \\ p_{x1} \\ p_{y1} \end{bmatrix}$$ (1-91)

$$\begin{bmatrix} q_{x2} \\ p_{x2} \end{bmatrix} = \begin{bmatrix} \widetilde{A} & \widetilde{B} \\ \widetilde{C} & \widetilde{D} \end{bmatrix} \begin{bmatrix} q_{x1} \\ p_{x1} \end{bmatrix} = \widetilde{M} \begin{bmatrix} q_{x1} \\ p_{x1} \end{bmatrix} \tag{1-92}$$

且

$$\det \widetilde{M} = \widetilde{A}\widetilde{D} - \widetilde{B}\widetilde{C} = 1 \tag{1-93}$$

式中

$$\widetilde{M} = \begin{bmatrix} \widetilde{A} & \widetilde{B} \\ \widetilde{C} & \widetilde{D} \end{bmatrix} \tag{1-94}$$

常用光学元件
的变换矩阵

式(1-94)称为归一化变换矩阵。

1.3.2 变换矩阵示例

使用几何光学定律(如反射定律、折射定律等)和利用已知的变换矩阵是推导变换矩阵表达式的简单方法,现将激光光学中经常使用的变换矩阵列于表 1-1 中,以备查用。

表 1-1 常用变换矩阵表

序号	光在光学系统中的传播	光学系统示意图	变换矩阵
1	距离为 l 的自由空间 $n=1$	$\xleftrightarrow{\quad l \quad}$	$\begin{bmatrix} 1 & l \\ 0 & 1 \end{bmatrix}$
2	界面折射(折射率分别为 n_1、n_2)	$n_1 \mid n_2$	$\begin{bmatrix} 1 & 0 \\ 0 & \dfrac{n_1}{n_2} \end{bmatrix}$
3	折射率为 n,长为 l 的均匀介质	$\boxed{n}$ $\xleftrightarrow{\quad l \quad}$	$\begin{bmatrix} 1 & \dfrac{l}{n} \\ 0 & 1 \end{bmatrix}$
4	薄透镜(焦距为 f)	f	$\begin{bmatrix} 1 & 0 \\ -\dfrac{1}{f} & 1 \end{bmatrix}$
5	球面反射镜(曲率半径为 ρ)	ρ	$\begin{bmatrix} 1 & 0 \\ -\dfrac{2}{\rho} & 1 \end{bmatrix}$
6	球面折射	$n_1 \quad \rho \quad n_2$	$\begin{bmatrix} 1 & 0 \\ \dfrac{n_2 - n_1}{n_2 \rho} & \dfrac{n_1}{n_2} \end{bmatrix}$

序号	光在光学系统中的传播	光学系统示意图	变换矩阵
7	平面反射		$\begin{bmatrix} 1 & 0 \\ 0 & 1 \end{bmatrix}$

下面举例说明变换矩阵推导方法。

1) 光线通过距离为 l 的自由空间 $(n=1)$

由图 1-9 可得

$$\begin{cases} x' = x + l\theta \\ \theta' = \theta \end{cases} \tag{1-95}$$

所以

$$M = \begin{bmatrix} 1 & l \\ 0 & 1 \end{bmatrix} \tag{1-96}$$

2) 球面反射

如图 1-10 所示，设球面反射镜的曲率半径为 ρ，考虑球面上的 A 点，由反射定律知入射光线 (x, θ) 与反射光线 (x', θ') 间的关系为

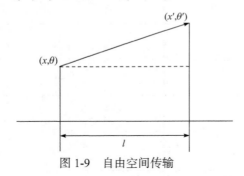

图 1-9　自由空间传输　　　　　　　图 1-10　球面反射

$$\begin{cases} x' = x \\ \theta' = -\dfrac{2}{\rho}x + \theta \end{cases} \tag{1-97}$$

故

$$M = \begin{bmatrix} 1 & 0 \\ -\dfrac{2}{\rho} & 1 \end{bmatrix} \tag{1-98}$$

因为焦距为 $f = \rho/2 (\rho > 0)$ 的薄透镜对近轴光线的折射与曲率半径为 ρ 的凹面镜对同一近轴光线的反射是等效的，所不同的仅仅是传输方向而已，所以立即得到薄透镜对近轴光线的变换矩阵为

$$M = \begin{bmatrix} 1 & 0 \\ -\dfrac{1}{f} & 1 \end{bmatrix} \tag{1-99}$$

3) 调焦望远镜系统

如图 1-11 所示，利用式(1-95)、式(1-99)可以得出：

$$M = \begin{bmatrix} 1 & 0 \\ -\dfrac{1}{f_2} & 1 \end{bmatrix} \begin{bmatrix} 1 & f_1 + f_2 \\ 0 & 1 \end{bmatrix} \begin{bmatrix} 1 & 0 \\ -\dfrac{1}{f_1} & 1 \end{bmatrix} = \begin{bmatrix} M_T & l \\ 0 & \dfrac{1}{M_T} \end{bmatrix} \tag{1-100}$$

式中

$$M_T = -\dfrac{f_2}{f_1} \tag{1-101}$$

式(1-101)为望远镜系统的放大率。

$$l = f_1 + f_2 \tag{1-102}$$

式(1-102)为望远镜系统的两个透镜间距离。

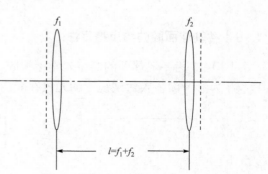

图 1-11 调焦望远镜

4) 薄透镜序列

设矩阵 $M = \begin{bmatrix} A & B \\ C & D \end{bmatrix}$ 满足式(1-103)的条件，则可以得出式(1-104)。

$$\det M = AD - BC = 1 \tag{1-103}$$

$$M^m = \begin{bmatrix} A & B \\ C & D \end{bmatrix}^m = \dfrac{1}{\sin \varphi} \begin{bmatrix} A\sin(m\varphi) - \sin[(m-1)\varphi] & B\sin(m\varphi) \\ C\sin(m\varphi) & D\sin(m\varphi) - \sin[(m-1)\varphi] \end{bmatrix} \tag{1-104}$$

式中，m 为任意整数；$\cos\varphi$ 用式(1-105)表示：

$$\cos \varphi = \dfrac{A + D}{2} \tag{1-105}$$

图 1-12 为多个薄透镜组成的透镜系统，该系统由 m 个焦距为 f、间隔均为 L 的薄透镜组成的序列。图 1-12 中的一个单程变换矩阵可以表示为

$$M_{fL} = \begin{bmatrix} 1 & 0 \\ -\dfrac{1}{f} & 1 \end{bmatrix} \begin{bmatrix} 1 & L \\ 0 & 1 \end{bmatrix} = \begin{bmatrix} 1 & L \\ -\dfrac{1}{f} & 1 - \dfrac{L}{f} \end{bmatrix} \tag{1-106}$$

该系统的总变换矩阵可以表示为

$$M = M_{fL} \cdot M_{fL} \cdots \cdots M_{fL} = M_{fL}^m \tag{1-107}$$

由西尔维斯特定理得

$$M = \dfrac{1}{\sin \varphi} \begin{bmatrix} \sin(m\varphi) - \sin[(m-1)\varphi] & L\sin(m\varphi) \\ \dfrac{1}{f}\sin(m\varphi) & \left(1 - \dfrac{L}{f}\right)\sin(m\varphi) - \sin[(m-1)\varphi] \end{bmatrix} \tag{1-108}$$

式中，φ 满足

$$\cos \varphi = 1 - \dfrac{L}{2f} \tag{1-109}$$

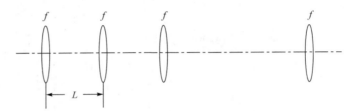

图 1-12　薄透镜序列

1.3.3　共轴球面腔的约束稳定性

图 1-13 为一般球面的简单光学谐振腔，设两反射镜曲率半径分别为 ρ_1、ρ_2，腔长为 L。以镜 1 为参考面，入射到镜 1 的光线在腔内往返一周后，其变换矩阵为

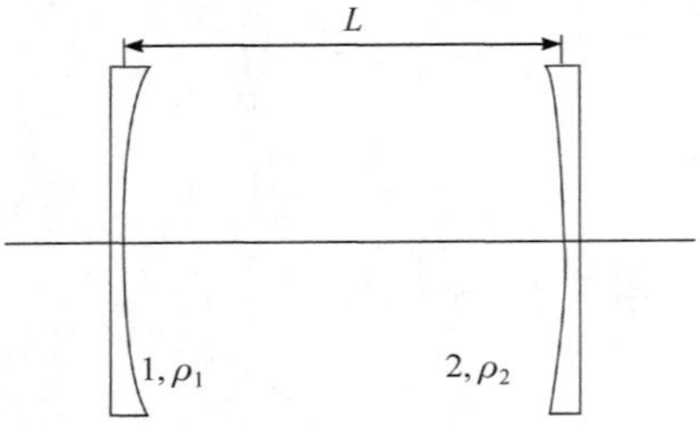

$$M = \begin{bmatrix} 1 & L \\ 0 & 1 \end{bmatrix}\begin{bmatrix} 1 & 0 \\ -\dfrac{2}{\rho_2} & 1 \end{bmatrix}\begin{bmatrix} 1 & L \\ 0 & 1 \end{bmatrix}\begin{bmatrix} 1 & 0 \\ -\dfrac{2}{\rho_1} & 1 \end{bmatrix} = \begin{bmatrix} A & B \\ C & D \end{bmatrix} \quad (1\text{-}110)$$

$$A = -\left[\frac{2L}{\rho_1} - \left(1 - \frac{2L}{\rho_1}\right)\left(1 - \frac{2L}{\rho_2}\right)\right], \quad B = 2L\left(1 - \frac{2L}{\rho_2}\right)$$

$$C = -\left[\frac{2}{\rho_1} + \frac{2}{\rho_2}\left(1 - \frac{2L}{\rho_1}\right)\right], \quad D = 1 - \frac{2L}{\rho_2} \quad (1\text{-}111)$$

图 1-13　共轴球面镜

由西尔维斯特定理可求出腔内经 n 次往返后的变换矩阵为

$$M_{nL} = \frac{1}{\sin\varphi}\begin{bmatrix} A\sin(n\varphi) - \sin[(n-1)\varphi] & B\sin(n\varphi) \\ C\sin(n\varphi) & D\sin(n\varphi) - \sin[(n-1)\varphi] \end{bmatrix} = \begin{bmatrix} A_n & B_n \\ C_n & D_n \end{bmatrix} \quad (1\text{-}112)$$

式中，φ 满足式(1-105)。

设初始光线参数为$(x，\theta)$，经 n 次往返后为$(x_n，\theta_n)$，可以得出：

$$\begin{bmatrix} x_n \\ \theta_n \end{bmatrix} = \begin{bmatrix} A_n & B_n \\ C_n & D_n \end{bmatrix}\begin{bmatrix} x \\ \theta \end{bmatrix} \quad (1\text{-}113)$$

或写为

$$x_n = A_n x + B_n \theta, \quad \theta_n = C_n x + D_n \theta \quad (1\text{-}114)$$

由式(1-105)、式(1-112)和式(1-113)知，要求光线在腔内经 n 次往返传输而不从反射镜侧横向逃逸的必要条件就是式(1-114)有周期性正弦解，即

$$|\cos\varphi| = \left|\frac{A+D}{2}\right| < 1 \quad (1\text{-}115)$$

或

$$-1 < \left|\frac{A+D}{2}\right| < 1 \quad (1\text{-}116)$$

此外，当式(1-110)中 M 为

$$M = \pm\begin{bmatrix} 1 & 0 \\ 0 & 1 \end{bmatrix} = \pm E \quad (1\text{-}117)$$

E 为 2×2 单位矩阵时，显然也满足光线在腔内经 n 次往返传输不会横向逃逸的条件，式(1-115)、式(1-116)即为通常意义下光腔的稳定性条件，满足该条件的共轴球面腔称为稳定腔。

引入腔的 g 参数：

$$g_i = 1 - \frac{L}{\rho_i}, \quad i = 1, 2 \tag{1-118}$$

式(1-116)可以表示为

$$A = 4g_ig_2 - 1 - 2g_2, \quad B = 2Lg_2$$
$$C = \frac{2}{L}(2g_ig_2 - g_i - g_2), \quad D = 2g_2 - 1 \tag{1-119}$$

光腔的稳定条件，式(1-118)可用 g 参数写为

$$0 < g_1g_2 < 1 \tag{1-120}$$

式(1-113)有指数函数解，随着 n 的增大，x_n、θ_n 按指数规律增大，这意味着光束在腔内经有限次往返传输后终将从横向逃逸出去，这种腔具有较大的几何损耗，称为非稳腔(不稳腔)或高损耗腔。

非稳定条件的 g 参数表示为

$$g_1g_2 > 1 \tag{1-121}$$

或

$$g_1g_2 < 0 \tag{1-122}$$

处于式(1-120)、式(1-121)和式(1-122)的交界处，即满足式(1-123)的腔称为临界腔，其也可以用式(1-124)、式(1-125)表示：

$$A + D = \pm2 \tag{1-123}$$
$$g_1g_2 = 0 \tag{1-124}$$
$$g_1g_2 = 1 \tag{1-125}$$

按照几何光学观点，以判断光线在腔内经多次往返传输后是否横向逃逸，即以几何损耗大小为标准，将光学谐振腔分为稳定腔、非稳腔和临界腔。

1.4　光纤激光器的基本知识和系统设计

自 1960 年第一台红宝石激光器问世以来，激光器的发展非常迅速，激光工作物质已包括晶体、玻璃、气体、半导体、液体及自由电子等数百种之多。激光器的激励方式有光激励、电激励、热激励、化学激励和核激励等多种方式。常见的激光器主要包括固体激光器、气体激光器、半导体激光器和光纤激光器等，本节主要介绍光纤激光器的特性以及光纤激光器的设计等。

光纤激光器是近年来发展十分迅速且应用越来越广泛的激光器。玻璃光纤制造成本低、技术成熟，光纤的可绕性所带来的小型化、散热快、损耗低、激光阈值低、输出激光波长多等优点，在激光光纤通信、激光空间远距通信、工业制造等领域得到广泛应用。光纤激光器的基本结构与其他激光器基本相同，主要由泵浦源、耦合器、掺稀土元素光纤、谐振腔等部

件构成。泵浦源由一个或多个大功率激光二极管构成,其发出的泵浦光经特殊的泵浦结构耦合进入作为增益介质的光纤,泵浦波长上的光子被掺杂光纤介质吸收,形成粒子数反转,受激发射的光波经谐振腔镜的反馈和振荡形成激光输出。

光纤激光器以掺稀土元素光纤作为增益介质,以三价离子作为激活介质。15 种稀土元素中比较常用的掺杂离子有 Nd^{3+}、Yb^{3+}、Er^{3+}、Tm^{3+} 和 Ho^{3+},以上几种稀土离子的输出激光波长依次为 1060nm、1340nm、1030~1150nm、1150nm 和 1.9~2μm。掺 Er^{3+}光纤激光器的输出波长对应光通信主要窗口 1.5μm,是目前应用最广泛和技术最成熟的光纤激光器。掺 Tm^{3+}、Ho^{3+}光纤激光的输出波长在 2.0μm 左右,由于水分子在该波长附近有很强的中红外吸收峰,用该波段激光器进行手术时,激光照射部位血液迅速凝结、手术创面小、止血性好;又由于该波段激光对人眼是安全的,因此掺 Tm^{3+}、Ho^{3+}光纤激光在医疗和生物学研究方面有广泛的应用前景。

光纤激光器一般采用光纤光栅做谐振腔。光纤光栅是透过紫外诱导,在光纤纤芯形成折射率周期性变化的低损耗器件,具有非常好的波长选择性。光纤光栅的采用,简化了激光器的结构、窄化了线宽,同时提高了激光器的信噪比和可靠性,进而提高了光束质量。另外,采用光纤光栅做谐振腔可以将泵浦源的尾纤与增益光纤有机地熔接为一体,从而降低了光纤激光器的阈值,提高了输出激光的效率。根据对输出激光特性的不同要求可选择单模光纤光栅和多模光纤光栅作为谐振腔的反射镜。单模光纤光栅具有单一的反射峰值和很窄的反射线宽,对应的激光输出为单模,光束质量高、单色性好,但输出功率较低。多模光纤光栅是在多模渐变折射率光纤上通过紫外诱导写入光纤光栅,能反射多个波长,反射线宽较宽,应用多模光纤光栅做腔镜的光纤激光器输出光束为多模,可实现高功率的激光输出,但输出光束质量较差。

1.4.1　光纤激光器的泵浦结构

普通通信用的小功率光纤激光器输出功率一般都是毫瓦量级,多采用单模光纤、端面泵浦,其典型结构如图 1-14 所示。但单模光纤纤芯直径只有 9μm,对激光二极管(LD)的输出光束有严格的要求,无法承受太高的功率密度,因为强泵浦光耦合在很细的纤芯里会出现严重的非线性效应,所以纤芯光学性能改变、转换效率降低。

光纤激光器
的基本理论

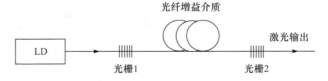

图 1-14　小功率光纤激光器的典型结构

高功率光纤激光器采用双包层光纤;单模纤芯由掺稀土离子的石英材料构成,作为激光振荡通道,内包层由横向尺寸和数值孔径比纤芯大得多、折射率比纤芯小的纯石英材料构成,它是接收多模 LD 泵浦光的多模光纤;因为掺杂激活纤芯和接收多模泵浦光的多模内包层是分开的,所以实现了多模光泵浦单模光输出。为了提高纤芯的吸收效率,内包层的截面形状多采用 D 形、矩形和梅花形。

高功率光纤激光器采用侧面泵浦,光纤侧面引出多个分叉光纤,每个分叉光纤可与带尾纤的 LD 耦合形成分点泵浦，不仅极大地提高了输出功率，而且避免了传统端泵带来的一系列热效应问题。应用 D 形内包层的双包层光纤激光器的结构如图 1-15 所示。

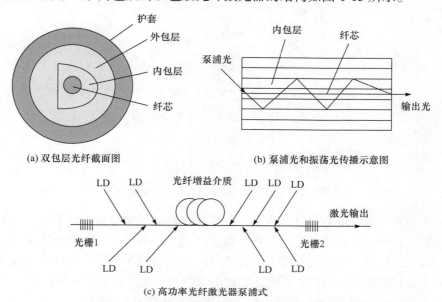

(a) 双包层光纤截面图　　　　(b) 泵浦光和振荡光传播示意图

(c) 高功率光纤激光器泵浦式

图 1-15　应用 D 形内包层的双包层光纤激光器的结构

1.4.2　环形腔光纤激光器的设计

受激布里渊散射是泵浦波与斯托克斯波通过声波进行的非线性散射效应。由于受激布里渊散射的阈值较低，因此它是光纤中最为常见的一种非线性散射。自 1972 年首次观察到光纤中的布里渊散射谱以来，对光纤中布里渊散射的研究一直在进行。在光散射过程中，散射光相对于入射光具有一定的频移，且偏移量与外界环境的温度和应力成线性关系。利用这些特性，既可以产生很多有价值的光谱谱线，又可以实现高速信号的产生、交换以及获取等。例如，利用布里渊散射光相对于入射光具有一定的频移量，获得了布里渊激光器；利用布里渊频移量与温度和应力的关系研制了分布式布里渊传感器。近年来，由于较窄的激光线宽和较低的激光阈值等优点，布里渊激光器的研究引起了关注。

布里渊环形腔激光器的实验装置如图 1-16 所示。在布里渊激光器的环形腔中，包含了环形器(OC)、80∶20 的耦合器(Coupler2)、光隔离器(ISO)、普通单模光纤(SMF)和偏振控制器(PC)。为了防止在环形腔中产生高阶斯托克斯光，在环形腔中使用了 ISO。由于布里渊散射受偏振态的影响，利用 PC 保持环形腔中泵浦光和斯托克斯光的偏振态，通过调节 PC 控制输出光的功率与线宽。布里渊激光器的泵浦由窄线宽可调谐激光器(TLS)通过 20∶80 的耦合器(Coupler1)分成两路，20%的光经过掺 Er^{3+} 光纤放大器(EDFA)放大后进入 OC，作为布里渊激光器的泵浦光，80%的光与耦合器(Coupler2)输出端输出的 70%布里渊激光共同进入 50∶50 的耦合器(Coupler3)进行差频探测，通过光谱分析仪(OSA)测量光功率，利用光电探测器(PD)把光信号转换为电信号，再通过电谱分析仪(ESA)测量信号的电谱特性。

测量的激光线宽与泵浦激光器功率之间的关系如图 1-17 所示，从图中可以看出，环形腔长度一定时，随着泵浦功率的增加，输入信号的 3dB 带宽先减小再增加，这主要是因为在低功率泵浦的情况下，布里渊散射还没有达到完全受激的状态；自发布里渊散射信号的带宽使

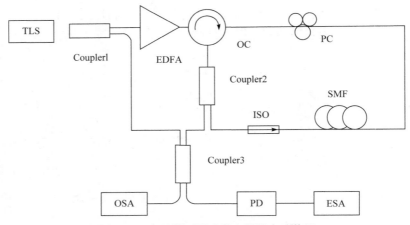

图 1-16　布里渊环形腔激光器的实验装置

得输出信号的带宽较大，随着泵浦功率的增加，输出的信号主要是受激布里渊散射，降低了散射信号的带宽，并且达到了稳定的状态。随着泵浦功率的增加，噪声也逐渐增加，这就增加了信号的带宽；在相同的泵浦功率下，随着光纤长度的减小，信号的带宽逐渐降低，但是当光纤降到一定长度后，带宽就不随光纤长度的改变而变化，达到稳定的状态。在图 1-17 中光纤长度为 24km、5km、2km 和 0.6km 时，信号的带宽约为 2.0MHz。

　　为了进一步分析腔长对布里渊激光器性能的影响，测量了不同腔长下光-光转换效率与泵浦功率之间的关系，如图 1-18 所示。从图 1-18 可以看出，当环形腔长度一定时，随着泵浦功率的增加，系统的光-光转换效率逐渐增加。这主要是因为较高的布里渊泵浦更容易产生较高的声波，引起较大的布拉格衍射，从而产生了较高的布里渊散射。此时，斯托克斯光迅速积累，当泵浦光超过布里渊阈值后，光-光转换效率迅速增加，但是，当泵浦功率达到一定时，光-光转换效率不再随着泵浦功率的增加而增加，这主要是因为布里渊散射达到稳定状态，使得转换效率趋于饱和；随着环形腔长度的增加，激光器的阈值在逐渐减小(由于受激布里渊散射的阈值与光纤长度成反比)；此外，当泵浦功率一定时，随着环形腔长度的减小，光-光转换效率先增加再逐渐减小。因为当腔长减小到一定程度后，受激布里渊散射的强度降低，减小了光-光转换效率。

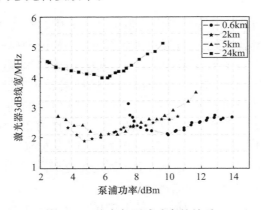

图 1-17　线宽与泵浦功率的关系

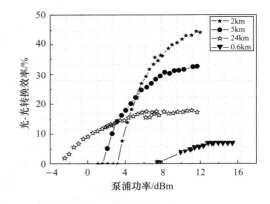

图 1-18　光-光转换效率与泵浦功率之间的关系

　　由上述分析可以看出，随着泵浦功率的增加，输出激光的线宽先减小，达到稳定后再逐渐增加。所以通过泵浦功率的优化，获得较窄的激光输出；同时可以通过降低环形腔长度降低输出光的线宽。为了获得窄线宽单纵模运转的激光器，需要选择较短环形腔的系统。因此，必须选择优化的泵浦功率和布里渊激光器的腔长。

利用光电探测器和频谱分析仪直接测量布里渊激光器的纵模间隔，如图 1-19 所示。从图 1-19 可以看出，激光器的纵模间隔约为 18MHz。对于环形腔激光器，纵模间隔可以表示为

$$\Delta f = \frac{c}{nL} \tag{1-126}$$

从式(1-126)可以得出，18MHz 的纵模间隔对应于约 11m 的激光腔长，各个纵模之间的消光比约为 17dB。由于激光器中的模式竞争，该激光器可以运转在单纵模的状态下。

布里渊激光器的电谱是通过窄线宽 TLS 和输出激光的差频探测获得的，在泵浦功率为 25dBm 时，测量的频谱如图 1-20 所示。从图 1-20 可以看出，激光器的差频谱是高斯型，其 3dB 线宽约为 2.7MHz，小于自发布里渊散射谱的 35MHz 线宽，在泵浦波长为 1550nm 时的布里渊频移约为 10.88GHz。

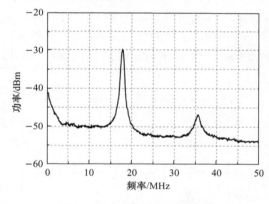

图 1-19　布里渊激光器的纵模

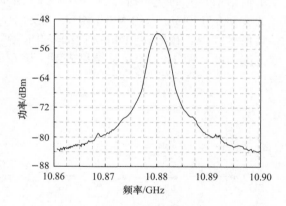

图 1-20　布里渊激光器的频谱

获得的布里渊激光器输出功率与泵浦功率的关系如图 1-21 所示。从图 1-21 可以看出，在泵浦功率较低时，随着泵浦功率的增加，输出的斯托克斯光功率增加比较缓慢，此时输出的光主要是自发布里渊散射光。当泵浦功率超过 22dBm 时，输出的激光功率迅速增加，这一泵浦功率为激光器的阈值功率。当泵浦功率增加到 25dBm 时，输出的激光功率趋于平衡，达到了饱和状态，最大输出功率约为 18dBm，这时光-光转换效率约为 22.4%。

布里渊激光器的频谱通过该布里渊激光器与窄线宽可调谐光源(约 100kHz)进行差频测量获得。获得布里渊激光器的 3dB 线宽和布里渊泵浦的关系，如图 1-22 所示。从图 1-22 可以看出，随着泵浦功率的增加，布里渊激光器的 3dB 线宽先减小再增加，这主要是因为，在低功率泵浦情况下，输出光的主要成分是自发布里渊散射光，自发布里渊散射的谱宽大于受激布里渊散射的谱宽，输出激光的线宽较宽；随着泵浦功率的增加，受激布里渊散射逐渐占主导，使得输出光的线宽逐渐减小；输出激光线宽稳定之后，又随着泵浦功率的增加逐渐增加，这是因为布里渊散射同时是噪声放大的过程，在高功率泵浦时放大的自发辐射噪声夹杂在输出布里渊散射光中，增加了输出光的线宽。

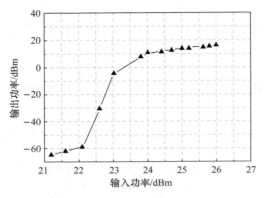

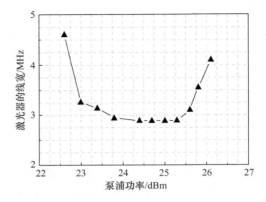

图 1-21　布里渊激光器输出功率与泵浦功率的关系　　图 1-22　激光输出信号的 3dB 线宽与布里渊泵浦功率的关系

　　为了更准确地分析该环形腔激光器的稳定性，下面在泵浦功率为 25dBm 的情况下，测量了输出信号光的差频谱特性，如图 1-23 所示。从图 1-23(a)可以看出，布里渊激光器的 3dB 线宽波动在 160min 内约为 0.1MHz，显示了比较稳定的线宽特性；从图 1-23(b)可以看出，差频信号的中心频率在 160min 内的变化同样小于 0.1MHz，这样的波动是在 ESA 的测量精度范围内的。图 1-23 的实验结果表明，该布里渊激光器的频率和 3dB 线宽都具有较高的稳定性。

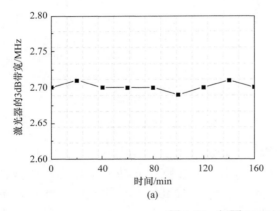

(a)

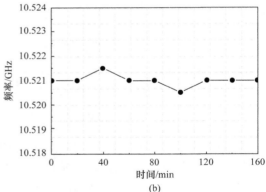

(b)

图 1-23　间隔 20min 输出激光器的稳定性

习题与思考

　　1. 如果工作物质某一跃迁波长为 100nm 的远紫外光，自发跃迁概率 A_{10} 等于 $10^5 \mathrm{s}^{-1}$，求：

　　(1) 该跃迁的受激辐射爱因斯坦系数 B_{10} 为多少？

　　(2) 为使受激跃迁概率比自发跃迁概率大 3 倍，腔内的单色能量密度 ρ 应为多少？

　　2. 如果激光器和微波激射器分别在 $\lambda = 10\mu\mathrm{m}$，$\lambda = 500\mathrm{nm}$ 和 $\nu = 3000\mathrm{MHz}$ 输出 1W 的连续功率，求每秒钟从激光上能级向下能级跃迁的粒子数分别为多少？

　　3. 如果受激辐射爱因斯坦系数 $B_{10} = 10^{19} \mathrm{m}^3/(\mathrm{s}^3 \cdot \mathrm{W})$，求：

　　(1) 在①$\lambda = 6\mu\mathrm{m}$(红外光)；②$\lambda = 600\mathrm{nm}$(可见光)；③$\lambda = 60\mathrm{nm}$(远紫外光)；④$\lambda = 0.60\mathrm{nm}$(X

射线)下，自发辐射跃迁概率 A_{10} 和自发辐射寿命。

(2) 当光强 $I = 10\text{W/mm}^2$ 时，受激跃迁概率 W_{10}。

4. 一对激光能级为 E_2 和 $E_1(g_2 = g_1)$，相应的频率为 ν(波长为 λ)，各能级上的粒子数为 n_2 和 n_1。求：

(1) 当 $\nu = 3000\text{MHz}$，$T = 300\text{K}$ 时，n_2 / n_1 为多少？

(2) 当 $\lambda = 1\mu\text{m}$，$T = 300\text{K}$ 时，n_2 / n_1 为多少？

(3) 当 $\lambda = 1\mu\text{m}$，$n_2 / n_1 = 0.1$ 时，温度 T 为多少？

5. 证明光在自发辐射情况下，原子在 E_2 能级的平均寿命为 $\tau_s = 1 / A_{21}$。

6. 有一球面腔，$R_1 = 1.5\text{m}$，$R_2 = -1\text{m}$，$L = 0.8\text{m}$。试证明该腔为稳定腔，并求出它的等价共焦腔的参数。

7. 某高斯光束 $\omega_0 = 1.2\text{m}$，求与束腰相距 0.3m、10m 和 1000m 远处的光斑 ω 的大小及波前曲率半径 R。

8. 如题图 1-1 所示，已知：$\omega_{01} = 3\text{mm}$，$\lambda = 10.6\mu\text{m}$，$z_1 = 2\text{cm}$，$d = 50\text{cm}$，$f_1 = 2\text{cm}$，$f_2 = 5\text{cm}$。求 ω_{02} 和 z_2 的值，并叙述聚焦原理。

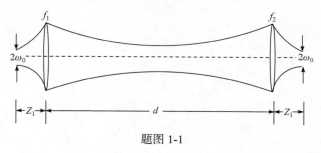

题图 1-1

9. 假设行波放大器输出光强为 $I(\nu,l) = I_0(\nu)\text{e}^{r(\nu)l}$，放大介质的谱线轮廓因子为 $g(\nu)$，上下能级的粒子数为 N_2 和 N_1，权重因子为 $g_2 = g_1$，受激发射与吸收系数 $B_{21} = B_{12}$，试推导出增益系数 $r(\nu)$ 的表达式。

10. 如题图 1-2 所示，波长为 $\lambda = 1.06\mu\text{m}$ 的 Nd:YAG 激光器，全反射镜的曲率半径 $R = 0.5\text{m}$，距离全反射镜 $a = 0.15\text{m}$ 处放置长为 $b = 0.18\text{m}$ 的 Nd:YAG 棒，其折射率 $\eta = 1.8$，棒的右端直接镀上半反射膜作为腔的输出端。

(1) 判别腔的稳定性。

(2) 求 Nd:YAG 晶体棒输出端的光斑半径。

(3) 在距输出端 $c = 0.2\text{m}$ 处放置 $F = 0.1\text{m}$ 薄透镜，求经透镜后的光腰半径和位置。

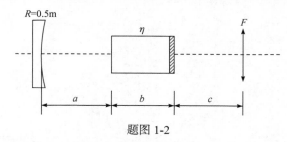

题图 1-2

11. 某四能级系统，其 E_0 为基态能级，四个能级的简并度相同。泵浦光频率与 E_0、E_3 间跃迁相对应，其跃迁概率 $W_{03} = W_p$。E_3 能级到 E_2 能级的跃迁足够快，使得 E_3 能级上的粒子数可忽略，且 E_3 到其他能级的跃迁可忽略。E_2 能级的寿命 τ_2 较长，E_1 能级的寿命 τ_1 较短，但不可忽略，因此 E_1 能级上的粒子数密度不可忽略，E_2 能级到 E_1 能级的跃迁速率为 $1/\tau_{21}$，总粒子数密度为 n，求：

(1) 在 E_2 能级和 E_1 能级间形成集居数反转的条件(因无谐振腔，也无相应频率的光入射，因此，E_2 能级和 E_1 能级间的受激辐射和受激吸收可忽略)。

(2) E_2 能级和 E_1 能级间的反转集居数密度与 W_p、n 的关系式。

(3) 泵浦极强时，E_2 能级和 E_1 能级间的反转集居数密度。

参考答案-1

第二章　激光调制技术

激光是一种光频电磁波，具有良好的相干性；与无线电波相似，可以用来作为传递信息的载波；具有很高的频率，可利用的频带很宽，因此，传递信息的容量比较大。此外，光具有极短的波长和极快的传递速度，加上独立传播特性，光波可以借助光学系统，把面上的二维信息以很高的分辨率瞬间传递到另一个面上，可以为二维并行光学信息处理提供条件。因此，激光是传递信息的一种很理想的光源。要用激光作为信息的载体，就必须解决如何将信息加载到激光上，由激光携带信息通过一定的传输通道等送到接收器，再由光接收器鉴别并还原成原来的信息，从而达到通话的目的。这种将信息加载于激光的过程称为调制，完成这一过程的装置称为调制器。其中，激光称为载波；起控制作用的低频信息称为调制信号。激光光波的电场强度可以表示为

$$E_c(t) = A_c \cos(\omega_c t + \varphi_c) \tag{2-1}$$

式中，A_c 为振幅；ω_c 为角频率；φ_c 为相位角。既然激光具有振幅、频率、相位和偏振等参量，如果能够利用某种物理方法改变光波的某一参量，使其按照调制信号的规律变化，那么激光就会受到信号的调制，达到运载信息的目的。实现激光调制的方法很多，根据调制器和激光器的相对关系，可以分为内调制和外调制两种，按照调制的性质可以分为调幅、调频、调相和强度调制等。内调制指加载调制信号是在激光振荡过程中进行的，即以调制信号去改变激光器的振荡参数，从而改变激光输出特性以实现调制。外调制是指激光形成以后，在激光器外的光路上放置调制器，用调制信号改变调制器的物理特性，当激光通过调制器时，就会使光波的某参量受到调制。由于外调制调整方便，而且对激光器没有影响，此外，外调制方式不受半导体器件工作速率的限制，故它比内调制的调制速率高，调制带宽要宽得多，所以在未来的高速率、大容量的光通信及光信息处理应用中，更受人们的重视。

2.1　调制的分类及特点

2.1.1　振幅调制

振幅调制就是载波的振幅随着调制信号的规律而变化的振荡，简称调幅。设载波的电场强度如式(2-1)所示，调制信号是一个时间的余弦信号，可以表示为

$$a(t) = A_m \cos(\omega_m t) \tag{2-2}$$

式中，A_m 为调制信号的振幅；ω_m 为调制信号的角频率。当进行激光振幅调制后，激光振幅 A_c 不再是常量，而与调制信号成正比，其调幅波的表达式可以表示为

$$e(t) = A_c [1 + m_a \cos(\omega_m t)] \cos(\omega_c t + \varphi_c) \tag{2-3}$$

对式(2-3)进行展开，得到调幅波的频谱表达式，可以表示为

$$e(t) = A \cos(\omega_c t + \varphi_c) + \frac{m_a}{2} A_c \cos[(\omega_c + \omega_m)t + \varphi_c] + \frac{m_a}{2} A_c \cos[(\omega_c - \omega_m)t + \varphi_c] \tag{2-4}$$

式中，$m_a = A_m / A_c$，称为调幅系数，从式(2-4)可以看出，调幅波的频谱是由三个频率成分组

成的，第一项是载频分量(ω_c)，第二、三项是因调制而产生的新分量($\omega_c + \omega_m$，$\omega_c - \omega_m$)，称为边频分量，如图 2-1 所示。

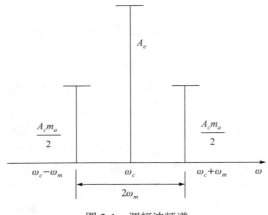

图 2-1　调幅波频谱

频率和相位调制

2.1.2　频率和相位调制

频率和相位调制就是光载波的频率或相位随着调制信号的变化规律而发生变化的调制过程，由于这两种调制波都表现为总相角的变化，因此统称为角度调制。

对频率调制来说，激光载波角频率不再是常数，而是随调制信号发生变化，可以表示为

$$\omega(t) = \omega_c + \Delta\omega(t) = \omega_c + k_f a(t) \tag{2-5}$$

如果调制信号是一个余弦信号，那么调制波的总相位角可以表示为

$$\phi(t) = \int \omega(t)\mathrm{d}t + \varphi_c = \int [\omega_c + k_f a(t)]\mathrm{d}t + \varphi_c = \omega_c t + \int k_f a(t)\mathrm{d}t + \varphi_c \tag{2-6}$$

调制波的表达式可以表示为

$$e(t) = A\cos[\omega_c t + m_f \sin(\omega_m t) + \varphi_c] \tag{2-7}$$

式中，k_f 为比例系数；$m_f = \Delta\omega/\omega_m$ 为调频系数。

同样，对于相位调制来说，激光信号的相位角 φ_c 随调制信号的变化规律而变化，调相波的总相角及调相波的表达式分别可以用式(2-8)和式(2-9)表示：

$$\psi(t) = \omega_c t + \varphi_c + k_\varphi a(t) = \omega_c t + \varphi_c + k_\varphi A_m \cos(\omega_m t) \tag{2-8}$$

$$e(t) = A_c \cos[\omega_c t + m_\varphi \cos(\omega_m t) + \varphi_c] \tag{2-9}$$

式中，$m_\varphi = k_\varphi A_m$ 为调相系数。

由于调频和调相实质上都是调制总相角，因此，可以写成式(2-10)所示的统一表达式。利用三角公式展开式(2-10)，可以得出式(2-11)的表达式。

$$e(t) = A_c \cos[\omega_c t + m\cos(\omega_m t) + \varphi_c] \tag{2-10}$$

$$e(t) = A_c \{\cos(\omega_c t + \varphi_c)\cos[m\sin(\omega_m t)] - \sin(\omega_c t + \varphi_c)\sin[m\sin(\omega_m t)]\} \tag{2-11}$$

$$\cos[m\sin(\omega_m t)] = J_0(m) + 2\sum_{n=1}^{\infty} J_{2n}(m)\cos(2n\omega_m t) \tag{2-12}$$

$$\sin[m\sin(\omega_m t)] = 2\sum_{n=1}^{\infty} J_{2n-1}(m)\sin[(2n-1)\omega_m t] \tag{2-13}$$

若知道调制系数 m，就可以从贝塞尔函数表查得各阶贝塞尔函数的值，将式(2-12)和式(2-13)代入式(2-11)并展开，可以得出：

$$e(t) = A_c J_0(m)\cos(\omega_c t + \varphi_c)$$
$$+ A_c \sum_{n=1}^{\infty} J_n(m)\{\cos[(\omega_c + n\omega_m)t] + \varphi_c + (-1)^n \cos[(\omega_c - n\omega_m)t] + \varphi_c\} \tag{2-14}$$

从式(2-14)可以看出，在单频正弦波调制时，其角度调制波的频谱是由光载频与在它两边对称分布的无穷多对边频所组成，各个边频之间的频率间隔为 ω_m，各个边频幅度的大小由贝塞尔函数决定。图 2-2 显示了利用外差方法在频谱仪上得到的从相位调制输出的多频信号频谱，其中，相位调制器的调制系数为 1.435，调制频率为 1MHz。

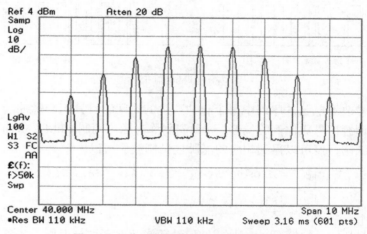

图 2-2　相位调制器输出的多频信号的频谱

2.1.3　强度调制

强度调制是光载波的强度随调制信号变化而发生变化的激光振荡。由于探测器一般都是直接响应其所接收的光强度变化，激光调制通常采用强度调制形式。通常情况下，激光信号的强度定义为光波电场的平方，那么激光信号的强度及强度调制的强度分别可以用式(2-15)和式(2-16)表示。

$$I(t) = e^2(t) = A_c^2 \cos^2(\omega_c t + \varphi_c) \tag{2-15}$$

$$I(t) = e^2(t) = \frac{A_c^2}{2}[1 + k_p a(t)]\cos^2(\omega_c t + \varphi_c) \tag{2-16}$$

式中，k_p 为比例系数，若调制信号是单频余弦波 $a(t) = A_m \cos(\omega_m t)$，将其代入式(2-16)，且 $k_p A_m = m_p$（称为强度调制系数），可以得出：

$$I(t) = \frac{A_c^2}{2}[1 + m_p \cos(\omega_m t)]\cos^2(\omega_c t + \varphi_c) \tag{2-17}$$

从式(2-17)的光强调制式和调幅波的频谱可以看出，其结果和调幅波的频谱略有差异，其频谱分布除了载频及对称分布的两个边频外，还有低频 ω_m 和直流分量。

2.1.4　脉冲调制

以上分析的振幅、相位和强度调制形式所得到的调制波是一种连续振荡的波，称为模拟调制。光通信系统中还广泛采用一种在不连续状态下进行调制的脉冲调制和数字调制。脉冲调制是用一种间歇的周期性脉冲序列作为载波，载波的某一参量按照调制信号规律变化的调制方法。即先用模拟调制信号对一个电脉冲序列的参量(幅度、宽度、频率等)进行电调制，使之按照调制信号规律变化，获得调制脉冲序列，然后，利用调制脉冲序列对光载波进行强度调制，就可以得到相应变化的光脉冲序列，如图 2-3 所示。

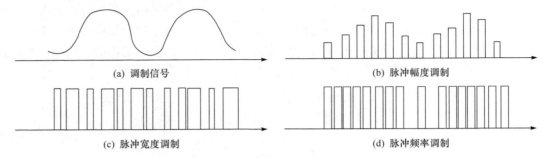

图 2-3 脉冲调制形式

当用调制信号改变电脉冲序列中每个脉冲产生的时间时，其每个脉冲的位置与未调制时的位置有一个与调制信号成比例的位移，这种调制称为脉位调制(PPM)，进而再对光源发射的光载波进行强度调制，便可以得到相应的光脉位调制波，可以表示为

$$\begin{cases} e(t) = A\cos(\omega_c t + \varphi_c), & t_n + \tau_d \leqslant t \leqslant t_n + \tau_d + \tau \\ \tau_d = \dfrac{\tau_p}{2}[1 + M(t_n)] \end{cases} \tag{2-18}$$

式中，$M(t_n)$ 为调制信号的振幅；τ_d 为载波脉冲前沿相对于取样时间 t_n 的延迟时间，为了防止脉冲重叠到相邻的样品周期上，脉冲的最大延迟必须小于样品周期 t_p。若调制信号使脉冲的重复频率发生变化，频移的幅度正比于调制信号电压的幅值，而与调制频率无关，则这种调制称为脉冲频率调制(PFM)。脉冲调频波的表达式为

$$e(t) = A_c \cos\left[\omega_c t + \Delta\omega \int M(t_n)\mathrm{d}t + \varphi_c\right], \quad t_n \leqslant t \leqslant t_n + \tau \tag{2-19}$$

脉位调制和脉冲频率调制都可以采用宽度很窄的光脉冲。脉冲的形状不变，只是脉冲位置或者重复频率随调制信号的变化而变化，这两种调制方法具有较强的抗干扰能力，在光通信中得到较广泛应用。

2.1.5 脉冲编码调制

脉冲编码调制是把模拟信号先变成电脉冲序列，进而变成代表信号信息的二进制编码(PCM 数字信号)，再对光载波进行强度调制来传递信息。要实现脉冲编码调制，必须经历三个过程：抽样、量化和编码。

1) 抽样

抽样就是把连续的信号先变成不连续的脉冲波，用一定周期的脉冲序列来表示，且脉冲序列的幅度与信号波的幅度是相对应的。通过抽样之后，原来的模拟信号变成一个脉冲调制信号。

2) 量化

量化就是把抽样后的脉幅调制波进行分级取整处理，用有限个数的代表值取代抽样值的

大小，这个过程称为量化；抽样后再通过量化才能变成数字信号。

3) 编码

编码是把量化后的数字信号变换成相应的二进制代码的过程。

2.2 电 光 调 制

电光调制的物理基础是电光效应。某些晶体在外加电场的作用下，其折射率发生变化，当光波通过晶体介质时，其传输特性就受到影响而发生改变，这种现象称为电光效应。

2.2.1 电光调制的物理基础

光波在介质中的传播规律受到介质折射率分布的制约，而折射率的分布又与其介电常量密切相关。理论和实验均证明：介质的介电常量与晶体中的电荷分布有关，当晶体上施加电场之后，引起束缚电荷重新分布，并可能导致离子晶格的微小形变，其结果将引起介电常量的变化，最终导致晶体折射率的变化，所以折射率成为外加电场 E 的函数。这时晶体折射率可用施加电场 E 的幂级数表示，可以写成式(2-20)和式(2-21)的形式：

$$n = n_0 + \gamma E + hE^2 + \cdots \tag{2-20}$$

$$\Delta n = n - n_0 = \gamma E + hE^2 + \cdots \tag{2-21}$$

式中，γ 和 h 为常量；n_0 为未加电场时的折射率；γE 为一次项，由该项引起的折射率变化称为线性电光效应或泡克耳斯(Pockels)效应，由二次项 hE^2 引起的折射率变化，称为二次电光效应或克尔(Kerr)效应。对于大多数电光晶体材料，一次效应要比二次效应显著，因此可以略去二次项，此处只讨论一次电光效应。

1. 电致折射率变化

对电光效应的分析和描述有两种方法：一种是电磁理论方法，该方法的数学推导比较复杂；另一种是折射率椭球的方法(几何图形法)，这种方法直观、方便，通常都采用这种方法。

当晶体未加电场时，主轴坐标系中，折射率椭球可以表示为

$$\frac{x^2}{n_x^2} + \frac{y^2}{n_y^2} + \frac{z^2}{n_z^2} = 1 \tag{2-22}$$

式中，x, y, z 为晶体介质的主轴方向，也就是说晶体内沿着这些方向的电位移 D 和电场强度 E 是互相平行的；n_x, n_y, n_z 为折射率椭球的主折射率。当晶体施加电场后，其折射率椭球就发生了变形，可以表示为

$$\left(\frac{1}{n^2}\right)_1 x^2 + \left(\frac{1}{n^2}\right)_2 y^2 + \left(\frac{1}{n^2}\right)_3 z^2 + 2\left(\frac{1}{n^2}\right)_4 yz + 2\left(\frac{1}{n^2}\right)_5 xz + 2\left(\frac{1}{n^2}\right)_6 xy = 1 \tag{2-23}$$

从式(2-22)和式(2-23)可以看出，由于外电场的作用，折射率椭球各系数将发生线性变化，其变化量可以定义为

$$\Delta\left(\frac{1}{n^2}\right)_i = \sum_{j=1}^{3} \gamma_{ij} E_j \tag{2-24}$$

式中，γ_{ij} 称为线性电光系数，i 取值 $1, 2, \cdots, 6$，j 取值 $1, 2, 3$。式(2-24)可以用张量的矩阵形式

表示为

$$
\begin{bmatrix}
\Delta\left(\dfrac{1}{n^2}\right)_1 \\[2mm]
\Delta\left(\dfrac{1}{n^2}\right)_2 \\[2mm]
\Delta\left(\dfrac{1}{n^2}\right)_3 \\[2mm]
\Delta\left(\dfrac{1}{n^2}\right)_4 \\[2mm]
\Delta\left(\dfrac{1}{n^2}\right)_5 \\[2mm]
\Delta\left(\dfrac{1}{n^2}\right)_6
\end{bmatrix}
=
\begin{bmatrix}
\gamma_{11} & \gamma_{12} & \gamma_{13} \\
\gamma_{21} & \gamma_{22} & \gamma_{23} \\
\gamma_{31} & \gamma_{32} & \gamma_{33} \\
\gamma_{41} & \gamma_{42} & \gamma_{43} \\
\gamma_{51} & \gamma_{52} & \gamma_{53} \\
\gamma_{61} & \gamma_{62} & \gamma_{63}
\end{bmatrix}
\begin{bmatrix}
E_x \\
E_y \\
E_z
\end{bmatrix}
\tag{2-25}
$$

式中，E_x, E_y, E_z 为电场沿 x, y, z 方向的分量；具有 γ_{ij} 元素的 6×3 矩阵称为电光张量，每个元素的值由具体的晶体决定，它是表征感应极化强弱的量。以常用的 KDP 晶体为例进行分析，KDP(KH_2PO_4)类晶体属于四方晶系，是负单轴晶体($n_e < n_o$)，因此，$n_x = n_y = n_o$，$n_z = n_e$，且 $n_e < n_o$。这类晶体的电光张量可以表示为

$$
\left[\gamma_{ij}\right] =
\begin{bmatrix}
0 & 0 & 0 \\
0 & 0 & 0 \\
0 & 0 & 0 \\
\gamma_{41} & 0 & 0 \\
0 & \gamma_{52} & 0 \\
0 & 0 & \gamma_{63}
\end{bmatrix}
\tag{2-26}
$$

式中，$\gamma_{41} = \gamma_{52}$。将式(2-26)代入式(2-25)，可得

$$
\begin{cases}
\Delta\left(\dfrac{1}{n^2}\right)_1 = 0, \quad \Delta\left(\dfrac{1}{n^2}\right)_4 = \gamma_{41}E_x \\[3mm]
\Delta\left(\dfrac{1}{n^2}\right)_2 = 0, \quad \Delta\left(\dfrac{1}{n^2}\right)_5 = \gamma_{41}E_y \\[3mm]
\Delta\left(\dfrac{1}{n^2}\right)_3 = 0, \quad \Delta\left(\dfrac{1}{n^2}\right)_6 = \gamma_{63}E_z
\end{cases}
\tag{2-27}
$$

将式(2-27)代入式(2-23)，得到晶体外加电场后的新折射率椭球方程式，表示为

$$
\frac{x^2}{n_o^2} + \frac{y^2}{n_o^2} + \frac{z^2}{n_e^2} + 2\gamma_{41}yzE_x + 2\gamma_{41}xzE_y + 2\gamma_{63}xyE_z = 1
\tag{2-28}
$$

从式(2-28)可以看出，外加电场导致折射率椭球方程中交叉项的出现，这说明加电场后，椭球的主轴不再与 x，y，z 轴平行，因此，必须利用一个新的坐标系使式(2-28)在该坐标系中主轴化，这样才能确定电场对光传播的影响。为了简单起见，将外加电场的方向平行于 z 轴，即 $E_z = E$，$E_x = E_y = 0$，那么式(2-28)可以变换为

$$\frac{x^2}{n_o^2}+\frac{y^2}{n_o^2}+\frac{z^2}{n_e^2}+2\gamma_{63}xyE_z=1 \tag{2-29}$$

为了寻求一个新的坐标系(x',y',z')，使椭球方程不含交叉项，具有如式(2-30)的形式：

$$\frac{x'^2}{n_{x'}^2}+\frac{y'^2}{n_{y'}^2}+\frac{z'^2}{n_{z'}^2}=1 \tag{2-30}$$

式中，x',y',z'为外加电场后椭球主轴的方向，通常称为感应主轴；$n_{x'},n_{y'},n_{z'}$为新坐标系中的主折射率。由于式(2-29)中的x和y是对称的，故可以将x坐标和y坐标绕z轴旋转α角，于是从旧坐标系到新坐标系的变换关系为

$$\begin{cases} x=x'\cos\alpha-y'\sin\alpha \\ y=x'\sin\alpha-y'\cos\alpha \end{cases} \tag{2-31}$$

将式(2-31)代入式(2-29)，可以得到

$$\left[\frac{1}{n_o^2}+\gamma_{63}E_z\sin(2\alpha)\right]x'^2+\left[\frac{1}{n_o^2}-\gamma_{63}E_z\sin(2\alpha)\right]y'^2+\frac{1}{n_e^2}z'^2+2\gamma_{63}x'y'E_z\cos(2\alpha)=1 \tag{2-32}$$

令交叉项为零，即$\cos(2\alpha)=0$，得$\alpha=45°$，则式(2-32)可以简化为式(2-33)。

$$\left(\frac{1}{n_o^2}+\gamma_{63}E_z\right)x'^2+\left(\frac{1}{n_o^2}-\gamma_{63}E_z\right)y'^2+\frac{1}{n_e^2}z'^2=1 \tag{2-33}$$

式(2-33)即KDP类晶体沿z轴加电场后的新椭球方程，其椭球主轴的半长度由式(2-34)决定。

$$\begin{cases} \dfrac{1}{n_{x'}^2}=\dfrac{1}{n_o^2}+\gamma_{63}E_z \\ \dfrac{1}{n_{y'}^2}=\dfrac{1}{n_o^2}-\gamma_{63}E_z \\ \dfrac{1}{n_{z'}^2}=\dfrac{1}{n_e^2} \end{cases} \tag{2-34}$$

由于γ_{63}很小(约10^{-10} m/V)，$\gamma_{63}\ll\frac{1}{n_o^2}$，利用微分式$d\left(\frac{1}{n^2}\right)=-\frac{2}{n^3}dn$，即$dn=-\frac{n^3}{2}d\left(\frac{1}{n^2}\right)$，得到

$$\begin{cases} \Delta n_x=-\frac{1}{2}n_o^3\gamma_{63}E_z \\ \Delta n_y=\frac{1}{2}n_o^3\gamma_{63}E_z \\ \Delta n_z=0 \end{cases} \tag{2-35}$$

式(2-35)可以改写为式(2-36)：

$$\begin{cases} n_{x'}=n_o-\frac{1}{2}n_o^3\gamma_{63}E_z \\ n_{y'}=n_o+\frac{1}{2}n_o^3\gamma_{63}E_z \\ n_{z'}=n_e \end{cases} \tag{2-36}$$

由以上分析可以知道，KDP 晶体沿 z 轴加电场时，单轴晶体变成了双轴晶体，折射率椭球的主轴绕 z 轴旋转了 45°角，此转角与外加电场的大小无关，其折射率变化与电场成正比。式(2-35)的 Δn 值称为电致折射率变化，这一原理是利用电光效应实现光调制、调 Q 锁模等技术的物理基础。

2. 电光相位延迟

在实际的应用中，电光晶体总是沿着相对光轴的某些特殊方向切割而成的，而且外电场也是沿着某一主轴方向加到晶体上，常用的有两种方式：一种是电场方向与通光方向一致，称为纵向电光效应；另一种是电场与通光方向垂直，称为横向电光效应。以 KDP 类晶体为例进行分析，沿晶体 z 轴加电场后，若光波沿 z 轴方向传播，则其双折射图形取决于椭球与垂直于 z 轴的平面相交所形成的椭圆，在式(2-33)中，令 $z'=0$，该椭圆的表达式可以用式(2-37)表示：

$$\left(\frac{1}{n_o^2}+\gamma_{63}E_z\right)x'^2+\left(\frac{1}{n_o^2}-\gamma_{63}E_z\right)y'^2=1 \tag{2-37}$$

当一束线偏振光沿着 z 轴方向入射到晶体中，且电场矢量 E 沿着 x 方向时，光进入晶体 $(z=0)$ 后即分解为 x' 和 y' 方向的两个垂直偏振分量，由于二者的折射率不同，沿 x' 方向振动的光传播速度快，而沿 y' 方向振动的光传播速度慢。当它们经过长度为 L 的晶体后所走的光程分别为 $n_{x'}L$ 和 $n_{y'}L$，这样，两个偏振分量的相位延迟可以表示为

$$\begin{cases}\varphi_{n_{x'}}=\dfrac{2\pi}{\lambda}n_{x'}L=\dfrac{2\pi L}{\lambda}\left(n_o+\dfrac{1}{2}n_o^3\gamma_{63}E_z\right)\\[2mm]\varphi_{n_{y'}}=\dfrac{2\pi}{\lambda}n_{y'}L=\dfrac{2\pi L}{\lambda}\left(n_o-\dfrac{1}{2}n_o^3\gamma_{63}E_z\right)\end{cases} \tag{2-38}$$

当这两个光波通过晶体后将产生一个相位差，相位差可以用式(2-39)表示：

$$\Delta\varphi=\varphi_{n_{x'}}-\varphi_{n_{y'}}=\frac{2\pi}{\lambda}n_o^3\gamma_{63}LE_z=\frac{2\pi}{\lambda}n_o^3\gamma_{63}V \tag{2-39}$$

由以上分析可以看出，这个相位延迟完全是由光电效应的双折射引起的，所以称为电光相位延迟。其中 $V=LE_z$ 是沿着 z 轴加的电压，当电光晶体和通光波长确定后，相位差的变化仅取决于外加电压，即只要改变电压，就能使相位成比例地变化。

在式(2-39)中，当光波的两个垂直分量 $E_{x'}$、$E_{y'}$ 的光程差为半个波长(相应的相位差为 π)时所需的电压，称为半波电压，通常以 V_π 或者 $V_{\lambda/2}$ 表示。由式(2-39)可以得出：

$$V_{\lambda/2}=\frac{\lambda}{2n_o^3\gamma_{63}}=\frac{\pi c_0}{\omega n_o^3\gamma_{63}} \tag{2-40}$$

半波电压是表征电光晶体性能的一个重要参数，这个电压越小越好，特别是在宽频带和高频率情况下，半波电压小，则需要的调制功率就小。

3. 光偏振态的变化

根据上述分析可以知道，两个偏振分量间的相速度差异，会使一个分量相对于另一个分量有一个相位差，而这个相位差作用就会改变出射光束的偏振态。在物理光学中已经知道，

"波片"可作为光波偏振态的变换器，它对入射光偏振态的改变是由波片的厚度决定的，在一般情况下，出射的合成振动是一个椭圆偏振光，可以表示为

$$\frac{E_{x'}^2}{A_1^2} + \frac{E_{y'}^2}{A_2^2} - \frac{2E_{x'}E_{y'}}{A_1 A_2}\cos(\Delta\varphi) = \sin^2(\Delta\varphi) \tag{2-41}$$

若现在有一个与外加电压成正比变化的相位延迟晶体，就可以用电学方法将入射光波的偏振态变成所需要的偏振态。下面分析几种特定情况下的偏振态变化。

(1) 当晶体上未加电场时，$\Delta\varphi = 2n\pi(n = 0,1,2,\cdots)$，则式(2-41)可简化为式(2-42)，可以进一步得出式(2-43)。

$$\left(\frac{E_{x'}}{A_1} - \frac{E_{y'}}{A_2}\right)^2 = 0 \tag{2-42}$$

$$E_{y'} = (A_2/A_1)E_{x'} = E_{x'}\tan\theta \tag{2-43}$$

式(2-43)是一个线性方程，说明通过晶体后的合成光仍然是线偏振光，且与入射光的偏振方向一致，这种情况相当于一个"全波片"的作用。

(2) 当晶体上的电场($V_{\lambda/4}$)使$\Delta\varphi = \left(n + \frac{1}{2}\right)\pi$时，式(2-41)可以简化为

$$\frac{E_{x'}^2}{A_1^2} + \frac{E_{y'}^2}{A_2^2} = 1 \tag{2-44}$$

式(2-44)是一个正椭圆方程；当$A_1 = A_2$时，其合成光就变成一个圆偏振光，这种情况相当于一个"1/4波片"的作用。

(3) 当外加电场($V_{\lambda/2}$电压)使$\Delta\varphi = (2n+1)\pi$时，式(2-41)可以简化为

$$\left(\frac{E_{x'}}{A_1} + \frac{E_{y'}}{A_2}\right)^2 = 0 \tag{2-45}$$

可以进一步得出：

$$E_{y'} = -(A_2/A_1)E_{x'} = E_{x'}\tan(-\theta) \tag{2-46}$$

式(2-46)说明合成光又变成线偏振光，但偏振方向相对于入射光旋转了一个2θ角(若$\theta = 45°$，即旋转了$90°$)，晶体起到一个"半波片"的作用。

综上所述，电致双折射使一束入射的沿x方向偏振的光波得到y方向偏振分量，随着电压的增加，y方向的偏振分量增加，同时x方向偏振分量减小；当$V = V_{\lambda/2}$($\Delta\varphi = \pi$)时，偏振方向就变成与y平行。如果在晶体的输出端放置一个与入射光偏振方向相垂直的偏振器，光束将无衰减地通过；而当$V = 0$($\Delta\varphi = 0$)时，出射光则会完全被偏振器挡住而不能通过。因此，若晶体上所加电压从$0 \sim V_{\lambda/2}$变化，从检偏器输出的光强只是从晶体出射的椭圆偏振电矢量的y方向分量，则可以把偏振态的变化(偏振调制)变换成光强度的周期变化(强度调制)。

2.2.2　电光强度调制

利用泡克尔斯效应实现电光调制可以分为两种情况，一种是施加在晶体上的电场在空间

上基本是均匀的，但是在空间上是变化的。当一束光通过晶体之后，可以使一个随时间变化的电信号转换成光信号。由光波的强度或者相位变化来体现要传递的信息，这种情况主要应用于光通信、光开关等领域；另一种是施加在晶体上的电场在空间上有一定的分布，形成电场图像，即随 x 和 y 坐标变化的强度透过率或相位分布，但是在时间上不变或者缓慢变化，从而对通过的光波进行调制。

1. 纵向电光调制

图 2-4 是一个纵向电光强度调制的结构，电光晶体(KDP)置于两个成正交的偏振器之间，其中起偏器 P_1 的偏振方向平行于电光晶体的 x 轴，检偏器 P_2 的偏振方向平行于 y 轴，当沿晶体 z 轴方向加电场后，它们将旋转 45° 变为感应主轴 x'，y'。因此，沿 z 轴入射的光束经起偏器变为平行于 x 轴的线偏振光。光进入晶体后 $(z=0)$ 被分解为沿 x' 和 y' 方向的两个分量，其振幅(等于入射光振幅的 $\frac{1}{\sqrt{2}}$)和相位都相等，可以用式(2-47)表示。

$$\begin{cases} E_{x'} = A\cos(\omega_c t) \\ E_{y'} = A\cos(\omega_c t) \end{cases} \tag{2-47}$$

或者采用复数表示，即

$$\begin{cases} E_{x'}(0) = A \\ E_{y'}(0) = A \end{cases} \tag{2-48}$$

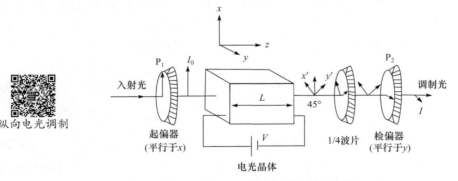

纵向电光调制

图 2-4　纵向电光调制示意图

由于光强正比于电场的平方，入射光强度表示为

$$I_i \propto E \cdot E^* = |E_{x'}(0)|^2 + |E_{y'}(0)|^2 = 2A^2 \tag{2-49}$$

当光通过长度为 L 的晶体后，由于电光效应，$E_{x'}$ 和 $E_{y'}$ 两分量间就产生了一个相位差 $\Delta\varphi$，可以得出：

$$\begin{cases} E_{x'}(L) = A \\ E_{y'}(L) = A\exp(-i\Delta\varphi) \end{cases} \tag{2-50}$$

那么，通过检偏器后的总电场强度是 $E_{x'}(L)$ 和 $E_{y'}(L)$ 在 y 方向上的分量之和。电场强度可以用式(2-51)表示，相应的输出光强可以用式(2-52)表示。

$$(E_y)_o = \frac{A}{\sqrt{2}}\left[\exp(-i\Delta\varphi) - 1\right] \tag{2-51}$$

$$I_i \propto \left[(E_y)_o \cdot (E_y)_o\right] = \frac{A^2}{2}\left\{\left[\exp(-i\Delta\varphi) - 1\right]\left[\exp(i\Delta\varphi) - 1\right]\right\} = 2A^2 \sin^2\left(\frac{\Delta\varphi}{2}\right) \tag{2-52}$$

将出射光强与入射光强相比，可以得出调制器的透过率 T 的表达式：

$$T = \frac{I}{I_i} = \sin^2\left(\frac{\Delta\varphi}{2}\right) = \sin^2\left(\frac{\pi}{2}\frac{V}{V_\pi}\right) \tag{2-53}$$

图 2-5 是根据上述关系画出的电光调制特性曲线，从图中可以看出，在一般情况下，调制器的输出特性与外界电压的关系是非线性的，若调制器工作在非线性部分，则调制光将发生畸变，为了获得线性调制，可以通过引入一个固定 $\pi/2$ 相位延迟，使调制器的电压偏置在 $T=50\%$ 的工作点上。常用的办法有两种：其一，在调制晶体上除了施加信号电压，再附加一个 $V_{\lambda/4}$ 的固定偏压，但是此方法会增加电路的复杂性，而且工作点的稳定性也比较差；其二，在调制器的光路上插入一个 1/4 波片，其快慢轴与晶体主轴 x 成 $45°$，从而使 $E_{x'}$，$E_{y'}$ 两分量之间产生 $\pi/2$ 的固定相位差，那么调制器透过率的总相位差可以表示为

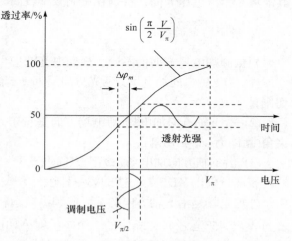

图 2-5　电光调制特性曲线

$$\Delta\varphi = \frac{\pi}{2} + \pi\frac{V_m}{V_\pi}\sin(\omega_m t) = \frac{\pi}{2} + \Delta\varphi_m \sin(\omega_m t) \tag{2-54}$$

式中，$\Delta\varphi_m = \pi V_m / V_\pi$ 为相应于外加调制信号电压 V_m 的相位差。调制器的透过率可以表示为

$$T = \frac{I}{I_i} = \sin^2\left[\frac{\pi}{4} + \frac{\Delta\varphi_m}{2}\sin(\omega_m t)\right] = \frac{1}{2}\left\{1 + \sin\left[\Delta\varphi_m \sin(\omega_m t)\right]\right\} \tag{2-55}$$

利用贝塞尔函数恒等式将式(2-55)展开，可以得

$$T = \frac{I}{I_i} = \frac{1}{2} + \sum_{n=0}^{\infty}\left\{J_{2n+1}(\Delta\varphi_m)\sin\left[(2n+1)\omega_m t\right]\right\} \tag{2-56}$$

从式(2-56)可以看出，输出的调制光中含有高次谐波分量，使调制光发生畸变；为了获得线性调制，必须将高次谐波控制在允许的范围内。若基频波和高次谐波的幅值分别为 I_1 和 I_{2n+1}，则高次谐波与基频波成分的比值为

$$\frac{I_{2n+1}}{I_1} = \frac{J_{2n+1}(\Delta\varphi_m)}{J_1(\Delta\varphi_m)}, \quad n = 0,1,2,\cdots \tag{2-57}$$

若取 $\Delta\varphi_m = 1\text{rad}$，则 $J_1(1) = 0.44$，$J_3(1) = 0.02$，$I_3/I_1 = 0.045$，即三次谐波为基波的 4.5%，在这个范围内可以获得近似线性调制，因而取：

$$\Delta\varphi_m = \pi\frac{V_m}{V_\pi} \leqslant 1\text{rad} \tag{2-58}$$

作为线性调制的判断。此时 $J_1(\Delta\varphi_m) \approx \frac{1}{2}\Delta\varphi_m$，代入式(2-56)，可以得

$$T = \frac{I}{I_i} \approx \frac{1}{2}\left[1 + \Delta\varphi_m \sin(\omega_m t)\right] \tag{2-59}$$

为了获得线性调制，要求调制信号不宜过大(小信号调制)，那么输出的光强调制波就是调制信号 $V = V_m \sin(\omega_m t)$ 的线性复现，若 $\Delta\varphi_m \ll 1\text{rad}$ 的条件不能满足(大信号调制)，则光强调制波就要发生畸变。

以上讨论的纵向电光调制器具有结构简单、工作稳定、不存在自然双折射的影响等优点，其缺点是半波电压太高，特别在调制频率较高时，功率损耗比较大。

2. 横向电光调制

根据施加电场方向的不同，横向电光效应可以分为三种不同的运行方式。

(1) 沿 z 轴方向加电场，通光方向垂直于 z 轴，并与 x 轴或 y 轴成 45°夹角(晶体为 45°-z 轴切割)。

(2) 沿 x 轴方向加电场(即电场方向垂直于光轴)，通光方向垂直于 x 轴，并与 z 轴成 45°夹角(晶体为 45°-x 切割)。

(3) 沿 y 轴方向加电场，通光方向垂直于 y 轴，并与 z 轴成 45°夹角(晶体为 45°-y 切割)。

该部分仅以 KDP 类晶体的第一种运行方式为代表进行分析。横向电光调制如图 2-6 所示，由于外加电场是沿 z 轴方向的，因此和纵向运行时一样，$E_x = E_y = 0$，$E_z = E$，晶体的主轴 x，y 旋转 45°至 x'，y'，相应的三个主折射率如前面所述，但此时的通光方向与 z 轴相垂直，并沿着 y' 方向入射(入射光偏振方向与 z 轴成 45°角)。光进入晶体后将分解为沿 x' 和 z 方向振动的两个分量，其折射率分别为 $n_{x'}$ 和 n_z；若通光方向的晶体长度为 L，厚度(两电极间距离)为 d，外加电压 $V = E_z d$，则晶体出射两光波的相位差可以表示为

$$\Delta\varphi = \frac{2\pi}{\lambda}(n_{x'} - n_z)L = \frac{2\pi}{\lambda}\left[(n_o - n_e)L - \frac{1}{2}N_0^3\gamma_{63}\frac{L}{d}V\right] \tag{2-60}$$

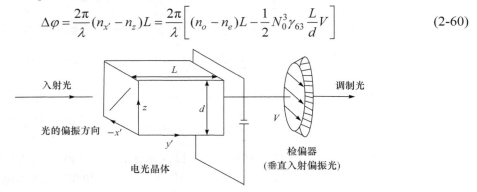

图 2-6　横向电光调制示意图

从式(2-60)可以看出，KDP 晶体的 γ_{63} 横向电光效应使光波通过晶体后的相位差包括两项：第一项是与外加电场无关的晶体本身的自然双折射引起的相位延迟，这一项对调制器的工作没有什么贡献，而且当晶体温度变化时，还会带来不利的影响，因此应当消除掉；第二项是外加电场作用下产生的相位延迟，它与外加电压 V 和晶体的尺寸(L/d)有关，若适当选择晶体尺寸，则可以降低其半波电压。KDP 晶体横向电光调制的主要缺点是存在自然双折射引起的相位延迟，这意味着在没有外加电场时，通过晶体的线偏振光的两个偏振分量之间就有相位

差存在，当晶体因温度变化而引起折射率 n_o 和 n_e 变化时，两个光波的相位差发生漂移。因此，在 KDP 晶体横向调制器中，自然双折射的影响会导致调制光发生畸变，甚至使调制器不能工作，所以，在实际应用中，除了尽量采取一些措施以减小晶体温度的漂移，主要是采用一种组合调制器的结构予以补偿。常用的补偿方法有两种：一种是将两块几何尺寸几乎完全相同的晶体的光轴互成 90° 串联排列，即一块晶体的 y' 轴和 z 轴分别与另一块的 z 轴和 y' 轴平行，如图 2-7(a)所示；另一种方法是两块晶体的 z 轴和 y' 轴互相反向平行排列，中间放置一块 1/2 波片，如图 2-7(b)所示。这两种方法的补偿原理是相同的，外电场沿 z 轴(光轴)方向，但在两块晶体中电场相对于光轴反向，当线偏振光沿 y' 轴方向入射到第一块晶体时，电矢量分解为沿 z 轴方向的 e_1 光和沿 x' 方向的 o_1 光两个分量，当它们经过第一块晶体之后，两束光的相位差可以表示为

$$\Delta\varphi_1 = \varphi_{x'} - \varphi_z = \frac{2\pi}{\lambda}\left(n_o - n_e + \frac{1}{2}n_o^3\gamma_{63}E_z\right)L \tag{2-61}$$

经过 1/2 波片后，两束光的偏振方向各旋转 90°，经过第二块晶体后，原来的 e_1 光变成了 o_2 光、o_1 光变成了 e_2 光，则它们经过第二块晶体后，其相位差为

$$\Delta\varphi_2 = \varphi_z - \varphi_{x'} = \frac{2\pi}{\lambda}\left(n_e - n_o + \frac{1}{2}n_o^3\gamma_{63}E_z\right)L \tag{2-62}$$

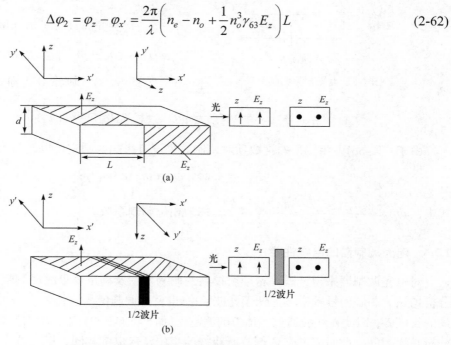

图 2-7　横向电光效应的两种补偿方式

于是，通过两块晶体之后的总相位差为

$$\Delta\varphi = \Delta\varphi_1 + \Delta\varphi_2 = \frac{2\pi}{\lambda}n_o^3\gamma_{63}V\frac{L}{d} \tag{2-63}$$

若两块晶体的尺寸、性能及受外界影响完全相同，则自然双折射的影响即可得到补偿。根据式(2-63)，当 $\Delta\varphi = \pi$ 时，半波电压为

$$V_{\lambda/2} = \frac{\lambda}{2n_o^3\gamma_{63}}\frac{d}{L}$$

其中等式右侧第一项即纵向电光效应的半波电压，所以可以得出式(2-64)：

$$(V_{\lambda/2})_{\text{Transverse}} = (V_{\lambda/2})_{\text{Longitudinal}} \frac{d}{L} \tag{2-64}$$

从式(2-64)可以看出，横向半波电压是纵向半波电压的 d/L 倍，减小 d、增加长度 L 可以降低半波电压。

2.2.3　电光相位调制

电光相位调制的原理如图 2-8 所示电光相位调制由起偏器和电光晶体组成，起偏器的偏

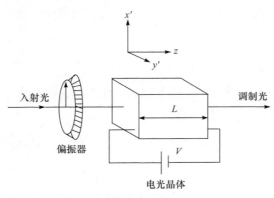

图 2-8　电光相位调制原理

振方向平行于晶体的感应主轴 x'（或 y'），此时入射晶体的线偏振光不再分解成沿 x'、y' 轴两个分量，而是沿着 x'（或 y'）轴一个方向偏振，故外电场不改变出射光的偏振状态，仅改变其相位，相位的变化为

$$\Delta\varphi_{x'} = -\frac{\omega_c}{c}\Delta n_{x'}L \tag{2-65}$$

因为光波只沿 x' 方向偏振，相应的折射率为 $n_{x'} = n_o - \frac{1}{2}n_o^3\gamma_{63}E_z$。若外加电场的强度 $E_z = E_m\sin(\omega_m t)$，则输出光场（$z = L$ 处）就变为

$$E_{\text{out}} = A_c\cos\left\{\omega_c t - \frac{\omega_c}{c}\left[n_o - \frac{1}{2}n_o^3\gamma_{63}E_m\sin(\omega_m t)\right]L\right\} \tag{2-66}$$

由于式(2-66)中相位角的常数项对调制效果没有影响，则它可以改写为

$$E_{\text{out}} = A_c\cos\left[\omega_c t + m_\varphi\sin(\omega_m t)\right] \tag{2-67}$$

式中，$m_\varphi = \dfrac{\omega_c n_o^3\gamma_{63}E_m L}{2c} = \dfrac{\pi n_o^3\gamma_{63}E_m L}{\lambda}$，称为相位调制系数。

2.2.4　电光调制器的电学性能

对电光调制器来说，总是希望获得高的调制效率及满足要求的调制带宽。对电光调制的分析均认为调制信号频率远远低于光波频率(也就是调制信号波长 $\lambda_m \gg \lambda$)，并且 λ_m 远大于晶体的长度 L，因此在光波通过晶体 L 的渡越时间 ($\tau_d = 1/(c/n)$) 内，调制信号电场在晶体各处的分布是均匀的，此时光波在各部位所获得的相位延迟也都相同，即光波在任一时刻不会受到不同强度或反向的调制电场的作用。在这种情况下，装有电极的调制晶体可以等效为一个电容，即可以看成电路中的一个集总原件，通常称为集总参量调制器，它的频率特性主要受外电路参数的影响。

1. 外电路对调制带宽的限制

调制带宽是调制器的一个主要参量，对于电光调制器来说，晶体的电光效应本身不会限制调制器的频率特性，因为晶格的振动频率可以达到 1THz(10^{12}Hz)。调制器的调制带宽主要是受其外电路参数的限制。电光调制器的等效电路如图 2-9 所示，其中，V_s 和 R_s 分别为调制

电压和调制电源电阻，C_0 为调制器的等效电容，R_e 和 R 分别为导线电阻和晶体的直流电阻。由图 2-9 可以看出，作用到晶体上的实际电压为

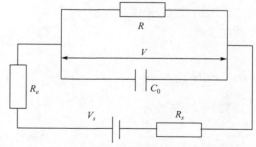

$$V = \frac{V_s \cdot \dfrac{1}{1/R + i\omega C_0}}{R_s + R_e + \dfrac{1}{1/R + i\omega C_0}} \qquad (2\text{-}68)$$
$$= \frac{V_s R}{R + R_s + R_e + i\omega C_0 (R_s R + R R_e)}$$

图 2-9　电光调制器的等效电路

在低频的时候，一般有 $R \gg R_s + R_e$，且 $i\omega C_0$ 也较小，因此信号电压可以有效地加到晶体上；但是，当调制频率进一步增高时，调制晶体的交流阻抗变小。当 $R_s > (\omega C_0)^{-1}$ 时，大部分调制电压就降到 R_s 上，表示调制电源与晶体负载电路之间阻抗不匹配，这时调制效率就要大大降低，甚至不能工作。实现阻抗匹配的办法是在晶体两端并联一个电感 L，构成一个并联谐振回路，其谐振频率为 $\omega_0^2 = (LC_0)^{-1}$，另外还并联一个分流电阻 R_L，其等效电路如图 2-10 所示。

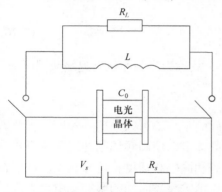

图 2-10　调制器的并联谐振回路等效电路

当调制信号频率 $\omega_m = \omega_0$ 时，此电路的阻抗就等于 R_L，若选择 $R_L \gg R_s$，就可以使调制电压大部分加到晶体上。但是，这种方法虽然能提高调制效率，可是谐振回路的带宽是有限的，它的阻抗只在频率间隔 $\Delta\omega \approx (R_L C_0)^{-1}$ 的范围内才比较高，因此，欲使调制波不发生畸变，其最大可容许调制带宽(即调制信号占据的频带带宽)可以表示为

$$\Delta f_m = \frac{\Delta\omega}{2\pi} \approx \frac{1}{2\pi R_L C_0} \qquad (2\text{-}69)$$

此外，还要求有一定的峰值相位延迟 $\Delta\varphi_m$，与之相应的驱动峰值调制电压为

实际上，对调制器带宽的要求取决于具体的应用，

$$V_m = \frac{\lambda}{2\pi n_o^3 \gamma_{63}} \Delta\varphi_m \qquad (2\text{-}70)$$

对于 KDP 晶体，为了得到最大的相位延迟，所需要的驱动功率为

$$P = V_m^2 / (2R_L) \qquad (2\text{-}71)$$

由式(2-70)和式(2-71)可以得

$$P = V_m^2 \pi C_0 \Delta f_m = V_m^2 \pi \frac{\varepsilon A}{L} \Delta f_m = \frac{\lambda^2 \varepsilon A \Delta\varphi_m^2}{4\pi L n_o^6 \gamma_{63}^2} \Delta f_m \qquad (2\text{-}72)$$

式中，L 为晶体的长度；A 为垂直于 L 的截面积；ε 为介电常量。由式(2-72)可以知道，当晶体种类、尺寸、激光波长和所要求的相位延迟确定后，其调制功率与调制带宽成正比。

2. 高频调制时渡越时间的影响

当调制频率极高时，在光波通过晶体的渡越时间内，电场可能发生较大的变化，即晶体

中不同部位的调制电压不同，特别是当调制周期 $(2\pi/\omega_m)$ 与渡越时间 $(\tau_d = nL/c)$ 可以相比拟时，光波在晶体中各部位所受到的调制电场是不同的，相位延迟的积累受到破坏，这时总的相位延迟由式(2-73)得出。

$$\Delta\varphi(L) = \int_0^L aE(t')\mathrm{d}z \tag{2-73}$$

式中，$E(t')$ 为瞬时电场；$a = \dfrac{2\pi}{\lambda} n_o^3 \gamma_{63}$。由于光波通过晶体的时间为 $\tau_d = \dfrac{nL}{c}$，$\mathrm{d}z = \dfrac{c\mathrm{d}t}{n}$，因此，式(2-73)可以改写为

$$\Delta\varphi(t) = \frac{ac}{n} \int_{t-\tau_d}^t E(t')\mathrm{d}t' \tag{2-74}$$

设外加电场是单频正弦信号，即 $E(t') = A_0 \exp(\mathrm{i}\omega_m t')$，于是有

$$\Delta\varphi(t) = \frac{ac}{n} A_0 \int_{t-\tau_d}^t \exp(\mathrm{i}\omega_m t')\mathrm{d}t' = \Delta\varphi_0 \left[\frac{1 - \exp(-\mathrm{i}\omega_m \tau_d)}{\mathrm{i}\omega_m \tau_d} \right] \exp(\mathrm{i}\omega_m \tau_d) \tag{2-75}$$

式中，$\Delta\varphi_0 = \dfrac{ac}{n} A_0 \tau_d$ 为当 $\omega_m \tau_d \ll 1$ 时的峰值相位延迟，因子可用式(2-76)表示为

$$\gamma = \frac{1 - \exp(-\mathrm{i}\omega_m \tau_d)}{\mathrm{i}\omega_m \tau_d} \tag{2-76}$$

式(2-76)表征因渡越时间引起的峰值相位延迟的减小，故称为高频相位延迟缩减因子。

3. 行波调制器

为了能够工作在更高的调制频率而又能克服渡越时间的影响，可以采用一种所谓行波调制器的结构形式。其原理是调制信号以行波的形式加到晶体上，使高频调制场以行波形式与光波场相互作用，并使光波与调制信号在晶体内始终具有相同的相速度，这样，光波波前在通过整个晶体过程中所经受的调制电压是相同的，故可以消除渡越时间的影响。由于大多数传输线中高频电场主要是横向分布的，所以行波调制器通常采用横向调制。

若光波波前在 t 时刻进入晶体入射面($z = 0$ 处)，在 t' 时刻传播到 z 处有

$$z(t') = \frac{c}{n}(t' - t)$$

该光波由于调制场的作用而产生的相位延迟可以表示为

$$\Delta\varphi(t) = \frac{ca}{n} \int_t^{t+\tau_d} E[t', z(t')]\mathrm{d}t' \tag{2-77}$$

式中，$E[t', z(t')]$ 为瞬时调制场，如取行波调制场为

$$E[t', z(t')] = A_0 \exp[\mathrm{i}(\omega_m t' - k_m z)] = A_0 \exp\{\mathrm{i}[\omega_m t' - k_m (c/n)(t' - t)]\} \tag{2-78}$$

式中，$k_m = \omega_m / c_m$，c_m 是调制场的相速度。将式(2-75)代入式(2-74)，积分后可以得出：

$$\Delta\varphi(t) = \Delta\varphi_0 \exp(\mathrm{i}\omega_m t) \times \frac{\exp\{\mathrm{i}\omega_m \tau_d [1 - c/(nc_m)]\} - 1}{\mathrm{i}\omega_m \tau_d [1 - c/(nc_m)]} \tag{2-79}$$

式中，$\Delta\varphi_0 = aLA_0 = a(c/n)\tau_d A_0$ 为与 A_0 相等的直流电场产生的相位延迟，令

$$\gamma = \frac{\exp\{\mathrm{i}\omega_m \tau_d [1 - c/(nc_m)]\} - 1}{\mathrm{i}\omega_m \tau_d [1 - c/(nc_m)]} \tag{2-80}$$

式(2-80)为相位延迟引起的缩减因子，与前面强度调制器的表达式有相似的形式，只是这里用 $\tau_d\left[1-c/(nc_m)\right]$ 取代了 τ_d 而已。可见，只要晶体中光波场的相速与高频调制场的相速相等，即 $c = nc_m$，则 $\gamma = 1$，这时无论晶体的长度如何，都可以获得最大的相位延迟。调制频率上限如式(2-81)所示，目前，这类调制器的调制带宽已经达到数十 GHz 量级。

$$f_{\max} = \frac{c}{4nL\left[1-c/(nc_m)\right]} \tag{2-81}$$

2.3 声 光 调 制

声光调制的
物理基础

2.3.1 声光调制的物理基础

声波是一种弹性波(纵向应力波)。在介质中传输时，它使介质产生相应的弹性形变，从而激起介质中各质点沿声波的传播方向振动，引起介质的密度呈疏密相间的交替变化，因此，介质的折射率也随着发生相应的周期性变化。超声场作用的这部分如同一个光学的相位光栅，该光栅间距(光栅常数)等于声波波长 λ_s。当光波通过此介质时，就会产生光的衍射，其衍射光的强度、频率和方向等都随着超声场的变化而变化。

声波在介质中的传播分为行波和驻波两种形式，图 2-11 为某一瞬间超声行波的情况，其中深色部分表示介质受到压缩，密度增大，相应的折射率也增大，而白色部分表示介质密度减小，对应的折射率也减小。在行波声场作用下，介质折射率的增大或减小交替变化，并以声速 v_s(一般为 10^3m/s 量级)向前推进，由于声速仅为光速的数十万分之一，因此对光波来说，运动的声光栅可以看作静止的。若声波的角频率为 ω_s，波矢为 $k_s = 2\pi/\lambda_s$，则声波的方程为

$$a(x,t) = A\sin(\omega_s t - k_s x) \tag{2-82}$$

式中，a 为介质质点的瞬时位移；A 为质点位移的幅度。可以近似地认为，介质折射率的变化正比于介质质点沿 x 方向位移的变化量，即

$$\Delta n(x,t) \propto \frac{\mathrm{d}a}{\mathrm{d}x} = -k_s A\cos(\omega_s t - k_s x) \tag{2-83}$$

或者

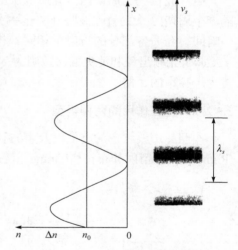

图 2-11 超声行波在介质中的传播

$$\Delta n(x,t) = \Delta n\cos(\omega_s t - k_s x) \tag{2-84}$$

由式(2-84)可以得出行波时的介质折射率为

$$n(x,t) = n_0 + \Delta n\cos(\omega_s t - k_s x)$$
$$= n_0 - \frac{1}{2}n_0^3 PS\cos(\omega_s t - k_s x) \tag{2-85}$$

式中，P 为材料的弹光系数；S 为超声波引起介质产生的应变。

声驻波是由波长、振幅和相位相同，传播方向相反的两束声波叠加而成的，如图 2-12 所示。其声驻波方程可以用式(2-86)表示。

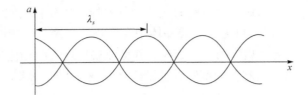

图 2-12 超声驻波

$$a(x,t) = 2A\cos\left(2\pi\frac{x}{\lambda_s}\right)\sin\left(2\pi\frac{t}{T_s}\right) \tag{2-86}$$

从式(2-86)可以看出，声驻波的振幅为 $2A\cos\left(2\pi\dfrac{x}{\lambda_s}\right)$，它在 x 方向上各点不同，但相位 $2\pi\dfrac{t}{T_s}$ 在各点均相同。同时，由式(2-86)还可看出，在 $x = 2n\lambda_s / 4$ $(n = 0,1,2,\cdots)$ 各点上，驻波的振幅为极大(等于 $2A$)，这些点称为波腹，波腹间的距离为 $\lambda_s / 2$。在各点上，驻波的振幅为零，这些点称为波节，波节之间的距离也是 $\lambda_s / 2$。由于声驻波的波腹和波节介质中的位置是固定的，因此它形成的光栅在空间中也是固定的。声驻波形成的折射率变化可以表示为

$$\Delta n(x,t) = 2\Delta n\sin(\omega_s t)\cos(k_s x) \tag{2-87}$$

声驻波在一个周期内，介质两次出现疏密层，且在波节处密度保持不变，因此折射率每隔半个周期($T_s / 2$)就在波腹处变化一次，由极大(或极小)变为极小(或极大)。在两次变化的其一瞬间，介质各部分的折射率相同，相当于一个没有声场作用的均匀介质。如果超声频率为 f_s，那么光栅出现和消失的次数则为 $2f_s$，因此光波通过该介质后所得到的调制光的调制频率将为声频率的 2 倍。

2.3.2　声光互作用的两种类型

按照超声波频率的高低以及声波和光波作用长度的不同，声光互作用可以分为拉曼-奈斯(Raman-Nath)衍射和布拉格(Bragg)衍射两种类型。

1. 拉曼-奈斯衍射

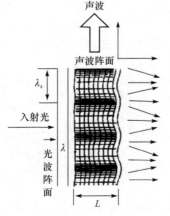

图 2-13　拉曼-奈斯衍射

当超声波频率较低，光波平行于声波面入射(即垂直于声场传播方向)，声光互作用长度 L 较短时，产生拉曼-奈斯衍射。由于声速比光速小得多，声光介质可视为一个静止的平面相位光栅。而声波长 λ_s 比光波长 λ 大得多，当光波平行通过介质时，几乎不通过声波面，因此只受到相位调制，即通过光学稠密(折射率大)部分的光波波阵面将推迟，而通过光学疏松(折射率小)部分的光波波阵面将超前，于是通过声光介质的平面波波阵面将出现凹凸现象，变成一个褶皱曲面，如图 2-13 所示。由于出射波阵面上各子波源发出的次波将发生相干作用，形成与入射方向对称分布的多级衍射光，这就是拉曼-奈斯衍射。

设声光介质中的声波是一个宽度为 L，沿 x 方向传播的平面纵波，波长为 λ_s(角频率为 ω_s)，波矢量 k_s 指向 x 轴，入射光波矢

量 k_i 指向 y 轴方向，声波在介质引起的弹性应变场可以用式(2-88)表示。

$$S_1 = S_0 \sin(\omega_s t - k_s x) \tag{2-88}$$

根据式(2-85)，可以得出式(2-89)和式(2-90)：

$$\Delta\left(\frac{1}{n^2}\right) = PS_0 \sin(\omega_s t - k_s x) \tag{2-89}$$

$$\Delta n = -\frac{1}{2}n^3 PS_0 \sin(\omega_s t - k_s x) \tag{2-90}$$

由式(2-89)和式(2-90)可以得出：

$$n(x,t) = n_0 + \Delta n \sin(\omega_s t - k_s x) \tag{2-91}$$

当把声行波近似视为不随时间变化的超声场时，可略去对时间的依赖关系，这样沿 x 方向的折射率分布可简化为

$$n(x) = n_0 + \Delta n \sin(k,x) \tag{2-92}$$

式中，n_0 为平均折射率；Δn 为声致折射率变化。由于介质折射率发生了周期性的变化，所以会对入射光波的相位进行调制。如果考察的是一个平面光波垂直入射的情况，它在声光介质的前表面 $y = -L/2$ 处入射，入射光波为

$$E_{\text{in}} = A \exp(\mathrm{i}\omega_c t) \tag{2-93}$$

则在 $y = L/2$ 处出射的光波不再是单色平面波，而是一个被调制了的光波，其等相面是由函数 $n(x)$ 决定的褶皱曲面，其光场可写为

$$E_{\text{out}} = A \exp\{\mathrm{i}\omega_c[t - n(x)L/c]\} \tag{2-94}$$

该出射波阵面可分成若干个子波源，在很远的 P 点处总的衍射光场强是所有子波源贡献的求和，即由式(2-95)决定。

$$E_p = \int_{-q/2}^{q/2} \exp\{\mathrm{i}k_i[lx + L\Delta n \sin(k_s x)]\}\mathrm{d}x \tag{2-95}$$

式中，$l = \sin\theta$ 为衍射方向的正弦；q 为入射光束宽度。将 $v = 2\pi\Delta nL/\lambda = \Delta nk_i L$ 代入式(2-95)，并利用欧拉公式展开得：

$$
\begin{aligned}
E_p &= \int_{-q/2}^{q/2}\left\{\cos\left[k_i lx + v\sin(k_s x)\right] + \mathrm{i}\sin\left[k_i lx + v\sin(k_s x)\right]\right\}\mathrm{d}x \\
&= \int_{-q/2}^{q/2}\left\{\cos(k_i lx)\cos\left[v\sin(k_s x)\right] - \sin(k_i lx)\sin\left[v\sin(k_s x)\right]\right\}\mathrm{d}x \\
&\quad + \mathrm{i}\int_{-q/2}^{q/2}\left\{\sin(k_i lx)\cos\left[v\sin(k_s x)\right] - \cos(k_i lx)\sin\left[v\sin(k_s x)\right]\right\}\mathrm{d}x
\end{aligned} \tag{2-96}
$$

利用关系式：

$$
\begin{cases}
\cos\left[v\sin(k_s x)\right] = 2\displaystyle\sum_{r=0}^{\infty} \mathrm{J}_{2r}(v)\cos(2rk_s x) \\
\sin\left[v\sin(k_s x)\right] = 2\displaystyle\sum_{r=0}^{\infty} \mathrm{J}_{2r+1}(v)\sin\left[(2r+1)k_s x\right]
\end{cases} \tag{2-97}
$$

式中，$\mathrm{J}_r(v)$ 为 r 阶贝塞尔函数。将式(2-97)代入式(2-96)，经积分得到实部的表达式为

$$E_p = q\sum_{r=0}^{\infty} \mathrm{J}_{2r}(v)\left[\frac{\sin(lk_i + 2rk_s)q/2}{(lk_i + 2rk_s)q/2} + \frac{\sin(lk_i - 2rk_s)q/2}{(lk_i - 2rk_s)q/2}\right]$$

$$+ q\sum_{r=0}^{\infty} \mathrm{J}_{2r+1}(v)\left\{\frac{\sin[lk_i + (2r+1)k_s]q/2}{[lk_i + (2r+1)k_s]q/2} - \frac{\sin[lk_i - (2r+1)k_s]q/2}{[lk_i - (2r+1)k_s]q/2}\right\}$$

(2-98)

而式(2-98)虚部的积分为零，由式(2-98)可以看出，衍射光场强各项取极大值的条件为

$$lk_i \pm mk_s = 0, \quad m=整数 \geqslant 0 \tag{2-99}$$

当 θ 角和声波波矢确定后，其中某一项为极大时，其他项的贡献几乎等于零，因此当 m 取不同值时，不同 θ 角方向的衍射光取极大值，各级衍射光的方位角可以表示为

$$\sin\theta = \pm m\frac{k_s}{k_i} = \pm m\frac{\lambda}{\lambda_s}, \quad m = 0, \pm 1, \pm 2, \cdots \tag{2-100}$$

式中，m 为衍射光的级次，各级衍射光的强度为

$$I_m \propto \mathrm{J}_m^2(v), \quad v = \Delta nk_iL = \frac{2\pi}{\lambda}\Delta nL \tag{2-101}$$

从以上分析可以看出，拉曼-奈斯声光衍射的结果使光波在远场分成一组衍射光，它们分别对应于确定的衍射角 θ_m (即传播方向)和衍射强度，其中衍射角由式(2-100)决定；而衍射光强由式(2-101)决定，因此这一组衍射光是离散型的。由于 $\mathrm{J}_m^2(v) = \mathrm{J}_{-m}^2(v)$，故各级衍射光对称地分布在零级衍射光两侧，且同级次衍射光的强度相等。这是拉曼-奈斯衍射的主要特征之一。另外，由于：

$$\mathrm{J}_0^2(v) + 2\sum_1^{\infty} \mathrm{J}_m^2(v) = 1 \tag{2-102}$$

因此，无吸收时衍射光各级极值光强之和应等于入射光强，即光功率是守恒的。以上分析略去了时间因素，采用比较简单的处理方法得到拉曼-奈斯声光作用的物理图像。但是，由于光波与声波场的作用，各级衍射光波将产生不同的多普勒频移。根据能量守恒原理有

$$\omega = \omega_i \pm m\omega_s \tag{2-103}$$

而且各级衍射光强又将受到角频率为 $2\omega_s$ 的调制，但由于超声波频率为 10^9Hz，而光波频率高达 10^{14}Hz 量级，故频移的影响可以忽略不计。

2. 布拉格衍射

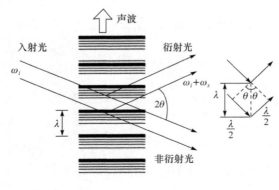

图 2-14　布拉格声光衍射

1) 各向同性介质中的正常布拉格衍射

当声波频率较高，声光作用长度 L 较大，而且光束与声波波面以一定的角度斜入射时，光波在介质中要穿过多个声波面，故介质具有体光栅的性质。当入射光与声波面夹角满足一定关系时，介质内各级衍射光会相互干涉，各高级次衍射光将互相抵消，只出现 0 级和+1 级(或–1 级)(视入射光的方向而定)衍射光，即产生布拉格衍射，如图 2-14 所示。因此，若能合理选择参数，超声场足够强，可使入射光

能量几乎全部转移到+1 级(或−1 级)衍射极值上。因而光束能量可以得到充分利用,利用布拉格衍射效应制成的声光器件可以获得较高的效率。

下面从波的干涉加强条件来推导布拉格方程。为此,可把声波通过的介质近似看作许多相距为 λ_s 的部分反射、部分透射的镜面。对于行波超声场,这些镜面将以速度 v_s 沿 x 方向移动(因为 $\omega_m \leqslant \omega_s$,所以在某一瞬间,超声场可近似看成静止的,对衍射光的强度分布没有影响)。对驻波超声场则完全是不动的,如图 2-15 所示。当平面波 1 和 2 以角度 θ_i 入射至声波场时,在 B、C、E 各点处部分反射,产生衍射光 1′,2′,3′。各衍射光相干增强的条件是它们之间的光程差应为其波长的整数倍,或者说它们必须同相位。

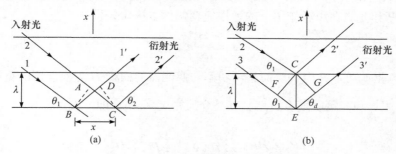

图 2-15　产生布拉格衍射条件的模型

图 2-15(a)表示在同一镜面上的衍射情况,入射光 1 和 2 在 B、C 点反射的1′ 和 2′ 同相位的条件,必须使光程差 $AC\text{-}BD$ 等于光波波长的整倍数,可以表示为

$$x\left(\cos\theta_i - \cos\theta_d\right) = m\frac{\lambda}{n}, \quad m = 0, \pm 1 \tag{2-104}$$

要使声波面上所有点同时满足这一条件,必须满足式(2-105):

$$\theta_i = \theta_d \tag{2-105}$$

从式(2-105)可以看出,入射角等于衍射角才能实现。对于相距 λ_s 的两个不同镜面上的衍射情况,如图 2-15(b)所示,由 C、E 点反射的 2′,3′ 光束具有同相位的条件,其光程差 $FE+EG$ 必须等于光波波长的整数倍,即

$$\lambda_s\left(\cos\theta_i + \cos\theta_d\right) = \frac{\lambda}{n} \tag{2-106}$$

考虑到 $\theta_i = \theta_d$,所以

$$2\lambda_s \sin\theta_B = \frac{\lambda}{n} \tag{2-107}$$

$$\sin\theta_B = \frac{\lambda}{2n\lambda_s} = \frac{\lambda}{2nv_s} f_s \tag{2-108}$$

式中, $\theta_i = \theta_d = \theta_B$, θ_B 称为布拉格角。可见,只有入射角 θ_i 等于布拉格角 θ_B 时,在声波面上衍射的光波才具有同相位,满足相干加强的条件,得到衍射极值,式(2-108)称为布拉格方程。

下面简要分析布拉格衍射光强度与声光材料特性和声场强度的关系。根据推证,当入射光强为 I_i 时,布拉格声光衍射的 0 级和 1 级衍射光强的表达式可分别写成

$$I_0 = I_i \cos^2\left(\frac{v}{2}\right), \quad I_1 = I_i \sin^2\left(\frac{v}{2}\right) \tag{2-109}$$

已知 v 是光波穿过长度为 L 的超声场所产生的附加相位延迟。v 可以用声致折射率的变化 Δn 来表示，即

$$v = \frac{2\pi}{\lambda} \Delta n L \tag{2-110}$$

则

$$\frac{I_1}{I_i} = \sin^2 \left(\frac{1}{2} \cdot \frac{2\pi}{\lambda} \Delta n L \right) \tag{2-111}$$

设介质是各向同性的，由晶体光学可知，当光波和声波沿某些对称方向传播时，Δn 由介质的弹光系数 P 和介质在声场作用下的弹性应变幅值 S 决定，即

$$\Delta n = -\frac{1}{2} n^3 P S \tag{2-112}$$

式中，S 与超声驱动功率 P_s 有关，而超声功率与换能器的面积(H 为换能器的宽度，L 为换能器的长度)、声速 v_s 和能量密度 $\frac{1}{2}\rho v_s^2 S^2$ (ρ 是介质密度)有关，即

$$P_s = (HL) v_s \frac{1}{2} \rho v_s^2 S^2 = \frac{1}{2} \rho v_s^3 S^2 HL \tag{2-113}$$

因此

$$S = \sqrt{\frac{2 P_s}{HL \rho v_s^3}} \tag{2-114}$$

于是

$$\Delta n = -\frac{1}{2} n^3 P \sqrt{\frac{2 P_s}{HL \rho v_s^3}} = -\frac{1}{2} n^3 P \sqrt{\frac{2 I_s}{\rho v_s^3}} \tag{2-115}$$

式中，$I_s = P_s / (HL)$，称为超声强度，由式(2-111)和式(2-115)可以得出：

$$\eta_s = \frac{I_1}{I_i} = \sin^2 \left(\frac{\pi L}{\sqrt{2} \lambda} \sqrt{\frac{n^6 P^2}{\rho v_s^3} I_s} \right) \tag{2-116}$$

或者

$$\eta_s = \frac{I_1}{I_i} = \sin^2 \left(\frac{\pi L}{\sqrt{2} \lambda} \sqrt{M_2 I_s} \right) \tag{2-117}$$

式中，$M_2 = n^6 P^2 / (\rho v_s^3)$ 为声光介质的物理参数组合，是由介质本身性质决定的量，称为声光材料的品质因数(或声光优质指标)，它是选择声光介质的主要指标之一。从式(2-117)可见：①在超声功率 P_s 一定的情况下，欲使衍射光强尽量大，则要求选择 M_2 大的材料，并且把换能器做成长而窄(即 L 大 H 小)的形式；②当超声功率 P_s 足够大，使 $\frac{\pi}{\sqrt{2}\lambda} \sqrt{\frac{L}{H} M_2 I_s}$ 达到 $\frac{\pi}{2}$ 时，$I_1 / I_i = 100\%$；③当 P_s 改变时，I_1 / I_i 也随之改变，因此通过控制 P_s (即控制加在电声换能器上的电功率)就可以达到控制衍射光强的目的，实现声光调制。

2) 布拉格声光衍射的粒子模型

上文是从光波的相干叠加来说明布拉格声光互作用原理的，也可以从光和声的量子特性

得出声光布拉格衍射条件。光束可以看成能量为 $\hbar\omega_i$，动量为 $\hbar k_i$ 的光子(粒子)流，其中 ω_i 和 k_i 分别为光波的角频率和波矢；同样，声波也可以看成能量为 $\hbar\omega_s$，动量为 $\hbar k_s$ 的声子流，声光互作用可以看成光子和声子的一系列碰撞，每一次碰撞都导致一个入射光子(ω_i)和一个声子(ω_s)的湮没，同时产生一个频率为 $\omega_d = \omega_i + \omega_s$ 的新(衍射)光子。这些新的衍射光子流沿着衍射方向传播。根据碰撞前后动量守恒原理，应有

$$\hbar k_i \pm \hbar k_s = \hbar k_d \tag{2-118}$$

即

$$k_i \pm k_s = k_d \tag{2-119}$$

同样根据能量守恒，应有

$$\hbar\omega_i \pm \hbar\omega_s = \hbar\omega_d \tag{2-120}$$

即

$$\omega_i \pm \omega_s = \omega_d \tag{2-121}$$

式中，"+"表示吸收声子；"–"表示放出声子。正负号取决于光子与声子碰撞时 k_i 和 k_s 的相对方向，即衍射光子是由碰撞中消失的光子和吸收声子所产生的，式中取"+"号，其频率为 $\omega_d = \omega_i + \omega_s$；若碰撞中一个入射光子消失，同时产生一个声子和衍射光子，则式中取"–"号，其频率为 $\omega_d = \omega_i - \omega_s$。

由于光波频率(ω_i)远远高于声波频率(ω_s)，故由式(2-121)可近似地认为

$$\omega_d = \omega_i \pm \omega_s \approx \omega_i \tag{2-122}$$

因此

$$k_d = k_i \tag{2-123}$$

故布拉格衍射的波矢图为一个等腰三角形，如图 2-16 所示，由图可直接导出 $k_i \sin\theta_i + k_d \sin\theta_d = 2k_i \sin\theta_B = k_s$，于是有

$$\begin{cases} \sin\theta_B = \dfrac{k_s}{2k_i} = \dfrac{\lambda}{2n\lambda_s} \\ \theta_i = \theta_d = \theta_B \end{cases} \tag{2-124}$$

这就是前面所得到的布拉格方程。

3) 异常布拉格衍射

前文对布拉格衍射的讨论是在入射光和衍射光的波矢相等(即 $|k_i| = |k_d|$)的条件下得到的，即假设入射光和衍射光的偏振方向相同，因此，其相应的折射率是相等的($n_i = n_d$)。这些性质只有在各向同性介质(玻璃、液体、立方晶系的晶体)中才能满足。如果声光介质是各向异性晶体，光束的折射率一般与传播方向有关，由于衍射光沿着与入射光不同的方向传播，入射光和衍射光的偏振状态不同，与它们相应的折射率也不相等($n_i \neq n_d$)，因此 $|k_i| \neq |k_d|$。这种发生于各向异性介质中的布拉格衍射，称为异常布拉格衍射。

异常布拉格衍射不再有 $n_i = n_d$ 的条件，相应的几何关系比正常布拉格衍射复杂，其动量三角形闭合条件 $k_d = k_i \pm k_s$。如图 2-17 所示(对应于式中取"+"的情况)。式中，k_i、k_d 和 k_s 的模分别为

$$\begin{cases} k_i = 2\pi n_i \theta_i / \lambda \\ k_d = 2\pi n_d \theta_d / \lambda \\ k_s = 2\pi / \lambda_s = 2\pi f_s \theta \end{cases} \tag{2-125}$$

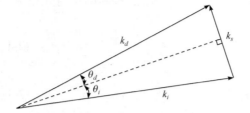
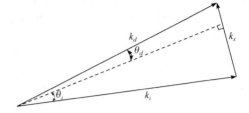

图 2-16　正常布拉格衍射波矢图　　　图 2-17　异常布拉格衍射波矢图 $(\theta_d \neq \theta_i)$

根据图 2-17，结合余弦定理，可以得出：

$$\begin{cases} k_d^2 = k_s^2 + k_i^2 - 2k_s k_i \cos\left(\dfrac{\pi}{2} - \theta_i\right) \\ k_i^2 = k_s^2 + k_d^2 - 2k_s k_d \sin\theta_d \end{cases} \tag{2-126}$$

由此可以求解出 $\sin\theta_i$ 和 $\sin\theta_d$，再将式(2-125)代入式(2-126)，可以得出：

$$\begin{cases} \sin\theta_i = \dfrac{\lambda}{2n_i \theta_i v_s}\left[f_s + \dfrac{v_s^2}{\lambda^2 f_s}\left(n_i^2 \theta_i - n_d^2 \theta_d \right) \right] \\ \sin\theta_d = \dfrac{\lambda}{2n_d \theta_d v_s}\left[f_s - \dfrac{v_s^2}{\lambda^2 f_s}\left(n_i^2 \theta_i - n_d^2 \theta_d \right) \right] \end{cases} \tag{2-127}$$

式(2-127)称为狄克逊(R.W. Dixon)方程。式中，n_i 和 n_d 为角度 θ_i 和 θ_d 的函数，因此只有在对一定介质确定了 n_i 和 n_d 随角度变化的函数关系之后，才能由狄克逊方程解出 $\theta_i - f_s$ 和 $\theta_d - f_s$ 的关系，从而确定异常布拉格衍射的几何关系。分析式(2-127)可得到下述特点。

(1) 式中第一项 $\dfrac{\lambda f}{2n v_s}$ 就是正常布拉格衍射条件，而第二项只有在各向异性介质中才存在，它随晶体不同而异。当 $f_s = f_0 = \dfrac{v_s}{\lambda}\sqrt{n_{i0}^2 - n_{d0}^2}$ 时，θ_i 达到极值，且 $\theta_d = 0$。其中 f_0 为异常布拉格衍射的极值频率，$n_{i0} = n_i \theta_{i0}, n_{d0} = n_d \theta_{d0}$，而 θ_{i0} 和 θ_{d0} 为对应于 f_0 的 θ_i 和 θ_d 值。当 $f_s = f_0$ 时，式(2-127)右边两项相等，而当 $f_s \gg f_0$ 时，右边第二项很小，可以忽略，此时，狄克逊方程就可简化为

$$\sin\theta_i = \sin\theta_d = \dfrac{\lambda}{2n v_s} f_s \tag{2-128}$$

即成为正常布拉格衍射方程。但当 f_s 接近或小于 f_0 时，狄克逊方程具有与正常布拉格衍射完全不同的几何关系。

(2) 如果将式(2-127)的两式相加，则式子右边的第二项即可消去(忽略分母上 n_i 和 n_d 的差别)，于是得

$$\sin\theta_i + \sin\theta_d \approx \dfrac{\lambda}{2n v_s} f_s \tag{2-129}$$

如果进一步考虑到 θ_i 和 θ_d 均很小, 则有

$$\alpha = \theta_i + \theta_d \approx \frac{\lambda}{2nv_s} f_s \tag{2-130}$$

(3) 由于异常布拉格衍射 $|k_i| \neq |k_d|$, 因此可存在同向互作用, 即 k_i、k_d 和 k_s 均在同一方向上。显然动量三角形的闭合条件可以简化为标量形式: $k_d = k_i \pm k_s$。若将 $k_i = 2\pi n_i / \lambda$、$k_d = 2\pi n_d / \lambda$ 和 $k_s = 2\pi / \lambda_s = \pi f_s / v_s$ 代入, 即可得

$$\lambda = \pm v_s \frac{n_d - n_i}{f_s} \tag{2-131}$$

这说明对确定的声光介质和传播方向, 式(2-131)右边的分子部分是一个常数, 这时, 当白光(或具有复杂光谱成分的光)入射时, 对某一确定的声频 f_s, 只有满足式(2-131)的那一确定的波长 λ 才能被衍射; 若改变 f_s, 则对应的衍射光波长也要改变, 利用这一特性可制成声光可调谐滤波器。

2.3.3　声光调制器

声光调制器
的工作原理

1. 声光调制器的组成

声光调制器由声光介质、电-声换能器、吸声(或反射)装置及驱动电源等所组成, 如图 2-18 所示。

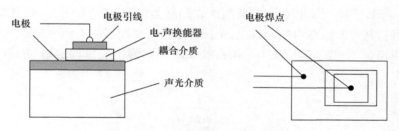

图 2-18　声光调制器的结构

(1) 声光介质。声光介质是声光互作用的场所。当一束光通过变化的超声场时, 由于光和超声场的互作用, 其出射光就具有随时间而变化的各级衍射光, 利用衍射光的强度随超声波强度的变化而变化的性质, 就可以制成光强度调制器。

(2) 电-声换能器(又称超声发生器)。它利用某些压电晶体(石英、$LiNbO_3$ 等)或压电半导体(CdS、ZnO 等)的反压电效应, 在外加电场作用下产生机械振动而形成超声波, 所以它起着将调制的电功率转换成声功率的作用。

(3) 吸声(或反射)装置。它放置在超声源的对面, 用以吸收已通过介质的声波(工作于行波状态), 以免返回介质产生干扰, 但要使超声场工作在驻波状态, 则需要将吸声装置换成声反射装置。

(4) 驱动电源。用以产生调制电信号施加于电-声换能器的两端电极上, 驱动声光调制器(换能器)工作。

2. 声光调制器的工作原理

声光调制是利用声光效应将信息加载于光频载波上的一种物理过程, 调制信号是以电信

号(调幅)形式作用于电-声换能器上而转化为以电信号形式变化的超声场，当光波通过声光介质时，由于声光作用，使光载波受到调制而成为携带信息的强度调制波。

由前面分析可知，无论拉曼-奈斯衍射，还是布拉格衍射，其衍射效率均与附加相位延迟因子 $v = \dfrac{2\pi}{\lambda} \Delta n L$ 有关，而其中声致折射率差 Δn 正比于弹性应变幅值 S，如果声载波受到信号的调制使声波振幅随之变化，则衍射光强也将受到相同调制信号的调制。对于拉曼-奈斯衍射，工作声频率低于 10MHz，图 2-19 展示出了这种调制器的工作原理。

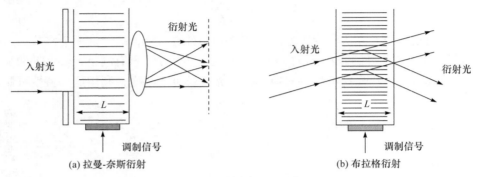

入射光　　　衍射光　　　L　　　调制信号
(a) 拉曼-奈斯衍射

入射光　　　衍射光　　　L　　　调制信号
(b) 布拉格衍射

图 2-19　声光调制器的工作原理

由于拉曼-奈斯衍射效率低，光能利用率也低，当工作频率较高时，最大允许长度太小，要求的声功率很高，因此拉曼-奈斯型声光调制器只限于低频工作，只具有有限的带宽。对于布拉格衍射，其衍射效率由前面给出，布拉格型声光调制器的工作原理如图 2-19(b)所示，在声功率 P_s(或声强 I_s)较小的情况下，衍射效率 η_s 随声强度 I_s 单调地增加(成线性关系)，如式(2-132)所示：

$$\eta_s \approx \frac{\pi^2 L^2}{2\lambda^2 \cos^2 \theta_B} M_2 I_s \tag{2-132}$$

因此，若对声强度加以调制，衍射光强也就受到调制了。布拉格衍射必须使入射光束以布拉格 θ_B 入射，同时在相对于声波阵面对称方向产生衍射光束时，布拉格衍射才能出现满意的效率。由于布拉格衍射效率高，且调制带宽可以很宽，因此多被采用。

3. 声光调制器的调制带宽

调制带宽是声光调制器的一个重要参量，它是衡量能否无畸变地传输信息的一个技术指标，它受到布拉格带宽的限制，声光调制器所能达到的调制带宽 Δf 主要由光束的角度扩展来确定。对于理想的无限宽的声束和光束的情况，波矢量是确定的，因此对一个给定入射角和相应衍射角的光波，只能有一个确定频率和波矢的声波才能满足布拉格条件。当采用有限的发散光束和声束时，波束的有限角将会扩展，因此，就允许在一个有限的声频范围内产生布拉格衍射。根据布拉格衍射方程，得到允许的声频带宽与布拉格角的变化量 $\Delta\theta_B$ 之间的关系，可以表示为

$$\Delta f = \frac{2 n v_s \cos \theta_B}{\lambda} \Delta\theta_B \tag{2-133}$$

式中，$\Delta\theta_B$ 为由于光束和声束的发散所引起的入射角与衍射角的变化量，也就是布拉格角允

许的变化量。设入射光束的发散角为 $\delta\theta_i$，声波束的发散角为 $\delta\phi$，对于衍射受限制的波束，这些束发散角与波长和束宽的关系分别近似为

$$\begin{cases} \delta\theta_i \approx \dfrac{2\lambda}{\pi n\omega_0} \\ \delta\phi \approx \dfrac{\lambda_s}{L} \end{cases} \tag{2-134}$$

式中，ω_0 为入射光束束腰半径；n 为介质的折射率；L 为声束宽度。显然，入射角(光波矢 k_i 与声波矢 k_s 之间的夹角)覆盖范围应为

$$\Delta\theta = \delta\theta_i + \delta\phi \tag{2-135}$$

若将 $\delta\theta_i$ 角内传播的入射(发散)光束分解为若干不同方向的平面波(即不同的波矢 k_i)，对于光束的每个特定方向的分量在 $\delta\phi$ 范围内就有一个适当的频率和波矢的声波可以满足布拉格条件。而声波束因受信号的调制而包含许多中心频率为声载波的傅里叶频谱分量。因此，对每个声频率，具有许多波矢方向不同的声波分量都能引起光波的衍射。于是，相应于每一确定角度的入射光，就有一束发散角为 $2\delta\phi$ 的衍射光，如图 2-20 所示。而每一衍射方向对应不同的频移，故为了恢复衍射光束的强度调制，必须使不同频移的衍射光分量在平方律探测器中混频，因此要求两束最边界的

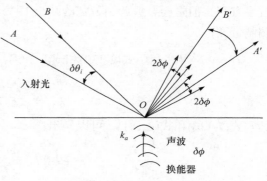

图 2-20　波束发散的布拉格衍射

衍射光(如图 2-20 中的 OA′ 和 OB′)有一定的重叠，这就要求 $\delta\theta_i = \delta\phi$。若取 $\delta\theta_i = \delta\phi = \lambda/\pi n\omega_0$，则由式(2-133)和式(2-135)可以得到声光调制器的调制带宽：

$$(\Delta f)_m = \frac{1}{2}\Delta f = \frac{2v_s}{\pi\omega_0}\cos\theta_B \tag{2-136}$$

由式(2-136)可以看出，声光调制器的带宽与声波穿过光束的渡越时间 ω_0/v_s 成反比，即与光束直径成反比，用宽度小的光束可得到大的调制带宽。但是光束发散角不能太大，否则零级和 1 级衍射光束将有部分重叠，会降低调制器的效果。因此，要求 $\delta\theta_i < \theta_B$，于是，由式(2-137)可以得出式(2-138)：

$$\begin{cases} \sin\theta_B = \dfrac{\lambda}{2n\lambda_s} = \dfrac{\lambda}{2nv_s}f_s \\ \Delta f = \dfrac{2nv_s\cos\theta_B}{\lambda}\Delta\theta_B \\ \delta\theta_i = \theta_B \end{cases} \tag{2-137}$$

$$\frac{(\Delta f)_m}{f_s} \approx \frac{\Delta f}{2f} < \frac{1}{2} \tag{2-138}$$

即最大的调制带宽 Δf_m 近似等于声频率 f_s 的一半。因此，大的调制带宽要采用高频布拉格衍射才能得到。

4. 声光调制器的衍射效率

声光调制器的另一个重要参量是衍射效率，根据式(2-116)可以知道，要得到 100%的调制所需要的声强度为

$$I_s = \frac{\lambda^2 \cos^2 \theta_B}{2M_2 L^2} \qquad (2\text{-}139)$$

若表示为所需的声功率，则为

$$P_s = HLI_s = \frac{\lambda^2 \cos^2 \theta_B}{2M_2} \frac{H}{L} \qquad (2\text{-}140)$$

可见，声光材料的品质因数 M_2 越大，欲获得 100%的衍射效率所需要的声功率就越小。而且电-声换能器的截面应做得长(L 大)而窄(H 小)。然而，作用长度 L 的增大虽然对提高衍射效率有利，但是会导致调制带宽的减小(因为声束发散角 $\delta\phi$ 与 L 成反比，小的 $\delta\phi$ 意味着小的调制带宽)。

若 $\delta\phi = \dfrac{\lambda_s}{2L}$，利用式(2-132)和式(2-134)，带宽可以表示为

$$\Delta f = \frac{2n\lambda_s v_s}{\lambda L} \cos \theta_B \qquad (2\text{-}141)$$

结合式(2-116)和式(2-141)，可以得出：

$$2\eta_s \Delta f f_0 = \frac{n^7 P^2}{\rho v_s} \frac{2\pi^2}{\lambda^3 \cos \theta_B} \frac{P_s}{H} \qquad (2\text{-}142)$$

式中，f_0 为声中心频率($f_0 = v_s/\lambda_s$)，若令 $M_1 = \dfrac{n^7 P^2}{\rho v_s} = n v_s^2 M_2$，则 M_1 是表征声光材料的调制带宽特性的品质因数，M_1 值越大的声光材料制成的调制器所允许的调制带宽越大。

2.4　磁　光　调　制

磁光效应

2.4.1　磁光效应

磁光效应是磁光调制的物理基础。有些物质，如顺磁性、铁磁性和亚铁磁性材料等，其内部组成的原子或离子都具有一定的磁矩，由这些磁性原子或离子组成的化合物具有很强的磁性，称为磁性物质。人们发现，在磁性物质内部有很多个小区域，在每个小区域内，所有的原子或离子的磁矩都互相平行地排列着，把这种小区域称为磁畴；因为各个磁畴的磁矩方向不相同，其作用互相抵消，所以宏观上并不显示出磁性。如果沿物体的某一方向施加一个外磁场，那么物体内各磁畴的磁矩就会从各个不同的方向转到磁场方向上来，这样对外就显示出磁性。当光波通过这种磁化的物体时，其传播特性发生变化，这种现象称为磁光效应。

磁光效应包括法拉第旋转效应、克尔效应、科顿-穆顿效应等。其中最主要的是法拉第旋转效应，它使一束线偏振光在外加磁场作用下的介质中传播时，光的偏振方向发生旋转，旋转角度 θ 的大小与沿光束方向的磁场强度 H 和光在介质中传播的长度 L 之积成正比，可以表示为

$$\theta = VHL \qquad (2\text{-}143)$$

式中，V 称为韦尔代常数，它表示在单位磁场强度下线偏振光通过单位长度的磁光介质后偏

振方向旋转的角度。

对于旋光现象的物理原因，菲涅耳曾提出一种唯象的解释。他认为任何一个线偏振光都可以分解为两个频率相同、初相位相同的圆偏振光，其琼斯矩阵形式为

$$E_{in}\begin{bmatrix}1\\0\end{bmatrix}=\frac{1}{2}E_o\begin{bmatrix}1\\i\end{bmatrix}+\frac{1}{2}E_o\begin{bmatrix}1\\-i\end{bmatrix} \tag{2-144}$$

式中，E_o 为线偏振光的振幅。其中一个圆偏振光的电矢量顺时针方向旋转，称为右旋圆偏光，而另一个圆偏振光是逆时针方向旋转的，称为左旋圆偏光。这两个圆偏振光无相互作用地以两种略有不同的速度 $v_+=c/n_R$ 和 $v_-=c/n_L$ 传播，它们通过厚度为 L 的介质之后产生的相位延迟分别为

$$\begin{cases}\varphi_1=\dfrac{2\pi}{\lambda}n_R L\\[2mm]\varphi_2=\dfrac{2\pi}{\lambda}n_L L\end{cases} \tag{2-145}$$

当它们通过介质之后，又合成为一个线偏振光，其光场为

$$\begin{aligned}E_{out}&=\frac{1}{2}E_o\begin{bmatrix}1\\i\end{bmatrix}\exp\left(i\frac{2\pi}{\lambda}n_R L\right)+\frac{1}{2}E_o\begin{bmatrix}1\\-i\end{bmatrix}\exp\left(i\frac{2\pi}{\lambda}n_L L\right)\\&=\frac{1}{2}E_o\exp\left[\frac{i2\pi(n_R+n_L)L}{2\lambda}\right]\left\{\begin{bmatrix}1\\i\end{bmatrix}\exp\left[\frac{i2\pi(n_R-n_L)L}{2\lambda}\right]\right.\\&\quad\left.+\begin{bmatrix}1\\-i\end{bmatrix}\exp\left[\frac{-i2\pi(n_R-n_L)L}{2\lambda}\right]\right\}\end{aligned} \tag{2-146}$$

若

$$\begin{cases}\varphi=2\pi(n_R+n_L)L/(2\lambda)\\\delta=2\pi(n_R-n_L)L/(2\lambda)\end{cases} \tag{2-147}$$

则式(2-146)可以表示为

$$E_{out}=E_o e^{i\varphi}\left\{\begin{bmatrix}1\\0\end{bmatrix}\frac{e^{i\delta}+e^{-i\delta}}{2}+\begin{bmatrix}1\\i\end{bmatrix}\frac{e^{i\delta}-e^{-i\delta}}{2}\right\}=E_o e^{i\varphi}\left\{\begin{bmatrix}1\\0\end{bmatrix}\cos\delta+\begin{bmatrix}0\\1\end{bmatrix}\sin\delta\right\} \tag{2-148}$$

这一结果表明：通过介质后的光波的偏振方向相对于入射光旋转了一个角度。图 2-21 中 yz 表示入射介质的线偏振光的振动方向，将振幅 A 分解为左旋和右旋两矢量 A_L 和 A_R，假设介质的长度 L 使右旋光矢量 A_R 刚转回到原来的位置，此时左旋光矢量(由于 $v_L\neq v_R$)转到 A_L'，于是合成的线偏振光 A' 相对于入射光的偏振方向转了一个角度 θ，此值等于 δ 角的一半，即

$$\theta=\frac{\delta}{2}=\frac{\pi}{\lambda}(n_R-n_L)L \tag{2-149}$$

可以看出，A' 的偏振方向将随着光波的传播向右旋转，这称为右旋光效应。

磁致旋光效应的旋转方向仅与磁场方向有关，而与光线

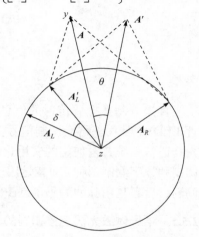

图 2-21 光通过介质后偏振方向旋转

传播方向的正逆无关，这是磁致旋光现象与晶体的自然旋光现象的不同之处。即当光束往返通过自然旋光物质时，因旋转角相等方向相反而相互抵消，但通过磁光介质时，只要磁场方向不变，旋转角都朝一个方向增加，此现象表明磁致旋光效应是一个不可逆的光学过程，因而可利用来制成光学隔离器或单通光闸等器件。

2.4.2 磁光调制器

磁光调制和电光调制、声光调制一样，也是把欲传递的信息转换成光载波的强度(振幅)等参量随时间的变化，不同的是磁光调制是将电信号先转换成与之对应的交变磁场，由磁光效应改变在介质中传输的光波的偏振态，从而达到改变光强度等参量的目的。磁光调制器的组成如图 2-22 所示。工作物质(YIG 或掺 Ga 的 YIG 棒)放在沿轴方向 z 的光路上，它的两端放置有起、检偏器，高频螺旋形线圈环绕在 YIG 棒上，受驱动电源的控制，用以提供平行于 z 轴的信号磁场。为了获得线性调制，在垂直于光传播的 x 方向上加一个恒定磁场 H_{dc}，其强度足以使晶体饱和磁化。当工作时，高频信号电流通过线圈就会感生出平行于光传播方向的磁场，入射光通过 YIG 晶体时，由于法拉第旋转效应，其偏振面发生旋转，其旋转角与磁场强度 H 成正比，因此，只要用调制信号控制磁场强度的变化，就会使光的偏振面发生相应的变化。但这里因加有恒定磁场 H_{dc}，且与通光方向垂直，故旋转角与 H_{dc} 成反比，于是可以得出：

$$\theta = \theta_s \frac{H_0 \sin(\omega_H t)}{H_{dc}} L_0 \tag{2-150}$$

式中，θ_s 为单位长度饱和法拉第旋转角；$H_0 \sin(\omega_H t)$ 为调制磁场。如果再通过检偏器，就可以获得一个强度变化的调制光。

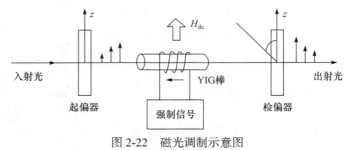

图 2-22 磁光调制示意图

2.5 直 接 调 制

直接调制是把要传递的信息转变为电流信号注入半导体光源(激光二极管或半导体二极管(LED))，从而获得已调制信号。由于它是在光源内部进行的，因此又称为内调制，它是目前光纤通信系统普遍使用的实用化调制技术。根据调制信号的类型，直接调制又可以分为模拟调制和数字调制两种，前者是用连续的模拟信号(如电视、语音等信号)直接对光源进行光强度调制，后者是用脉冲编码调制(PCM)的数字信号对光源进行强度调制。

2.5.1 半导体激光器直接调制的原理

半导体激光器是电子与光子相互作用并进行能量直接转换的器件。图 2-23 表示出了砷镓铝双异质结注入式半导体激光器的输出光功率与驱动电流的关系曲线。半导体激光器有一个阈值电流 I_t，当驱动电流密度小于 I_t 时，激光器基本上不发光或只发很弱的谱线宽度和方向性都很差的荧光；当驱动电流密度大于 I_t 时，则开始发射激光，此时谱线宽度、辐射方向显著变窄，强度大幅度增加，而且随电流的增加，呈线性增长，如图 2-24 所示。而且由图 2-23 可以看出，发射激光的强弱也直接与驱动电流的大小密切相关。把欲传递的调制信号加到激光器(电源)上即可以直接改变(调制)激光器输出光信号的强弱，因此这种调制方式称为直接调制(或电源调制)。由于这种调制方式简单，且能在高频工作，并能保证有良好的线性工作区和带宽，因此在光纤通信、光盘和光复印等方面得到了广泛应用。

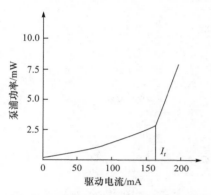

图 2-23　半导体激光器的输出特性

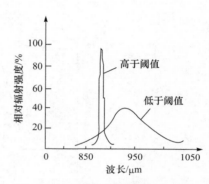

图 2-24　半导体激光器的光频特性

图 2-25 所示的是半导体激光器调制原理的示意图，其中图 2-25(a)所示为电路原理图，图 2-25(b)所示为泵浦功率与调制电信号的关系曲线。为了获得线性调制，使工作点处于输出特性曲线的直线部分，必须在加调制信号电流的同时加一个适当的偏置电流。这样就可以使输出的光信号不失真。但是必须注意，把调制信号源与直流偏置相隔离，避免直流偏置源对调制信号源产生影响，当频率较低时，可用电容和电感线圈串接来实现，当频率很高(>50MHz)时，则必须采用高通滤波电路。

要使半导体激光器在高频调制下不产生调制畸变，最基本的要求是输出功率要与阈值以上的电流成良好的线性关系，另外，由于激光器内部还将产生延迟时间、张弛振荡等瞬态过程，这都会对调制特性产生影响,故为了尽可能缩短延迟时间,激光器采取预偏置(电流)技术；为了尽量不出现张弛振荡，应采用条宽较窄的激光器结构。还有，直接调制会使激光器主模的强度下降，而次模的强度相对增加，从而使激光器谱线加宽；而调制所产生的脉冲宽度 Δt 与谱线宽度 $\Delta \nu$ 之间是相互制约的，构成所谓傅里叶变换的带宽限制，因此，直接调制的半导体激光器的能力受到 $\Delta t \cdot \Delta \nu$ 的限制。故在高频调制下采用量子阱调制器或其他高频外调制器是亟待解决的问题。

2.5.2　半导体发光二极管的调制特性

半导体发光二极管由于不是阈值器件，它的输出光功率不像半导体激光器那样，会随着注入电流的变化而发生突变，因此，LED 的 $P\text{-}I$ 特性曲线的线性比较好。在模拟光纤通信系统中得到广泛应用，但在数字光纤通信系统中，它不能获得很高的调制速率(最高只能达到 100Mbit/s)，因此受到一定的限制。

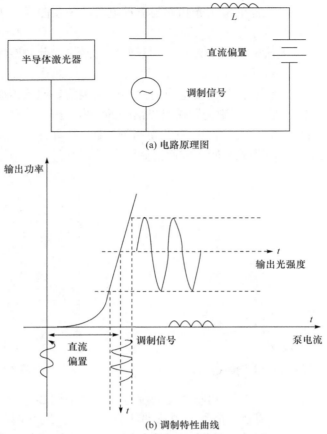

(a) 电路原理图

(b) 调制特性曲线

图 2-25　半导体激光器调制原理示意图

2.5.3　半导体光源的模拟调制

无论使用 LD 还是 LED 作为光源，都要施加偏置电流 I_b，使其工作点处于 LD 或 LED 的 P-I 特性的直线段，其调制线性好坏与调制深度 m 有关：

$$LD : m = \frac{调制电流幅度}{偏置电流 - 阈值电流}$$

$$LED : m = \frac{调制电流幅度}{偏置电流}$$

当 m 较大时，调制信号幅度大，线性较差；当 m 较小时，虽然线性好，但调制信号幅度小，因此，应选择合适的 m 值，另外，在模拟调制中，光源器件本身的线性特性是决定模拟调制好坏的主要因素，所以在线性度要求较高的应用中，需要进行非线性补偿。

2.6　间　接　调　制

直接调制技术具有简单、经济、容易实现等优点，但对普通的半导体激光器进行直接调制时，激光器的动态谱线增宽，导致其发射的光信号在单模光纤中传输时色散增加，从而限制了光纤的传输容量或传输距离。为了减小激光器动态谱线增宽对高速光纤通信系统的影响，一方面可以采用动态单模半导体激光器，另一方面也可以采用间接调制技术。间接调制技术不仅适用于半导体激光器，也适用于其他类型的激光器。

间接调制与直接调制的本质区别在于光源的发光和调制功能是分离进行的，即在激光形成以后再加载调制信号，因此，调制不会影响到激光器谐振腔中的工作，激光器在直流偏置电流的驱动下稳态工作，产生连续的激光输出。

间接调制器利用晶体的电光效应、磁光效应、声光效应和电吸收效应等性质来实现对激光辐射的调制。

(1) 电光调制利用电光效应实现光调制。当把电压加到某些晶体上的时候，晶体的折射率和折射率主轴会发生变化，结果引起经过该晶体的光波特性发生变化，这种性质称为电光效应。

(2) 磁光调制利用磁光效应实现光调制。磁光效应又称为法拉第电磁偏转效应，指某些晶体材料在外加磁场的作用下，可使通过它的线偏振光的偏振面产生旋转，其旋转角度与介质长度、外磁场强度成正比。因此，只要将调制信号转换为磁场信号加载到磁光晶体上，在输出端检测经过该晶体的光的偏振态，就能实现光强度调制。

(3) 声光调制利用声光效应实现光调制。声光效应是声波与光波相互作用引起的效应，表现为光波被介质中的超声波衍射或散射，即发生声致光衍射作用。

(4) 电吸收调制利用半导体材料的电吸收效应实现光调制。电吸收效应是指在电场作用下半导体材料的吸收边带向长波长移动(红移)的效应。

常见的间接调制结构如图 2-26 所示，激光器产生的激光信号输出，通过调制器对电信号进行调制，微波信号源输出的射频信号驱动调制器工作并设置所需的电信号，被调制器调制的信号输出进入下一个器件。该实验部分使用一个相位调制器，通过对入射光进行相位调制可以获得多频信号光，相位调制器的工作原理见本章的相位调制原理。使用的相位调制器如图 2-27 所示。

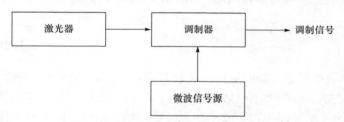

图 2-26 间接调制的结构示意图

图 2-27 实验所用的相位调制器

相位调制器的工作原理是通过对载波相位进行周期性的调制从而获得多频光输出。射频信号驱动相位调制器就可以使其输出多频光。当光通过相位调制器中的电光晶体时，光波相位受到调制。假设初始光波电场为 $E_{\text{in}} = A_I \exp(j\omega t)$，经过电光晶体调制后，引入新的相位 $\phi(t)$，其输出的电场振幅可表示为 $E_{\text{out}} = A_0 \exp[j\omega t + \phi(t)]$，其中，$\phi(t) = A_m \sin(\omega_m t)$，式中，$\omega$ 为入射光的角频率，A_m 为调制深度或调制度，ω_m 为调制角频率。将相位调制器的输出光场进行傅里叶展开就可以得到许多新的谱线，而且各个谱线的振幅对应于调制深度下的贝塞尔函数值。经傅里叶展开后，从相位调制器输出的多频光的电场可以表示为

$$E_{\text{out}} = A_0 \exp(j\omega t) \exp[jA_m \sin(\omega_m t)]$$

$$= A_0 \exp(j\omega t) \sum_{q=-\infty}^{\infty} J_q(A_m) \exp(jq\omega_m t) \tag{2-151}$$

$$= A_0 \sum_{q=-\infty}^{\infty} J_q(A_m) \exp[j(\omega + q\omega_m)t]$$

图 2-28 显示了不同调制深度 A_m 下从相位调制器输出的几个主要频率的功率变化曲线，输出的多频探测光中的各阶频率分别对应贝塞尔函数的阶数。从图 2-28 中可以看出调制深度 $A_m = 1.435$ 时，从相位调制器输出的多频光包含功率相等的三个频带——主带和 ±1 级边带，每个频带的功率占总功率的 30%。在 $A_m = 1.8$ 时，主带功率约占总功率的 10%，而 ±1 级边带约占总功率的 34%。随着调制深度的进一步加大，频谱可以展得越来越宽，但是各个频带的功率却变得越来越低。

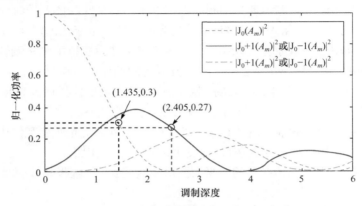

图 2-28 相位调制器的调制深度与功率谱

由图 2-28 可知，当相位调制器的调制深度为 1.435 时，从相位调制器输出的多频光的 0 阶和 ±1 阶频率对应的功率相等；当调制深度为 2.405 时，从相位调制器输出的多频光的 0 阶频率的功率最低。于是，利用这两个关键点就可以轻松地测出相位调制器的半波电压 V_π。V_π 可表示为

$$V_\pi = \frac{V}{A_m} \cdot \pi \tag{2-152}$$

图 2-29 显示了利用外差方法在频谱仪上得到的从相位调制器输出的多频探测光的频谱，其中，相位调制器的调制深度为 1.435，调制频率为 1MHz。通过换算得到所使用的相位调制器在此驱动频率下的半波电压为 3.4V。实验还发现，驱动频率越高，相位调制器的半波电压越大，因此，在具体的应用场合必须先测量好其对应的半波电压。

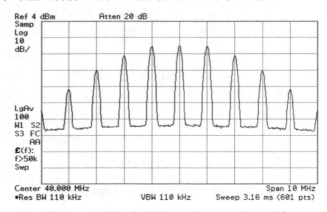

图 2-29 相位调制器输出的多频探测光的频谱

从图 2-29 可以看出，从相位调制器输出的多频光的频率间隔非常均匀，这种频分复用的

光信号是一种简单的频率梳。在光频分复用通信中，可以通过各种手段调制产生频分复用的光信号，如使用多个光源、外部调制以及多波长激光器等。

习题与思考

1. 何为电光晶体的半波电压？半波电压由晶体的哪些参数决定？

2. 一纵向运用的 KDP 电光调制器，长为 2cm，折射率 $n = 2.5$，工作频率为 1000kHz。试求此时光在晶体中的渡越时间及引起的相位延迟。

3. 在电光调制器中，为了得到线性调制，在调制器中插入一个 $\lambda/4$ 波片，波片的轴向如何设置最好？若旋转 $\lambda/4$ 波片，它所提供的直流偏置有何变化？

4. 为了降低电光调制器的半波电压，用 4 块 z 切割的 KD^*P 晶体连接(光路串联，电路并联)成纵向串联式结构，试求：

(1) 为了使 4 块晶体的电光效应逐块叠加，各晶体的 x 轴和 y 轴应如何取向？

(2) 计算其半波电压。

5. 如果一个纵向电光调制器没有起偏器，入射的自然光能否得到光强度调制？为什么？

6. 对于 3m 铌酸锂晶体，试求外场分别加在 x、y、z 轴方向的感应主折射率及相应的相位延迟(这里只求外场加在 x 方向上的情况)。

7. 一块 45°-z 切割的 GaAs 晶体，长度为 L，电场沿 z 方向，证明纵向运用时的相位延迟为 $\Delta\phi = \dfrac{2\pi}{\lambda} n^3 r_{41} EL$。

8. 在电光晶体的纵向应用中，如果光波偏离 z 轴一个远小于 1 的角度传播，证明由于自然双折射引起的相位延迟为 $\Delta\phi = \dfrac{\omega L}{2c} n_0 \left(\dfrac{n_0^2}{n_e^2} - 1 \right) \theta^2$，式中，$L$ 为晶体长度。

9. 若取 $v_S = 616 \text{m/s}$，$n = 2.35$，$f_S = 10 \text{MHz}$，$\lambda_0 = 0.6328 \mu\text{m}$，试求发生拉曼-奈斯衍射所允许的最大晶体长度 L_{max}？

10. 一个 $PbMoO_4$ 声光调制器，对氦氖激光进行调制。已知声功率 $P_s = 1\text{W}$，声光相互作用长度 $L = 1.8 \text{mm}$，换能器宽度 $H = 0.8 \text{mm}$，$M_2 = 3.63 \times 10^{-14} \text{s}^3/\text{kg}$，试求 $PbMoO_4$ 声光调制器的布拉格衍射效率。

11. 利用应变 S 与声强 I_s 的关系，证明一级衍射光强 I_1 与入射光强 I_0 之比为

$$\frac{I_1}{I_0} = \frac{1}{2}\left(\frac{\pi L}{\lambda_0 \cos\theta_1} \right)^2 \frac{P^2 n^6}{\rho v_s^2} I_s \quad (\text{近似取 } J_1^2(v) \approx \frac{1}{4}v^2)$$

12. 考虑熔岩石英中的声光布拉格衍射，若取 $\lambda_0 = 0.6238 \mu\text{m}$，$n = 1.46$，$v_s = 5.97 \times 10^3 \text{m/s}$，$f_s = 100 \text{MHz}$，试求布拉格角 θ_B。

13. 一束线偏振光经过长 $L = 25\text{cm}$，直径 $D = 1\text{cm}$ 的实心玻璃，玻璃外绕 $N = 250$ 匝导线，通有电流 $I = 5\text{A}$。取韦尔代常数为 $V = 0.25 \times 10^{-5}(')/(\text{cm} \cdot \text{T})$，试求光的旋转角 θ。

参考答案-2

第三章 光波在光纤中的传输及放大技术

光是自然界中最广泛存在的物质之一，人们对光的研究已经有了数千年的历史。目前，人们普遍认为光在本质上是一种波长极短的电磁波，但这种认识至今只有一百多年的历史。最早猜测光与电磁之间有关联的是英国著名科学家法拉第。法拉第的主要研究领域是电磁感应，多年的研究生涯使他相信光与电磁波之间存在某种直接的联系，在 1845 年，他首次获得了实验上的支持。法拉第自己写道：我终于成功地使磁曲线或磁力线发了光，并磁化了一条光线。28 年以后，麦克斯韦从研究电磁感应出发，进一步发展了法拉第的思想，发表了著名的奠基性的论文《论电和磁》。在这篇论文中，麦克斯韦提出了在空间存在电磁波(论文中称为周期性的位移波)的可能，并计算出"这样一种波的速度非常接近于光速"。因此，麦克斯韦推断电磁现象和光现象在本质上的性质是相同的。1875 年，洛伦兹发表学位论文《光的反射、折射理论》，他把光看成电磁振动，并认为在介质分界面上，电位移矢量 D、磁感应强度矢量 B 的法线分量和电场强度矢量 E、磁场强度矢量 H 的切线分量应保持连续，成功地推出当时已知的各种界面上的光学性质。1892 年，洛伦兹发表《麦克斯韦理论及其在运动物体上的应用》，全面地站在麦克斯韦理论的立场上，最终形成了光的经典电磁场理论。

3.1 光波在光纤波导中的传播

光波在光纤
波导中的传播

3.1.1 光纤波导的结构

光纤是一种能够传输光频电磁波的介质波导，光纤的典型结构如图 3-1 所示，它由纤芯、包层和护套三部分组成。纤芯和包层构成传光的波导结构，护套起保护作用。波导的性质由纤芯和包层的折射率分布决定，图 3-1(b)、(c)是两种典型的纤芯折射率剖面图，工程上定义 Δ 为纤芯和包层间的相对折射率差，即

$$\Delta = \frac{1}{2}\left[1 - \left(\frac{n_2}{n_1}\right)^2\right] \tag{3-1}$$

当 $\Delta < 0.01$ 时，式(3-1)简化为

$$\Delta \approx \frac{n_1 - n_2}{n_1} \tag{3-2}$$

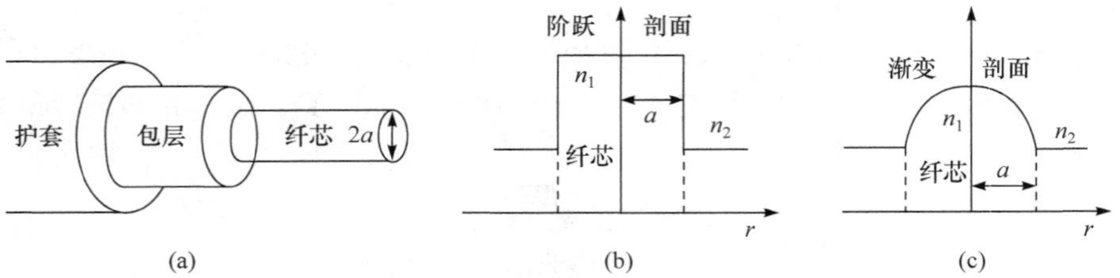

(a)　　　　　　　(b)　　　　　　　(c)

图 3-1 典型光纤的结构、折射率分布和尺寸范围

式(3-2)称为光纤波导的弱导条件。从理论上讲，光纤的弱导特性是光纤与微波圆波导之间的重要差别之一。实际使用的光纤，特别是单模光纤，其掺杂浓度都很小，使纤芯和包层只有很小的折射率差。所以弱导的基本含义是指很小的折射率差就能构成良好的光纤波导结构，而且为制造提供了很大方便。

一般介质波导截面上的折射率分布可以用指数型分布表示为

$$\begin{cases} n(r)=n_1\left[1-2\Delta\left(\dfrac{r}{a}\right)^{\alpha}\right]^{1/2}, & 0<r\leqslant a \\ n(r)=n_1(1-2\Delta)^{1/2}=n_2, & r\geqslant a \end{cases} \tag{3-3}$$

式中，a 为纤芯半径；n_1 为光纤轴线上的折射率；n_2 为包层折射率；α 为一个常数。$\alpha=\infty$，即为阶跃光纤；$\alpha=2$，即为平方梯度光纤，如图 3-1(b)、(c)所示。这两种光纤是应用最广泛的光纤波导。表 3-1 中给出了单模光纤和多模光纤的结构参数，综合光纤纤芯半径 a、相对折射率差 Δ 和工作波长 λ，光纤的结构参量用光纤归一化频率 V 表示，即

$$V\equiv k_0 a(n_1^2-n_2^2)^{1/2} \tag{3-4}$$

式中，$k_0=2\pi/\lambda$ 为光波在自由空间的波数，在弱导条件下，式(3-4)可以修改为

$$V\approx k_0 n_1 a\sqrt{2\Delta} \tag{3-5}$$

表 3-1　单模和多模光纤的结构参数

单模光纤	多模光纤
$2\mu m<a<5\mu m$	$12.5\mu m<a<100\mu m$
$0.8\mu m<\lambda<1.6\mu m$	$0.8\mu m<\lambda<1.6\mu m$
$0.003<\Delta<0.01$	$0.01<\Delta<0.03$

3.1.2　光波在光纤波导中的传播特性

以上简单介绍了光纤波导的结构特点，下面介绍光波在光纤波导中的传播特性。分析光波在光纤中传播特性的基本方法有光射线分析法和电磁模式理论，两者之间有很强的互补性。前者直观实用，例如，可方便地得到光纤数值孔径和射线分类概念。但由于分析方法的近似性，很难说明单模和多模光纤的概念。电磁模式理论是最严格的分析方法，但较为复杂，在这里采用近似分析方法。与其他波段的电磁波相比，光波的特点就是它的波长短。在研究光的传播问题时，所涉及的光学元器件及光波导尺寸比波长要大得多，所以通常可以采用短波长近似来处理。这种处理方法就是射线法，相应的理论称为射线理论。这种理论是把光处理成光射线(简称射线)，用光学中的反射和折射来解释波导中光的传播现象。射线理论的基础是光线方程，可表示为

$$\frac{\mathrm{d}}{\mathrm{d}s}\left[n(r)\frac{\mathrm{d}\boldsymbol{r}}{\mathrm{d}s}\right]=\nabla n(\boldsymbol{r}) \tag{3-6}$$

式中，$\boldsymbol{r}$ 为空间光线上某点的位置矢量；s 为该点光线到原点的路径长度；$n(r)$ 为折射率的空间分布。

1. 阶跃光纤中光波的传播

图 3-2 所示的阶跃光纤，其纤芯和包层折射率均匀分布，折射率分别为 n_1、n_2，纤芯包层在纤芯半径 P 处形成反射界面。式(3-6)表明，均匀介质中光线轨迹是直线。显然，光纤的传光机理在于光的全反射。光纤可视为圆柱波导，在圆柱波导中，光线的轨迹可以在通过光纤轴线的主截面内，如图 3-2(a)所示；也可以不在通过光纤轴线的主截面内，如图 3-2(b)所示。为完整地确定一条光线，必须用两个参量，即光线在界面的入射角 θ 和光线与光纤轴线的夹角 φ。

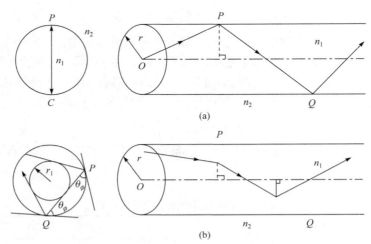

(a)

(b)

图 3-2　阶跃折射率光纤纤芯内的光线路径

1) 子午光线

当入射光线通过光纤轴线，且入射角 θ_1 大于临界角 $\theta_r = \arcsin(n_2/n_1)$ 时，光线将在柱体面上不断发生全反射，形成曲折回路，而且传导光线的轨迹始终在光纤的主截面内，这种光线称为子午光线，包含子午光线的平面称为子午面。考虑图 3-3 所示的光线子午面，设光线从折射率为 n_0 的介质通过波导端面中心点 O 入射，进入波导后按子午光线传播，根据折射定律，可以得出：

$$n_0 \sin\varphi_0 = n_1 \sin\varphi_1 = n_1 \cos\theta_1 = n_1\sqrt{1-\sin^2\theta_1} \tag{3-7}$$

当产生全反射时，要求 $\theta_1 > \theta_c$，θ_c 为全反射的临界角，因此有

$$\sin\varphi_0 \leqslant \frac{1}{n_0}(n_1^2 - n_2^2)^{1/2} \tag{3-8}$$

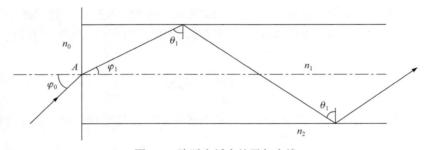

图 3-3　阶跃光纤中的子午光线

在一般情况下，$n_0 = 1$(空气)，子午光线对应的最大入射角为

$$\sin \varphi_0 = (n_1^2 - n_2^2)^{1/2} = NA \tag{3-9}$$

式中，NA 为光纤的数值孔径，它决定了子午光线半孔径角的最大值，即代表光纤的集光本领。

2) 斜射光线

当入射光线不通过光纤轴线时，传导光线将不在一个平面内，而是按照图 3-4 所示的空间折射传播，这种光线称为斜射光线。如果将其投影到端截面上，就会更清楚地看到传导光线将完全限制在两个共轴圆柱面之间，其中之一是纤芯-包层边界，另一个在纤芯中，其位置由角度 θ_1 和 φ_1 决定(图 3-4)，称为散焦面。显然，随着入射角 θ_1 的增大，内散焦面向外扩大并趋近为边界面。在极限情况下，光纤端面的光线与圆柱面相切($\theta_1 = 90°$)，在光纤内传导的光线演变为一条与圆柱表面相切的螺线，两个散焦面重合，如图 3-4(b)所示。现在分析斜射光线满足全反射条件时的最大入射角，根据图 3-4(a)，设斜射光线从光纤端面上 A 点入射，然后在 B、C 等点全反射，过 B、C 两点作直线平行于轴线 OO_1，交端面圆周于 P、Q 两点，用 φ_0 表示端面的入射角，用 φ_1 表示折射角(又称为轴线角)，$\alpha = \pi/2 - \varphi_1$ 表示折射光线与端面的夹角，γ 表示入射面与子午面 AOO_1 的夹角，θ_1 表示折射光线在界面的入射角。由于 α 和 γ 各自所在的平面互相垂直，根据立体几何原理可以得出：

$$\cos \theta_1 = \cos \alpha \cos \gamma = \sin \varphi_1 \cos \gamma \tag{3-10}$$

当满足全反射条件 $\sin \theta_1 \geqslant n_2 / n_1$ 时，即要求：

$$\cos \theta_1 = (1 - \sin^2 \theta_1)^{1/2} \leqslant \frac{1}{n_1} (n_1^2 - n_2^2)^{1/2} \tag{3-11}$$

根据折射定律，当 $n_0 = n_2 = 1$(空气)时，最大入射角可以用式(3-12)表示：

$$\sin \varphi_{0m}^{(s)} = \frac{\sin \varphi_{0m}^{(m)}}{\cos \gamma} \tag{3-12}$$

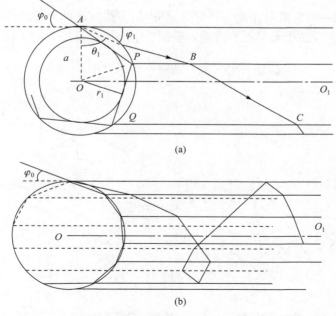

(a)

(b)

图 3-4 阶跃光纤中的斜射光线

式中，$\varphi_{0m}^{(m)}$ 为传导子午光线的最大入射角，由于 $\cos\gamma < 1$，可见满足条件 $\theta_1 > \theta_c$ 时斜射光线入射角可以取 $\varphi_{0m}^{(s)} > \varphi_{0m}^{(m)}$。由式(3-12)可以看出，当 $\gamma = 0$ 时，$\varphi_{0m}^{(s)}$ 取最小值，并使 $\varphi_{0m}^{(s)} = \varphi_{0m}^{(m)}$；当 $\cos\gamma = (1/n_1)\sin\varphi_{0m}^{(s)}$ 时，$\varphi_{0m}^{(s)} = \pi/2$。也就是说，条件 $\theta_1 > \theta_c$ 似乎对 φ_1 并没有任何限制。

实际上，在圆柱界面情况下，满足条件 $\theta_1 > \theta_c$ 的斜射光是否一定能产生光的全反射而无损耗地传输光功率，须分析轴线角 φ_1 的影响。对于斜射光线，其纵向传播常数如式(3-13)所示；考虑 $\varphi_1 > \pi/2 - \theta_c$ 的光线，并代入式(3-13)，可以得出式(3-14)。

$$\beta = k_0 n_1 \cos\varphi_1 \tag{3-13}$$

$$\beta < k_0 n_1 \sin\theta_c = k_0 n_2 \tag{3-14}$$

电磁理论的分析结果是 $\beta = k_0 n_2$ 正是圆柱波导导模的截止条件，也就是说，如果 $\varphi_1 = \pi/2 - \theta_c$，即使满足 $\theta_1 > \theta_c$，导模也是截止的。为说明这一点，分析一下斜射光线在圆柱界面的反射情况，如图 3-5 所示，因为斜射光波在界面的入射面与圆柱界面的交线是椭圆，若平面光波在 A 点入射，且中心光线 1 的入射角 $\theta_1 > \theta_c$，但光线 1、2 和 3 的入射角并不相同，且 $\theta_2 > \theta_1 > \theta_3$。因此，在 A 点右边的光线有可能不满足条件 $\theta_3 > \theta_c$，其偏离全反射条件的程度决定于界面的曲率，也即决定于轴线角 φ_1。这就说明，在弯曲界面情况下，凡轴线角 φ_1 大到一定程度的光波，即使满足平面边界全反射条件，也只能部分反射，因此不断有光功率向芯区外泄漏。

由以上讨论可以知道，在圆柱界面上一点 A 处所有可能的入射光线可分为图 3-6 所示的三部分。

(1) 非导引光线(折射光线)。当 $\theta_1 < \theta_c$ 时，对应于以过 A 点的界面法线为轴线，以 θ_c 为锥角作的半圆锥(1 区)内的光线。显然这部分光线都不满足全反射条件，部分光线折射到包层中去了。

(2) 导引光线。当 $\theta_1 > \theta_c$ 时，$\varphi_1 < \pi/2 - \theta_c (\beta > k_0 n_2)$ 对应于以过 A 点切平面与柱面交线 AA' 为轴线，以 $\varphi_1 = \pi/2 - \theta_c$ 为锥角作的半圆锥(2 区)内的光线。这部分光线都将在 A 点全反射，因而光功率将限制在纤芯中无损耗地传播。根据折射定律计算出入射孔径角为

$$\sin\varphi_{0m} = n_1 \sin\varphi_{1m} = n_1 \cos\theta_c = (n_1^2 - n_2^2)^{1/2} = NA \tag{3-15}$$

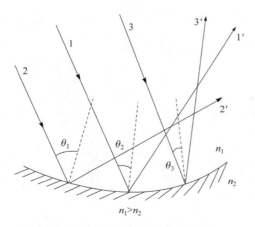

图 3-5　光波在圆柱界面的反射

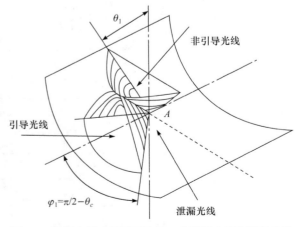

图 3-6　阶跃光纤中的导引光线、非导引光线和泄漏光线

式(3-15)说明了包括子午光线和斜射光线在内的总入射数值孔径角就是子午光线的数值孔径角。

(3) 泄漏光线。$\theta_1 > \theta_c$，$\varphi_1 < \pi/2 - \theta_c(\beta > k_0 n_2)$，即处于上述两个半圆锥以外区域中的光线。这部分光线虽然满足条件 $\theta_1 > \theta_c$，但在弯曲界面上并不发生光的全反射，即光功率不能全部限制在纤芯中，部分功率向纤芯外泄漏。

3) 不同光程引发的光脉冲的弥散

从上述讨论可以看出，阶跃光纤中与光纤轴成不同夹角的导引光线，在轴向经过同样距离时，各自走过的光程是不同的，因此，如果有一个光脉冲在入射端激发起各种不同角度的导引光线，那么由于每根光线经过的光程不同，就会先后到达终端，从而引起光脉冲宽度的加宽，称为光脉冲的弥散。以子午光线为例来分析不同光线的时延差，与光轴成 φ 角的光线沿轴的速度为 $v_z = v\cos\varphi = (c/n_1)\cos\varphi$，当 $\varphi = 0$ 时，速度最大，当 $\varphi = \theta_c$ 时，速度最小，因此，光线经过轴向距离 L 后所花的最长和最短时间差为

$$\Delta\tau = \frac{Ln_1^2}{cn_2} - \frac{Ln_1}{c} = \frac{Ln_1}{c} \cdot \Delta \tag{3-16}$$

从式(3-16)可以看出，光脉冲弥散正比于 Δ，Δ 越小，$\Delta\tau$ 就越小。

2. 渐变折射率光纤

在阶跃折射率光纤中，与光轴成不同倾角的光线，在通过同样的轴向距离时，光程是不同的，倾角大的光线光程长，倾角小的光线光程短，人们自然会想到，如果使折射率随离轴的距离增加而减小，那么偏离光轴大的光线虽然走过的路程长，但由于途径的折射率小，这就会使大倾角光线的光程能得到某种程度的补偿，从而减小最大延迟差。这就产生了渐变折射率分布光纤。但由于分析的复杂性，在此只讨论平方律梯度光纤中光波的传播特性。

1) 平方律梯度光纤中的光线轨迹

平方律折射率分布光纤的 $n(r)$ 可表示为

$$n^2(r) = n_1^2\left[1 - 2\Delta\left(\frac{r}{a}\right)^2\right] \tag{3-17}$$

由光纤理论可以证明子午光线轨迹按正弦规律变化，即

$$r = r_0 \sin(\Omega z) \tag{3-18}$$

式中，r_0、Ω 由光纤参量决定。可见平方律梯度光纤具有自聚焦性质，又称为自聚焦光纤，如图 3-7(a)所示，一段 $\Lambda/4(\Lambda = 2\pi/\Omega)$ 长的自聚焦光纤与光学透镜作用相似，可以汇聚光线和成像。两者的不同之处在于，一个是靠球面的折射来弯曲光线；一个是靠折射率的梯度变化来弯曲光线。自聚焦透镜的特点是尺寸很小，可以获得超短焦距，可弯曲成像等。这些都是一般透镜很难或根本不能做到的，可以证明，自聚焦透镜的焦距(焦点到主平面的距离) f 为

$$f = \frac{1}{n(0)\Omega\sin(\Omega z)} \tag{3-19}$$

式中，f 随 z 的变化如图 3-7(b)所示，$z = \Lambda/4$ 时，$f = f_{min}$。

2) 平方律折射率分布光纤中光线的群延迟和最大群延迟差

光线经过单位轴向长度所用的时间称为群延迟，即单位长度的群延迟，在非均匀介质中，

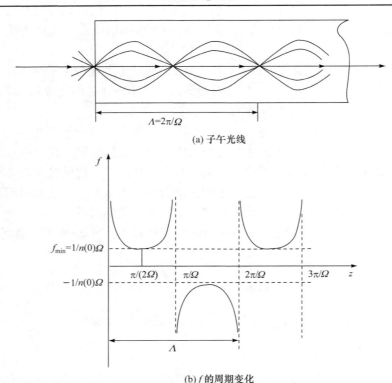

(a) 子午光线

(b) f 的周期变化

图 3-7　自聚焦光纤的透镜特性

光线的轨迹是弯曲的，沿光线轨迹经过距离 s 所用的时间 τ 为

$$\tau = \frac{1}{c} \int_0^s n \mathrm{d}s \tag{3-20}$$

式中，c 为真空中的光速；n 为折射率。群延迟的表达式没有考虑材料色散，若光在轴向前进的距离为 L，对于传导模，传播常数 β 的大小在 $k_0 n_2$ 与 $k_0 n_1$ 之间取值，最大的群迟延差可以表示为

$$\Delta \tau = \tau_{\max} - \tau_{\min} = L\left(\overline{\tau}_{\max} - \overline{\tau}_{\min}\right) = \frac{Ln_1}{2c} \Delta^2 = \tau_0 \frac{\Delta^2}{2} \tag{3-21}$$

式中，$\tau_0 = Ln_1/c$。可以看到，平方律分布光纤中的群延迟只有阶梯折射率分布光纤的 $\Delta/2$。

3.1.3　光波在光纤波导中的衰减和色散特性

1. 光纤的衰减

光纤的衰减是光纤的重要指标，它表明光纤对光能的传输损耗，对光纤通信相同的传输距离起决定性的影响。衰减系数 α 定义为单位长度光纤光功率衰减的分贝数，可以表示为

$$\alpha = \frac{10}{L} \lg\left(\frac{P_i}{P_o}\right) \quad (\mathrm{dB/km}) \tag{3-22}$$

式中，P_i、P_o 分别为光纤的输入、输出光功率；L 为光纤长度。

光纤衰减有两种主要来源：吸收损耗和散射损耗。

1) 吸收损耗

吸收损耗是由于光纤材料和其中的有害杂质对光能吸收引起的，它们把光能以热能形式消耗于光纤中。材料的吸收损耗是一种固有损耗，不可避免，只能选择固有损耗较小的材料来做光纤，石英在红外波段内吸收较小，是优良的光纤材料。

有害的杂质吸收主要是由于光纤材料中含有 Fe、Co、Ni、Mu、Cu、V、Pt、OH 等离子。光纤中只要有 10^{-6} 数量级的上述杂质粒子，就会引起很大的损耗，一般采用 10^{-6} 超纯度的化学原料来制造低损耗光纤。近代的光纤采用的超纯原料中基本上没有金属离子，而光纤的损耗-波长特性呈峰状。它的基波吸收波长位于 $2.72\mu m$，二次、三次谐波吸收分别位于 $1.37\mu m$、$0.95\mu m$。在 $1.24\mu m$、$1.13\mu m$、$0.77\mu m$ 和 $2.22\mu m$ 处是 OH^- 和光纤材料 SiO_2 的组合共振吸收峰，采用 OH^- 含量小于 10^{-6} 的材料可以制成极低损耗的光纤。由于单模光纤只有一个基模，它的传输光程短于多模光纤的高阶模的平均光程，通常单模光纤的衰减略小于多模光纤。

2) 散射损耗

由于光纤制作工艺上的不完善，如有微气泡、折射率不均匀以及有内应力等，光能在这些地方会发生散射，使光纤损耗增大。另一种散射损耗的根源是瑞利散射，即光波遇到与波长大小可以比拟的带有随机起伏的不均匀质点时发生的散射，瑞利散射损耗与波长四次方成反比。可以采用较长的工作波长以减小瑞利散射损耗，若光纤原料组分多，结构复杂，则瑞利散射损耗严重。光纤中存在布里渊和拉曼散射损耗，它们是强光在光纤中引起的非线性散射损耗，一般在多模光纤中光能密度较小，这种情况不会发生。但在单模光纤中，由于芯径很小，当光能密度足够强时，就可能发生两种损耗。

2. 光纤色散、带宽和脉冲展宽参量间的关系

1) 光纤的色散

光纤的色散会使脉冲信号展宽，即限制了光纤的带宽或传输容量，一般来说，单模光纤的脉冲展宽与色散的关系可以表示为

$$\Delta\tau = d \cdot L \cdot \delta\lambda \tag{3-23}$$

式中，d 为总色散；L 为光纤的长度；$\delta\lambda$ 为光信号的谱线宽度。多模光纤的色散起因主要有三种：模色散、材料色散和波导色散。其中模色散占主要成分，它是由于各个传输模的传播系数不同，即由于各传输模经历的光程不同而引起的脉冲展宽。单模光纤只有一个传输模，所以没有模色散，单模光纤色散的起因有三种：材料色散、波导色散和折射率分布色散。

材料色散，由于光纤材料的折射率对光频不是常数，光能在光纤中的传播速度随光频不同而不同，对于谱线较宽的信号，经过传输后，会发生脉冲展宽，这就是材料色散。

波导色散，假设一个具有一定谱线宽度的光脉冲在一个折射率不随光频改变的理想单模光纤中传播，其结果仍发生脉冲展宽现象，因为光频改变时，传输模的传播常数 β 随之改变而引起的色散，称为波导色散。

折射率分布色散，纤芯和包层的折射率差可用式(3-24)表示：

$$\Delta = \frac{n_1^2(\lambda) - n_2^2(\lambda)}{2n_2^2(\lambda)} \approx \frac{n_1(\lambda) - n_2(\lambda)}{n_2(\lambda)} \tag{3-24}$$

假设折射率是随光波长而改变的，由于 Δ 随光频改变发生的色散称为折射率分布色散，一般纤芯和包层材料的折射率随光频按近似相同的比率改变，因此 Δ 一般近似不变，通常折

射率分布色散很小，可以忽略。

2) 光纤的带宽

光脉冲展宽与光纤的带宽有一定关系，实验表明光纤的频率响应特性 $H(f)$ 近似为高斯型，如图 3-8 所示。

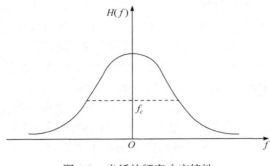

图 3-8　光纤的频率响应特性

$$H(f) = \frac{P(f)}{P(0)} = \mathrm{e}^{-(f/f_c)^2 \ln 2} \qquad (3\text{-}25)$$

式中，$P(f)$ 和 $P(0)$ 分别为光强调制频率为 f 和 0 时光纤输出的功率；f_c 为半功率点对应的频率，将其代入式(3-25)可以得出：

$$10 \lg H(f_c) = 10 \lg \frac{P(f_c)}{P(0)} = -3\mathrm{dB} \qquad (3\text{-}26)$$

因此，称为光纤的 3dB 光带宽。

一般情况下，常采用光电子器件检测光的能量，而检测器输出电流正比于被测光功率，对于式(3-26)有

$$20 \lg \frac{I(f_c)}{I(0)} = -6\mathrm{dB} \qquad (3\text{-}27)$$

所以，f_c 又称为 6dB 电带宽，可见 3dB 光带宽和 6dB 电带宽的 f_c 是相等的。

3.2　光放大器概述

3.2.1　基本原理

由于光纤损耗和色散的存在，任何光纤通信系统的传输距离都要受到损耗或色散的限制，损耗导致光信号能量的降低，而色散则使光脉冲发生展宽，增加系统的误码率。在长距离光纤传输系统中，当光信号沿光纤传播一定距离后，必须利用中继器对已衰减和失真了的光信号进行放大和处理，从光通信的意义来说，光纤通信系统中的中继器应该是全光中继器，但传统的光通信系统采用的是光电转换的中继器，在这种光电中继器中，光信号首先由光电二极管转变成电信号，经电路整形放大后再重新驱动一个光源，从而实现光信号的再生，结构如图 3-9 所示。

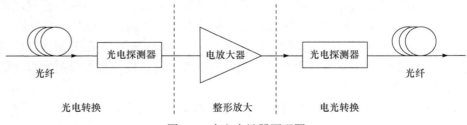

图 3-9　光电中继器原理图

这种光电中继器的缺点是装置复杂、体积太大、耗能多，尤其是在多信道复用和双向复用光纤通信系统中，这种中继方式将变得十分复杂和极其昂贵。尽管对色散限制的系统有必要对光信号进行再生，但在损耗限制的系统中却可以利用结构简单、价格便宜的光放大器直

接对光信号进行放大而代替光电中继器。光纤放大器的特性可以用图 3-10 来表示。从图 3-10 可以看出，光源发出的信号进入放大器后，信号将会被放大，也即光纤放大器提供了光的增益，但是，在放大信号的同时也会放大其他的噪声信号，如放大的自发辐射(ASE)、泵浦光的残余信号和延迟的信号光功率，这些放大的噪声信号功率主要取决于光纤放大器等的结构和类型。

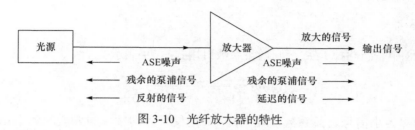

图 3-10　光纤放大器的特性

3.2.2　光放大器的种类

早在光纤通信被提出时，就有人预言光放大器将是光纤通信中的理想中继器，随着光电器件制造技术和光纤制造技术的发展，光波的直接放大成为现实。1983 年实现了半导体激光放大器，1987 年实现光纤放大器，之后又实现了光纤拉曼放大器。目前光放大器已在光纤通信系统中得到广泛应用，成为光纤通信系统继光源、光纤、光探测器之后的第四组成器件。目前已在实际中用于光纤通信的光放大器包括半导体激光放大器、非线性光纤放大器和掺杂光纤放大器等。

半导体激光放大器是在半导体激光器芯片两端镀上增透膜而形成的，由于在半导体器件中载流子浓度很高，尤其是镀增透膜后载流子浓度更高，因此半导体激光放大器的单程增益较高。非线性光纤放大器利用光纤中的非线性效应，如利用受激拉曼散射(SRS)和受激布里渊散射(SBS)，可实现 SRS 光纤放大器和 SBS 光纤放大器。这类光纤放大器需要对光纤注入泵浦光，泵浦光能量通过 SRS 或 SBS 传送到信号光上，同时有部分能量转换成分子振动 SRS 或声子 SBS。SRS 与 SBS 光纤放大器尽管很类似，但也有一些不同，对 SRS 光纤放大器来说，泵浦光与信号光可以同向或反向传输，而 SBS 光纤放大器只能进行逆向泵浦；SRS 光纤放大器的增益带宽约为 6THz，而 SBS 光纤放大器的增益带宽却相当窄，只有 30～100MHz。

掺杂光纤放大器在光纤通信中起着十分重要的作用，许多稀土离子(如 Er^{3+}、Pr^{3+}、Nd^{3+} 等)都被用作掺杂剂而构成掺杂光纤放大器。掺 Er^{3+} 光纤放大器工作波长为 1.55μm，而掺 Nd^{3+} 和掺 Pr^{3+} 光纤放大器工作在 1.3μm 波段。掺杂光纤放大器利用掺杂离子在泵浦光作用下形成粒子数反转分布，当有入射光信号通过时实现对入射光信号的放大作用。掺杂光纤放大器是目前最为成熟、应用最成功和最广泛的光放大器。

3.2.3　光放大器的基本性能

一般光放大器的机理是在泵浦能量(电或光泵浦)的作用下实现粒子数反转，然后像激光器一样通过受激辐射而实现对入射光信号的放大作用。放大器的增益不仅与信号光的频率有关，而且依赖于其强度，对于均匀展宽二能级系统，增益系数 g 可表示为

$$g(\omega) = \frac{g_0}{1 + (\omega - \omega_0)^2 T_2^2 + P/P_s}$$

(3-28)

式中，g_0 为由放大器泵浦大小决定的峰值增益；ω 为入射光信号的频率；ω_0 为激活介质的跃迁频率；P 为信号光功率；P_s 为饱和光功率，它与介质的辐射寿命 T_1 及辐射截面等参数有关；T_2 称为横向弛豫时间。T_2 通常很小(0.1ps～1ns)，辐射寿命 T_1 也称为纵向弛豫时间，其大小与介质有关，在 100ps～10ms 范围。式(3-28)可用来讨论放大器的增益带宽、放大倍数、饱和输出功率等放大器的重要特性。

1. 增益和带宽

在式(3-28)中若忽略掉 P/P_s，则增益系数可用式(3-29)表示：

$$g(\omega) = \frac{g_0}{1 + (\omega - \omega_0)^2 T_2^2} \tag{3-29}$$

式(3-29)称为小信号增益系数，该式表明，当信号光的频率与介质的频率相等时，增益取得最大值，当 $\omega \neq \omega_0$ 时，增益按洛伦兹分布减小，如图 3-11 所示。增益带宽定义为增益谱 $g(\omega)$ 的半极大值全宽(FWHM)，对于按洛伦兹分布的增益谱，增益带宽可以用式(3-30)表示，也可以改写为式(3-31)：

$$\Delta\omega = 2/T_2 \tag{3-30}$$

$$\Delta\nu_g = \frac{\Delta\omega_g}{2\pi} = \frac{1}{\pi T_2} \tag{3-31}$$

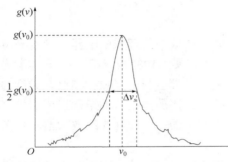

图 3-11　洛伦兹分布增益曲线

对于半导体激光放大器，$T_2 \approx 0.1\text{ps}$，可得 $\Delta\nu_g \approx$ 3THz，因此放大器的增益带宽很宽，这正是光纤通信系统(尤其是多信道复用系统)所要求的。

放大器的增益(放大倍数)G 定义为

$$G = P_{\text{out}}/P_{\text{in}} \tag{3-32}$$

式中，P_{in} 和 P_{out} 分别为放大器的输入和输出连续波光功率。放大器增益与增益系数的关系为

$$G(\omega) = \exp\left[g(\omega)L\right] \tag{3-33}$$

式中，L 为放大器的长度。因此放大器的增益也与信号频率有关，当 $\omega = \omega_0$ 时增益取得最大值，当出现失谐时($\omega \neq \omega_0$)，$G(\omega)$ 将减小，可以定义放大器的带宽 $\Delta\nu_A$ 为 $G(\omega)$ 的半极大值全宽，它与增益带宽 $\Delta\nu_g$ 的关系可以表示为

$$\Delta\nu_A = \Delta\nu_g \cdot \frac{\ln 2}{g_0 L - \ln 2} \tag{3-34}$$

由于 $G(\omega)$ 与 $g(\omega)$ 成指数关系，因此 $\Delta\nu_A$ 小于 $\Delta\nu_g$，具体的差值与放大器的增益有关。

2. 增益饱和

由式(3-28)可知，增益系数 $g(\omega)$ 与信号光功率有关，在 $P \ll P_s$ 的情况下，可以不考虑 P 对 $g(\omega)$ 的影响而得到小信号增益系数式(3-29)，但在 P 较大的情况下，$g(\omega)$ 随着 P 的增大而减小，放大器的增益式(3-33)也将减小，这就是增益饱和。考虑 $\omega = \omega_0$ 的共振情况，此时 $g(\omega)$ 成为

$$g(\omega) = \frac{g_0}{1 + P/P_s} \tag{3-35}$$

在放大器中 z 处的光功率 $P(z)$ 可表示为

$$\frac{\mathrm{d}P(z)}{\mathrm{d}z} = g(\omega)P(z) = \frac{g \cdot P(z)}{1 + P(z)/P_s} \tag{3-36}$$

对式(3-36)在整个放大器长度 $0 \sim L$ 上积分，并利用 $P(0) = P_{\mathrm{in}}$、$P(L) = P_{\mathrm{out}} = GP_{\mathrm{in}}$ 及式(3-33)，可以得出：

$$G = G_0 \exp\left(-\frac{G-1}{G}\frac{P_{\mathrm{out}}}{P_s}\right) \tag{3-37}$$

式中，$G_0 = \exp(g_0 L)$ 为共振时放大器的小信号放大倍数。式(3-37)表明，当 P_{out} 大到可以与 P_s 相比较时，放大器的增益 G 将从最大增益 G_0 减小。图 3-12 给出了这种饱和效应的曲线。

在实际应用中，放大器有一个重要的参数叫饱和输出功率 P_{out}^s，它定义为放大器的增益 G 从 G_0 下降 3dB 时的输出功率，在式(3-37) 中令 $G = G_0/2$，可得

$$P_{\mathrm{out}}^s = \frac{G_0 \ln 2}{G_0 - 2} P_s \tag{3-38}$$

在一般情况下，$G_0 \gg 2$，所以 $P_{\mathrm{out}}^s \approx (\ln 2)$ $P_s \approx 0.69 P_s$，即 P_{out}^s 一般为 P_s 的 69%。

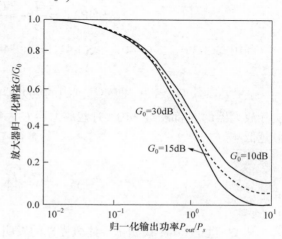

图 3-12 放大器的增益饱和效应

3. 放大器噪声

当放大器对信号进行放大时，必然要降低入射信号的信噪比(SNR)，可以用放大器的噪声系数 F 来表征这种影响的大小，F 的定义为

$$F = \frac{(\mathrm{SNR})_{\mathrm{in}}}{(\mathrm{SNR})_{\mathrm{out}}} \tag{3-39}$$

SNR 指的是将光信号转换成电信号的信噪比，一般来说，F 与探测器的点噪声和热噪声有关，在点噪声极限的理想探测器情况下可以求出 F 的表达式。考虑一个增益为 G 的放大器，输入信号的 SNR 为

$$(\mathrm{SNR})_{\mathrm{in}} = \frac{\langle I \rangle^2}{\sigma_s^2} = \frac{(RP_{\mathrm{in}})^2}{2q(RP_{\mathrm{in}})\Delta f} = \frac{P_{\mathrm{in}}}{2h\nu\Delta f} \tag{3-40}$$

式中，P_{in} 为入射信号光功率；$\langle I \rangle = RP_{\mathrm{in}}$ 表示平均光电流；$R = q/h\nu$ 为理想探测器(量子效率为 1) 的响应度；$\sigma_s^2 = 2q(RP_{\mathrm{in}})\Delta f$ 为探测器的点噪声；Δf 为探测器的带宽。

在求放大器输出信号的 SNR 时，应考虑到放大器自发辐射对探测器噪声的贡献，放大器自发辐射导致的噪声近似为白噪声，噪声谱 $S_{\mathrm{sp}}(\nu)$ 可表示为

$$S_{\mathrm{sp}}(\nu) = (G-1)n_{\mathrm{sp}}h\nu \tag{3-41}$$

式中，n_{sp} 称为自发辐射因子或反转数因子，对于二能级系统 n_{sp} 为

$$n_{sp} = N_2/(N_2 - N_1) \tag{3-42}$$

式中，N_1、N_2 分别为基态和受激态的粒子数浓度。当放大器实现粒子数完全反转时，$n_{sp} = 1$；在非完全反转情况下，$n_{sp} > 1$。自发辐射对放大器输出功率的影响在于探测过程中它引起光电流漂移，研究表明这种影响主要来源于自发辐射与信号的差拍噪声，这样在放大器输出端探测器上的噪声为

$$\sigma^2 = 2q(RGP_{in})\Delta f + 4(RGP_{in})(RS_{sp})\Delta f \tag{3-43}$$

式中，右侧第一项为点噪声；右侧第二项为自发辐射-信号差拍噪声，为简化，忽略其他的噪声。在式(3-43)中，当 $G \gg 1$ 时可以忽略掉第一项而只考虑第二项，这样，输出信号的信噪比为

$$(SNR)_{out} = \frac{\langle I \rangle^2}{\sigma^2} = \frac{(RGP_{in})^2}{\sigma^2} \approx \frac{GP_{in}}{2S_{sp}\Delta f} \tag{3-44}$$

利用式(3-39)、式(3-40)、式(3-41)和式(3-44)可得出放大器的噪声系数，即

$$F = 2n_{sp}(G-1)/G \approx 2n_{sp} \tag{3-45}$$

从式(3-45)可以看出，即使是理想的放大器($n_{sp} = 1$)，输入信号的 SNR 也降低一半(3dB)，实际放大器的 F 都超过 3dB，有些放大器 F 大到 6～7dB。从应用的角度来说，光放大器的 F 应越低越好。

半导体激光
放大器

3.3　半导体激光放大器

从 20 世纪 60 年代初半导体激光器的发明，人们就开始研究半导体激光放大器，但直到 20 世纪 70 年代后期，半导体激光放大技术才成熟起来而在实际中得到应用，本节主要介绍半导体激光放大器的结构、性能等。

3.3.1　放大器的结构

任何激光器工作在阈值以下而接近阈值时，都表现为一个激光放大器，半导体激光器也不例外，若半导体激光器的注入电流低于阈值，则它成为一个光放大器，但半导体激光器芯片两端的反射面，构成较强的反馈(约 32%的反射率)，使这种放大器受 F-P 腔的多次反射效应影响严重，所以称为 F-P 型放大器。F-P 放大器的增益可以利用 F-P 干涉仪的理论而求得，可表示为

$$G_{FP}(\nu) = \frac{(1-R_1)(1-R_2)G}{(1-G\sqrt{R_1R_2})^2 + 4G\sqrt{R_1R_2}\sin^2[\pi(\nu-\nu_m)/\Delta\nu_L]} \tag{3-46}$$

式中，R_1、R_2 分别为放大器两端的反射率；ν_m 为 F-P 腔的谐振频率；$\Delta\nu_L$ 为纵模间隔(也称为 F-P 腔的自由谱宽)；G 为单程增益，它由式(3-33)给出。在式(3-46)中，当入射光信号的频率 ν 与 F-P 腔的一个谐振频率 ν_m 相等时，增益 $G_{FP}(\nu)$ 出现峰值，当 ν 偏离 ν_m 时增益下降，放大器的带宽可以表示为

$$\Delta\nu_A = \frac{2\Delta\nu_L}{\pi}\arcsin\left[\frac{1-G\sqrt{R_1R_2}}{(4G\sqrt{R_1R_2})^{1/2}}\right] \tag{3-47}$$

为了获得较大的放大器增益，$G\sqrt{R_1 R_2}$ 应该接近 1，因此由式(3-47)可知，放大器的带宽 $\Delta \nu_A$ 很窄，只是 F-P 腔自由谱宽 $\Delta \nu_L$ 的很小部分($\Delta \nu_L$ 约为 100GHz，$\Delta \nu_A$ 约为 10GHz)，这样小带宽的放大器不适合在实际光纤通信系统中应用，因此这类 F-P 放大器只在一些信号处理应用中使用。

如果半导体激光器芯片两端面镀上增透膜，使反射率极低(理想情况下 $R = 0$)，那么可以构成行波(TW)半导体激光放大器。对于 TW 放大器，可在式(3-46)中令 $R_1 = R_2 = 0$ 而得出放大器的增益。行波半导体激光放大器对芯片端面剩余反射率的要求极高(一般应小于 10^{-3})，这也是半导体激光放大器关键的技术和难点。可以利用式(3-46)在谐振的情况下，考虑最大和最小增益而估算出可以容忍的剩余反射率的大小，最大与最小增益的比值为

$$\Delta G = \frac{G_{FP}^{max}}{G_{FP}^{min}} \left(\frac{1 + G\sqrt{R_1 R_2}}{1 - G\sqrt{R_1 R_2}} \right)^2 \tag{3-48}$$

若 $\Delta G > 3\text{dB}$，则放大器的带宽由 F-P 腔的谐振峰决定(式(3-48))而不是由增益谱宽决定(式(3-34))。为了使 $\Delta G < 2$，要求：

$$G\sqrt{R_1 R_2} < 0.17 \tag{3-49}$$

若放大器的端面剩余反射率满足式(3-49)，则可以认为该放大器为行波放大器。这样对增益为 30dB($G = 10^3$)的放大器，要求 $\sqrt{R_1 R_2} < 1.7 \times 10^{-4}$。

对半导体激光器芯片两端面镀制高质量的增透膜要求较高的工艺条件，而且很难对镀膜的结果进行控制和预测，为此人们发展了几种用于降低半导体激光器端面反射率的结构。其中一种如图 3-13(a)所示，在这种结构中，激活区端面制作成具有一定的角度，因此反射得到降低，采用这种角度端面结构与镀制增透膜相结合的方法，很容易就可以实现反射率 $R < 10^{-3}$，如果进一步优化设计，可以达到 $R < 10^{-4}$。另一种结构如图 3-13(b)所示，称为窗面结构，这种结构中，在激活区与端面之间有一个透明区，来自激活区的光束在经端面反射之前发生发散，反射之后发散更为严重，所以只有极少部分的光返回到激活区中，这种结构与镀膜相结合，也可以使端面反射率降低至<10^{-4}。

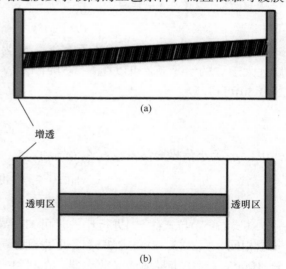

图 3-13　半导体激光放大器的两种结构

3.3.2　放大器的性能

当式(3-49)得到满足时，半导体激光放大器的增益可以由式(3-33)给出，它对信号光频率的依赖关系主要由增益系数决定。由于放大器端面剩余反射率的存在(尽管很小)，其增益随 F-P 的谐振频率仍然发生微小的起伏。图 3-14 给出了一个半导体激光放大器的增益随波长变化的曲线，由图可知，增益的起伏很小，可以忽略，因此可以认为该放大器为行波放大器，放大器的带宽约为 67nm，反映的是介质的增益谱宽。

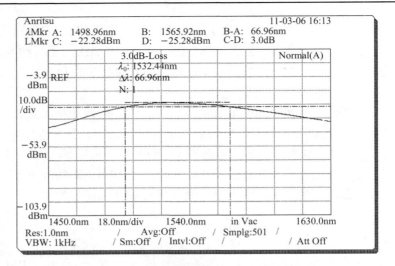

图 3-14　半导体激光放大器的增益谱

半导体激光放大器的增益系数 g 与载流子浓度 N 成线性关系，可表示为

$$g = (\Gamma\sigma_g/V)(N - N_0) \tag{3-50}$$

式中，Γ 为限制因子；σ_g 为微分增益系数；V 为激活区体积；N_0 为透明载流子浓度。载流子浓度 N 随注入电流 I 和信号光功率而发生变化，速率方程如式(3-51)所示：

$$\frac{\mathrm{d}N}{\mathrm{d}t} = \frac{I}{qV} - \frac{N}{\tau_c} - \frac{\sigma_g(N - N_0)}{\sigma_m h\nu}P \tag{3-51}$$

式中，q 为电子电荷；τ_c 为载流子寿命；σ_m 为波导模式的截面积。在连续波光信号或脉冲宽度远大于 τ_c 的情况下，可以在式(3-51)中令 $\mathrm{d}N/\mathrm{d}t = 0$ 而得到稳态载流子浓度，再将结果代入式(3-50)可得

$$g = \frac{g_0}{1 + P/P_s} \tag{3-52}$$

式中，g_0 为小信号增益系数；P_s 为饱和功率，它们分别表示为

$$g_0 = (T\sigma_g/V)(I\tau_c/qV - N_0) \tag{3-53}$$

$$P_s = h\nu\sigma_m/(\sigma_g\tau_c) \tag{3-54}$$

将式(3-52)与式(3-53)进行比较，可知半导体激光放大器的增益饱和特性与二能级系统完全相同，由式(3-38)和式(3-54)，可得到半导体激光放大器饱和输出功率的典型值范围为 $5\sim10\mathrm{mW}$。对于半导体激光放大器，在利用式(3-45)求其噪声系数时，应考虑到两点：首先是反转数因子 n_{sp}，在式(3-42)中，可用 N 和 N_0 分别代替 N_2 和 N_1；其次是要考虑放大器内的非辐射损耗 α_{int}，它使得放大器的净增益系数成为 $g - \alpha_{\mathrm{int}}$。考虑到这些因素后放大器的噪声系数为

$$F = 2 \cdot \frac{N}{N - N_0} \cdot \frac{g}{g - \alpha_{\mathrm{int}}} \tag{3-55}$$

所以半导体激光放大器的噪声系数都要比 3dB 大，典型值为 $5\sim7\mathrm{dB}$。由于放大器端面剩余反射率的存在，它会使噪声系数增加到 $1 + R_1G$ 倍，这里 R_1 为入射端面的反射率。在行波放大器的情况下，$R_1G \ll 1$，所以对噪声系数的影响可以忽略。半导体激光放大器有一个缺点，

其增益随入射光的偏振态发生变化,这在光纤通信中是不希望有的,放大器对 TE 模和 TM 模的增益差可以高达 5～7dB。引起这种增益差的原因在于式(3-50)中参数 Γ 和 σ_g 与两种不同的偏振态相关。如果将放大器宽度和厚度的尺寸设计得接近,可以减小这种增益与偏振态相关的效应,对一个激活区厚度为 0.26μm,宽为 0.4μm 的放大器,TE 与 TM 偏振态的增益差可降低到 1.3dB,采用大光腔结构也可以降低偏振增益差,利用这种方法,实现了 1dB 增益差的结果。采用两个放大器,或使光信号两次通过放大器,可以基本上消除总增益对偏振态的依赖关系。

3.4 掺铒光纤放大器

掺稀土的光纤放大器的研究可以追溯到 1960 年早期,但直到 1985 年低损耗、掺杂 SiO₂ 的光纤研制成功后,这种设想才成为现实。掺杂光纤放大器利用掺杂离子在泵浦光作用下的粒子数反转而对入射光信号提供光增益,放大器的增益特性和工作波长由掺杂离子决定。许多稀土离子都被用作掺杂剂而构成掺杂光纤放大器,研究得最多的是掺 Nd^{3+}、Pr^{3+}(用于 1.3μm 波长)和掺 Er^{3+}(用于 1.55μm 波长)的光纤放大器,其中以掺 Er^{3+}光纤放大器(EDFA)最为成熟。1986 年的掺铒光纤激光器和 1987 年的掺铒光纤放大器实验成功地为光纤放大器的研究奠定了基础,之后,世界上的实验室都开始加大力度研究掺铒光纤放大器在光纤通信系统中的应用,并且在 20 世纪 90 年代实现商用化。

掺铒光纤放大器的基本光路结构原理如图 3-15 所示。从图 3-15 中可以看出,该放大器主要包括激光泵浦源、波分复用器(WDM)、光隔离器和掺铒光纤。为了获得放大的信号,必须给掺铒光纤提供一定的能量,这个能量的来源就称为泵浦光源,泵浦光源的工作波长主要包括 980nm 和 1480nm;波分复用器主要的作用就是将信号光和泵浦光耦合到掺铒光纤中;光隔离器的作用就是保证光信号不能被反射,如果没有光隔离器,光的反射将会降低放大器的增益以及增加放大器的噪声特性。图 3-15(a)为同向泵浦,即在掺铒光纤的输入端加一个泵浦

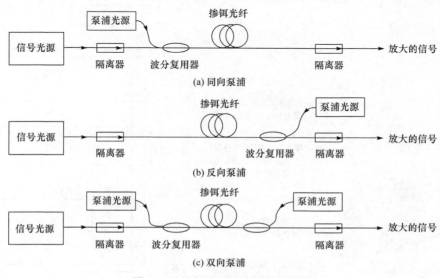

图 3-15 掺铒光纤放大器系统结构

激光器，信号光和泵浦光经波分复用器后合在一起，在掺铒光纤中同向传输；图 3-15(b)为反向泵浦，即信号光和泵浦光在掺铒光纤中反向传输；图 3-15(c)为双向泵浦结构，即在掺铒光纤的两端各加一个泵浦激光器。光隔离器的作用是只允许光沿箭头的方向单向传输，以防止由于光反射形成光振荡，防止反馈光引起信号激光器工作状态的紊乱。双向泵浦可以采用同样波长的泵浦源，也可采用 1480nm 和 980nm 双泵浦源方式。980nm 的泵浦源工作在放大器的前端，用以优化噪声性能；1480nm 泵浦源工作在放大器的后端，以便获得最大的功率转换效率，这种配置既可以获得较大的输出功率，又能得到较好的噪声系数。有时，多级放大器使用光隔离器来分离两段掺铒光纤增益介质，这样的设计可以提高输出信号的功率。光纤光栅被用来提高掺铒光纤放大器的增益平坦性，这些都将提高掺铒光纤放大器的性能以及减小光噪声特性。

图 3-16 为掺铒光纤的结构示意图，铒离子位于掺铒光纤的中心区域，中心区域的直径约为 5μm，是泵浦光和信号强度最高的区域，放在这个区域的铒离子获得了泵浦光和信号光交叠的最大能量，可以得到较好的放大效果。在折射率较低的包层区域成为波导结构并增加光纤的机械强度，涂覆层可以使光纤的直径增加到 250μm，涂覆层的折射率略大于包层的折射率，这样可以从纤芯中逸出一部分高阶模式的信号光，这样的掺铒光纤结构和普通单模光纤结构相类似。掺铒光纤的重要特性就是其在泵浦和信号波长范围内的单位长度的损耗或增益的大小。三价铒原子(Er^{3+})是光放大器中的激活原子，图 3-17 给出了 Er^{3+} 的能级结构，在 SiO_2 受主杂质中，Er^{3+} 的能级受到非晶态的影响，能级发生展宽。掺铒光纤放大器(EDFA)中受激光放大对应于 $4I_{15/2} \sim 4I_{13/2}$ 的跃迁，在泵浦方面，可以有 520nm、650nm、800nm、980nm、1480nm 等多种波长的泵浦形式。在最初的 EDFA 实验中采用了大功率的可见光激光器(如氩离子激光器、YAG 激光器、染料激光器等)进行泵浦。但由于 980nm 波长以下的泵浦存在着较强的受激带吸收，因此泵浦效率很低，人们常采用 980nm 和 1480nm 两种泵浦方式，并且在这些波长上已经实现了用作泵浦源的大功率半导体激光器。在这两个波长上，对 EDFA 的泵浦效率可以高达 11dB/mW，因此几毫瓦的泵浦功率就可以获得 30～40dB 的增益。泵浦光可以相对于信号光以同向或逆向的形式泵浦，也可以同时采用同向和逆向泵浦结合的方式。

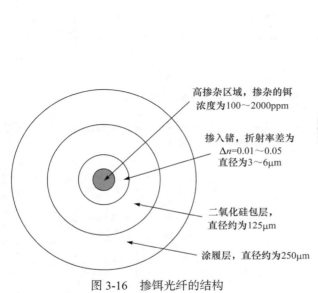

图 3-16　掺铒光纤的结构

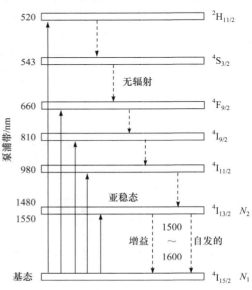

图 3-17　铒离子的部分能级结构示意图

3.4.1　增益特性

EDFA 的增益谱主要由 Er^{3+} 的增益分布决定,但受到玻璃非晶结构和其他掺杂剂(如 GeO_2、Al_2O_3)较大的影响。Er^{3+} 的增益谱本身是均匀展宽的, 谱宽由横向弛豫时间 T_2 决定。但在玻璃光纤中, 非晶结构导致增益谱发生非均匀展宽, 因此, EDFA 实际表现为综合展宽, 增益系数可表示为

$$g(\omega) = \int_{-\infty}^{\infty} g(\omega,\omega_0)f(\omega_0)\mathrm{d}\omega_0 \qquad (3\text{-}56)$$

式中, $f(\omega_0)$ 为掺杂离子跃迁频率的分布函数。

图 3-18 给出了一个 EDFA 增益谱的实测曲线, 该放大器具有 12mol% GeO_2、3mol% Al_2O_3 和 600ppm Er^{3+} 的掺杂参数, 光纤芯径为 2.4μm, 纤芯与包层折射率差为 $\Delta n = 0.02$。由图 3-18 可知, EDFA 的增益谱很宽(约 30nm), 在增益谱内具有两个峰值。不同的 EDFA 由于掺杂参数(包括 Er^{3+}、Al_2O_3、GeO_2)不同, 其增益谱会出现差异, 可以通过对掺杂参数的设计而得出合适的增益谱分布。

EDFA 的增益与掺杂参数、放大器长度、光纤芯径、泵浦功率等诸多因素有关, 可以在如图 3-19 所示的简化三能级下, 通过对速率方程和光波在光纤中的传播方程进行数值求解而得出放大器的增益、噪声、饱和等特性。在考虑受激态吸收时, 可以加进第四个能级。对于 980nm 和 1480nm 泵浦的 EDFA, 通常将图 3-19 进一步简化成二能级系统, 因为此时可以不考虑受激态吸收。对 1480nm 波长的泵浦, 泵浦能级与受激态能级本身是处于同一能带内的, 而在 980nm 波长泵浦时, 图 3-19 中粒子从第三能级到第二能级的弛豫时间 τ_{32} 为纳秒量级, 而 τ_{21} 为 10ms 左右, 所以可以认为粒子从基态被泵浦到第三能级后很快就弛豫到第二能级, 这样第三能级的粒子数 N_3 可基本上认为是零。

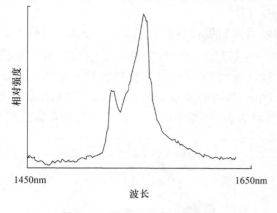

图 3-18　EDFA 的典型增益谱

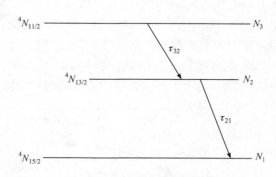

图 3-19　铒离子的三能级简化

在二能级简化模型下, 如果忽略放大的自发辐射, 可得到粒子数的速率方程为

$$\frac{\partial N_2}{\partial t} = W_p N_1 - W_s (N_2 - N_1) - \frac{N_2}{\tau_{\mathrm{sp}}} \qquad (3\text{-}57)$$

$$N_1 = N_t - N_2 \qquad (3\text{-}58)$$

式中, τ_{sp} 为受激态的自发辐射寿命; N_t 为总的粒子数浓度; W_p、W_s 分别为泵浦速率和受激

辐射速率：

$$W_p = \sigma_p P_p \big/ (A_p h v_p) \tag{3-59}$$

$$W_s = \sigma_s P_s \big/ (A_s h v_s) \tag{3-60}$$

式中，σ_p、σ_s 分别为泵浦截面和受激辐射截面；P_p、P_s 分别为泵浦光和信号光的功率；v_p、v_s 为泵浦光和信号光的频率；A_p、A_s 为对泵浦光和信号光的有效芯区面积。

根据式(3-57)，在稳态时令 $\partial N_2 / \partial t = 0$ 得

$$N_2 = \frac{(P'_p + P'_s) N_t}{1 + 2P'_s + P'_p} \tag{3-61}$$

式中，$P'_p = P_p \big/ P_p^{\text{out}}$；$P'_s = P_s \big/ P_s^{\text{out}}$，而饱和功率 P_p^{out}、P_s^{out} 的定义为

$$P_p^{\text{out}} = \frac{A_p h v_p}{\sigma_p \tau_{\text{sp}}}, \quad P_s^{\text{out}} = \frac{A_s h v_s}{\sigma_s \tau_{\text{sp}}} \tag{3-62}$$

在放大器中，信号光和泵浦光的传播方程为

$$\frac{\mathrm{d}P_s}{\mathrm{d}z} = \sigma_s (N_2 - N_1) \tag{3-63}$$

$$\frac{\mathrm{d}P_p}{\mathrm{d}z} = -\sigma_p N_1 \tag{3-64}$$

式(3-63)没有考虑放大的自发辐射。将式(3-57)和式(3-60)代入式(3-63)、式(3-64)得

$$\frac{\mathrm{d}P_s}{\mathrm{d}z} = \frac{(P'_p - 1)\alpha_s P_s}{1 + 2P'_s + P'_p} \tag{3-65}$$

$$\frac{\mathrm{d}P_p}{\mathrm{d}z} = \frac{(P'_s + 1)\alpha_p P_p}{1 + 2P'_s + P'_p} \tag{3-66}$$

式中，$\alpha_s = \sigma_s N_t$、$\alpha_p = \sigma_p N_t$ 分别为对信号光和泵浦光的吸收系数。式(3-65)、式(3-66)描述了在 EDFA 中信号光和泵浦光沿光纤的变化情况，它们对小信号放大和增益饱和的情况都适用，在放大器参数和初始条件给定的情况下，可以进行数值求解，从而得出放大器的增益特性。图 3-20 给出了在小信号输入情况下，对 1.48μm 泵浦的典型 EDFA 增益的计算结果，其中图 3-20(a)表示了不同长度的放大器的增益随泵浦功率的变化情况，对于给定的放大器长度，

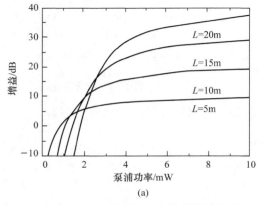

(a)

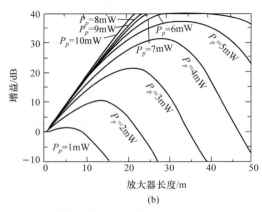

(b)

图 3-20 小信号输入情况下，1470nm 泵浦的 EDFA 增益特性

增益随泵浦功率在开始时按指数增加，当泵浦功率超过一定值时，增益的增加逐渐减慢，并趋于一个恒定值，此后再增加泵浦功率不能再使增益增大。图 3-20(b)给出的是在不同泵浦功率下，放大器的增益与放大器长度的关系，当泵浦功率一定时，放大器在某一最佳长度时获得最大的增益，如果放大器长度超过此最佳长度，由于泵浦不足，光信号在放大器的最佳长度以外受到吸收衰减，因此增益下降很快。所以在 EDFA 的设计中，需要在掺 Er^{3+}光纤结构参数的基础上选择合适的泵浦功率和最佳长度，以使放大器工作在最佳状态。

　　在 EDFA 泵浦功率一定的情况下，放大器增益随入射信号功率的变化表现为在开始阶段(小信号)恒定，当信号功率增大到一定程度，增益开始随信号功率的增加而下降，这是入射信号导致 EDFA 出现增益饱和的缘故。EDFA 的饱和输出功率因放大器的设计不同而不同，典型值为 10～20mW。

3.4.2　放大器的噪声系数

　　EDFA 的噪声系数根据式(3-45)为 $F = 2n_{sp}$ ，而反转数因子 $n_{sp} = N_2/(N_2 - N_1)$ 。在 EDFA 中 $N_1 > 0$ ，所以 $n_{sp} > 1$ ，这样 EDFA 的噪声系数总是比 3dB 的极限大。EDFA 的反转数可以由

前面讨论的速率方程的方法求得，注意到 N_1 、N_2 是随信号光和泵浦光功率而变化的，而信号光和泵浦光功率又随放大器长度而变化，因此在放大器中不同位置的 n_{sp} 不一样，求噪声系数时应对 n_{sp} 在放大器长度上求平均，因此放大器的噪声系数与放大器长度和泵浦光功率相关。图 3-21 给出了在几组不同 P_p' 情况下，EDFA 的噪声系数随放大器长度的变化情况，由图可知在 P_p' 较大的情况下($P_p' \gg 10$)，EDFA 的噪声系数都可以接近 3dB 的理论极限。

　　980nm 泵浦的 EDFA 通常比 1480nm 泵浦的 EDFA 具有较低的噪声系数，这是因为980nm 泵浦的 EDFA 为三能级系统，容易获得

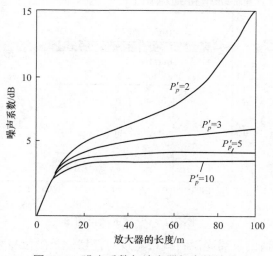

图 3-21　噪声系数与放大器长度的关系

较高的反转数分布，而 1480nm 泵浦的 EDFA 由于泵浦能级与受激态能级处于同一能带，较难获得较高的反转数分布。EDFA 的实验结果也表明，放大器的噪声系数在较高的泵浦功率和合适的信号功率范围内可以接近 3dB 的极限。

3.5　光纤拉曼放大器

　　光纤拉曼放大器(FRA)是利用光纤中的受激拉曼散射效应形成的。20 世纪 70 年代初的研究发现，石英光纤具有很宽的拉曼增益谱，并在 13THz 频率差附近有一个较宽的主峰，如果一个弱信号与一个强泵浦光信号同时注入光纤，并使弱信号的波长位于泵浦光的拉曼增益带宽，则可实现对弱信号的放大。尽管光纤拉曼放大器概念的提出和光纤拉曼放大效应的实验发现较早，但光纤拉曼放大器真正的开发和应用是在 21 世纪初。

光纤拉曼
放大器

3.5.1　光纤拉曼放大器的概述

1. 研究背景

前面说过，WDM 技术是近十年来光纤通信系统中的一个巨大成就，WDM 技术成功的一个重要因素是 EDFA 的应用。随着对通信容量和通信无光电再生距离要求的增加，对光纤放大器在带宽、噪声以及增益方面提出了新的要求。图 3-22 给出了光纤与损耗相关的通信窗口情况。传统 EDFA 的"C"带波长范围为 1530～1565nm，"L"带为 1570～1610nm，"S"带为 1460～1530nm，且只能进行分带放大。在光纤的水吸收峰消除后，长距离波分复用应用要求的带宽为 1300～1610nm，而短距离应用要求更宽的带宽，为 1100～1700nm。很显然，EDFA 不能够适应这种宽带放大的需求。此外对放大器噪声系数及超长距离放大的需求也使人们努力寻求新型的放大器。在这种背景下，利用光纤受激拉曼散射效应的光纤拉曼放大器在 21 世纪初重新引起人们的重视，并在 WDM 光纤传输系统中得到应用。

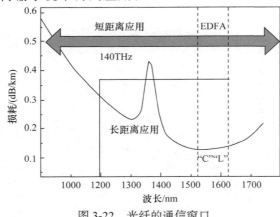

图 3-22　光纤的通信窗口

2. 光纤拉曼放大器的特点

与其他光放大器相比较，光纤拉曼放大器具有如下几个突出的优点。

(1) 使用普通光纤，有效面积小，拉曼增益高。

(2) 拉曼增益可降低对发射系统功率的要求，避免在光纤中产生有害的其他非线性效应。

(3) 拉曼放大是一个非谐振过程，增益谱仅依赖于泵浦波长和泵浦功率，只要有合适的泵浦光源，就可实现对任意波长的拉曼放大，是唯一的全波段放大器。

(4) 和大多数介质中在特定频率上产生拉曼增益情况相反，石英光纤中的拉曼增益可在很宽的范围内连续地产生，可用作宽带放大器。

(5) 通过合理选择泵浦波长，可以精确地确定拉曼增益谱的形状和增益带宽，增益波长范围由泵浦波长决定，带宽随泵浦功率和数目增加，在补充和拓展掺铒光纤放大器的增益带宽方面表现出极其诱人的前景。

(6) 具有低的噪声系数。

(7) 光纤拉曼放大器可与其他类型的放大器联合使用，以获得更加优异的放大性能，如 FRA+EDFA 的噪声系数可以比 EDFA 低 4dB，而系统 Q 值比 EDFA 好 2dB。

当然光纤拉曼放大器也存在以下不足。

(1) 较低的泵浦功率效率。

(2) 为实现拉曼放大，需要较高的泵浦功率(一般要求大于 600mW)，对无源器件要求较高。

(3) 具有很强的极化依赖性，因此需要进行正交泵浦。

(4) WDM 信道可能使其他信道产生拉曼串扰。

3.5.2　光纤拉曼放大器的基本原理

1. 光纤拉曼放大器的工作原理

图 3-23 给出了光纤拉曼放大器的原理结构，频率为 ω_p 和 ω_s 的泵浦光与信号光通过波分复用器耦合进入光纤，当这两束光在光纤中一起传输时，泵浦光的能量通过受激拉曼散射效应转换给信号光，使信号光得到放大。泵浦光和信号光也可分别在光纤的两端输入，在两束光相反方向的传输过程中同样可实现对弱信号光的放大。

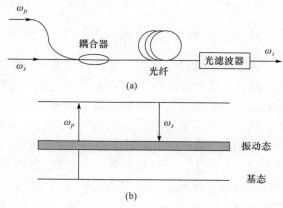

基于光纤中的 SRS 机制，一个入射泵浦光子通过光纤的非线性散射转移部分能量，产生另一个低频光子，称为斯托克斯频移光，而剩余的能量被介质以分子振动(光学声子)的形式吸收，完成振动态之间的跃迁。斯托克斯频移 $\Omega_R = \omega_p - \omega_s$ 由分子振动能级决定，其值决定了产生 SRS 的频率范围。对非晶态石英光纤，其分子振动能级融合在一起，形成一条能带，因此可在较宽的频差($\lambda_p - \lambda_s$)范围(40THz)内通过 SRS 效应实现对信号光的放大。

图 3-23　光纤拉曼放大器及其能级示意图

2. 拉曼增益谱

光纤拉曼放大器的光增益可表示为

$$g = g_R I_p \tag{3-67}$$

式中，I_p 为泵浦光强度，由泵浦光功率 P_p 决定；g_R 为拉曼增益系数。图 3-24 给出了熔融石英的拉曼增益谱，此增益谱与二能级激光系统的洛伦兹谱差异较大，峰值增益出现在斯托克斯频移为 13.2THz 处，具有较宽的带宽(约 6THz)。为了能对 FRA 进行数值求解，可以对拉曼增益谱曲线进行拟合，拟合曲线可以表示为

$$g(f_k, f_i) = 2\rho\gamma_i I_m\left[H(f_k - f_i)\right] \tag{3-68}$$

式中

$$\gamma_i = \gamma(f_i) = \frac{2\pi n_2 f_i}{C A_{\text{eff}}} \tag{3-69}$$

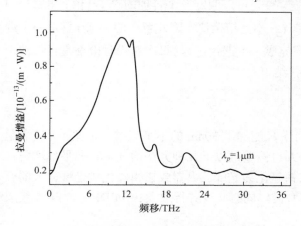

图 3-24　熔融石英的拉曼增益谱

为衡量 Kerr 非线性效应大小的物理量，可以通过非线性系数 n_2 和有效模场面积 A_{eff} 计算得出。$I_m\left[H(f)\right]$ 为拉曼时域响应函数 $h(t)$ 傅里叶变换的虚部：

$$h(t) = \begin{cases} \dfrac{\tau_1^2 + \tau_2^2}{\tau_1^2 \tau_2^2} \mathrm{e}^{-\frac{t}{\tau_2}} \sin\left(\dfrac{t}{\tau_1}\right), & t > 0 \\ 0, & t \leqslant 0 \end{cases} \qquad (3\text{-}70)$$

当 $\rho = 0.18$ ， $\tau_1 = 12.2 f_s$ ， $\tau_2 = 32 f_s$ 时，拟合效果达到最佳。

3. 光纤拉曼放大器理论模型

为了能对光纤拉曼放大器进行理论分析和数字仿真研究，可以根据光纤拉曼放大器的原理，结合光信号在光纤中的传输行为，建立其理论模型。图 3-25 给出了一个反向泵浦的光纤拉曼放大器的情况。该模型模拟了信号光和泵浦光在反向泵浦的光纤拉曼放大器中的传输过程，其中考虑的效应有后向瑞利散射(BRS)、SRS、自发拉曼散射(STRS)、Kerr 非线性效应、自相位调制、交叉相位调制(XPM)和色散效应。在这样一个复杂的传输过程中，信号光和泵浦光受到的影响为：后向瑞利散射将导致部分信号光和泵浦光在光纤中多次反射；受激拉曼散射将导致能量在泵浦光功率和信号光功率之间转换；放大后的自发拉曼散射光也将发生后向瑞利散射。

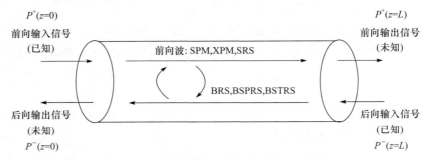

图 3-25   反向泵浦光纤拉曼放大器理论模型

通常可以用迭代的方法来求解上面的问题。首先可以假定一个合理的 $P^-(z)$ 值，然后利用边界条件和假设条件可以解出 $P^+(z)$ ，由于 $P^-(z)$ 不是精确值，因此解出的 $P^+(z)$ 只是一个近似值。通过 $P^+(z)$ 又可以计算出 $P^-(z)$ 的值，即完成一个迭代过程。每次迭代时检查是否收敛，一旦达到迭代精度或完成最大迭代次数，迭代结束。

3.5.3   宽带混合光纤放大器

EDFA 由于受其固有的能级跃迁机制限制，只能提供 30nm 的不平坦增益带宽，无法满足日益增长的长距离宽带宽传输应用要求。EDFA 可以通过以下几种方法增加带宽和平坦增益：①使用增益均衡器；②改变光纤组分，使用掺铒氟化物光纤放大器或掺铒碲化物光纤放大器；③构成多级 EDFA 放大系统；④在 C 波段和 L 波段同时实现并行放大；⑤EDFA 和 FRA 组成混合光纤放大器(HFA)。

由于 EDFA 的增益谱在 193.1THz 和 195THz 之间呈上升趋势，只要适当设计 FRA 的泵浦频率和泵浦功率，使其增益谱在 193.1THz 和 195THz 之间呈下降趋势，并且使上升幅度与下降幅度相当，就有可能设计出指定波段内的增益平坦的 HFA。由于 HFA 不仅能够实现 EDFA

增益平坦，而且能够增加无电再生中继距离，同时减小光信号的非线性损伤，延长传输距离，提高光纤通信系统的传输性能，因此 HFA 方案成为 WDM 系统升级换代最具潜力的方法。这里给出一个 C+L 波段宽带混合光纤放大器例子。HFA 的结构如图 3-26 所示。信号光经过 HFA 时先经过光隔离器 1，然后注入光纤拉曼放大器进行放大，再经过光隔离器 2 后注入 EDFA，最后输出。FRA 采用三个泵浦源来平滑 EDFA 的增益曲线，采用后向泵浦方式以减小噪声。光隔离器 1 的作用是抑制光纤拉曼放大器中的双向瑞利散射噪声，光隔离器 2 的作用是限制 EDFA 中的后向瑞利散射光进入光纤拉曼放大器。

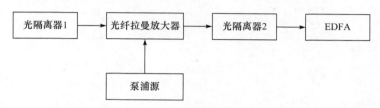

图 3-26　反向泵浦光纤拉曼放大器理论模型

习题与思考

1. 光放大器包括哪些种类？简述它们的原理和特点。

2. 简述 EDFA 的优点。

3. EDFA 的泵浦方式有哪些？各有什么优缺点？

4. EDFA 在光纤通信系统中的应用形式有哪些？

5. 已知阶跃光纤纤芯的折射率为 $n_1 = 1.5$，相对折射指数差 $\Delta = 0.01$，纤芯半径 $a = 25\mu m$，假设 $\lambda_0 = 1\mu m$，计算光纤的归一化频率 V 及其中传播的模数量 M。

6. 一根数值孔径为 0.20 的阶跃折射率多模光纤在 850nm 波长上可以支持 1000 个左右的传播模式。试求：

(1) 其纤芯直径为多少？

(2) 在 1310nm 波长上可以支持多少个模式？

(3) 在 1550nm 波长上可以支持多少个模式？

7. 一个 EDFA 功率放大器，波长为 1542nm 的输入信号功率为 2dBm，得到的输出功率为 $P_{out} = 27$dBm，计算放大器的增益。

8. 某光纤在 1300nm 处的损耗为 0.6dB/km，在 1550nm 波长处的损耗为 0.3dB/km。假设下面两种光信号同时进入光纤：1300nm 波长的 150μW 的光信号和 1550nm 波长的 100μW 的光信号，试问这两种光信号在 8km 和 20km 处的功率各是多少(以 μW 为单位)？

9. 某工程师想测量一根 1895m 长的光纤在波长 1310nm 上的损耗，唯一可用的仪器是光检测器，它的输出读数的单位是伏特。利用这个仪器，使用截断法测量损耗，该工程师测量得到光纤远端的光电二极管的输出电压是 3.31V，在离光源 2m 处截断光纤后测量得到光检测器的输出电压是 3.78V，试求光纤的损耗是多少？

10. 渐变型光纤的折射指数分布为 $n(r) = n(0)\left[1 - 2\Delta\left(\dfrac{r}{a}\right)^{\alpha}\right]^{1/2}$，试求光纤的本地数值孔径。

11. 一段 12km 长的光纤线路，其损耗为 1.5dB/km，试求：

(1) 若采用 μW 级的接收光功率，则发送端的功率至少为多少？

(2) 若光纤的损耗变为 2.5dB/km，则所需的输入光功率为多少？

参考答案-3

第四章　光电探测技术

本章主要讨论有关光电探测方面的一些基础知识和基本理论，主要介绍直接探测和相干探测的方法等。通过这些知识的学习，将建立光电探测技术的基本物理观念。

4.1　光电探测器的物理效应

为了获悉一个客观事物的存在及其特性，常通过测量对探测者所引起的某种效应来完成，对于光电信号的测量也是如此。在光电子学技术领域，光电探测器有它特有的含义，凡是能把光辐射转换成另一种便于测量的物理量的器件，都叫光探测器。从近代测量技术看，电量的测量不仅是最方便的，而且是最精确的，所以大多数光探测器都把光辐射能量转换成电量来实现对光辐射的探测。即使直接转换量不是电量，通常也总是把非电量再转换为电量来实现测量。从这个意义上说，凡是把光辐射量转换为电量的光探测器，都称为光电探测器。了解光辐射对光电探测器产生的物理效应是了解光电探测器工作的基础。光电探测器的物理效应通常分为两大类：光子效应和光热效应。在每一大类中又可分为若干细目，见表 4-1、表 4-2。

表 4-1　光子效应分类

效应			探测器
外光电效应	光阴极发射光电子		光电管
	光电子倍增	打拿极倍增	光电倍增管
		通道电子倍增	像增强管
内光电效应	光电导(本征和非本征)		光电管或光敏电阻
	光生伏特	PN 结和 PIN 结(零偏)	光电池
		PN 结和 PIN 结(反偏)	光电二极管
		雪崩	雪崩光电二极管
		肖特基势垒	肖特基势垒光电二极管
	光电磁	光子牵引	光子牵引探测器

表 4-2　光热效应分类

效应		响应的探测器
测辐射热计	负电阻温度系数	热敏电阻测辐射计
	正电阻温度系数	金属测辐射热计
	超导	超导远红外探测器

光电探测器
的物理效应

续表

效应	响应的探测器
温差电	热电偶、热电堆
热释电	热释电探测器
其他	高莱盒、液晶等

4.2　辐射度量与光度量的基础知识

4.2.1　光的本质

光是一种电磁波，麦克斯韦理论能很好地说明光在传播过程中的反射、折射、干涉、衍射、偏振以及光在各向异性介质中的传播现象，但在光与物质的作用方面，如物质对光的吸收、色散和散射等方面仍不能给出令人满意的解释。1905 年爱因斯坦在解释光电发射现象时提出了光量子的概念，从而使人们对光的本质问题有了进一步的认识，认识到光具有波粒两重性。

1) 光的两重性

按照光的粒子性，光由具有一定能量的光子组成。光子的能量与光的频率成正比，即

$$E = h\nu \tag{4-1}$$

式中，h 为普朗克常量($h = 6.625 \times 10^{-34} \mathrm{J \cdot s}$)。

每个光子以速度 c 传播，可以把光看成一个波群，并想象它为一个频率为 ν 的振荡，相邻振荡间的振荡距离等于波长 λ，于是波长 $\lambda = c/\nu$。此时式(4-1)可写成

$$E = hc/\lambda \tag{4-2}$$

由式(4-2)可知，光子的能量与波长有关，如绿光光子比红光光子具有更多的能量。根据这个道理可知，紫外辐射的能量比任何一种可见光的能量都大，而红外辐射的能量比任何一种可见光的能量都小。光在不同介质的传播速度之比 n 称为该介质的折射率，即

$$n = c/\nu \tag{4-3}$$

式中，n 为物质的特征参数。光无论在什么介质中传播，其频率总是不变的。因此，在不同的介质中，光的波长不同。设 λ_0 和 λ 分别表示频率为 ν 的光波在真空中和在折射率为 n 的介质中的波长，可以得

$$\lambda_0 = n\lambda \tag{4-4}$$

在很多情况下，由于光子数巨大，光的波动性占统治地位。例如，1mW 的氦氖激光器每秒约发射 10^{15} 个光子，使发射光束的大部分特征可用平面波理论来解释。

2) 电磁波谱

麦克斯韦理论指出，光是一种电磁波，但它在整个电磁波谱中，只占有很窄的范围。电磁波也称电磁辐射，其重要特征是波长(或频率)，整个电磁波谱按波长排列。波长为 $0.01 \sim 1000\,\mu m$，或频率为 $3 \times 10^7 \sim 3 \times 10^{12} Hz$ 范围属于光学波段，它包括紫外辐射、可见光和红外辐射三部分，

通常，波长短于 0.38 μm 的是紫外辐射，波长为 0.38～0.78 μm 的是可见光，波长为 0.78～1000 μm 的是红外辐射，如图 4-1 所示。人眼能感觉出光有不同的颜色，实质上是波长不同的光在人眼中所引起的感觉不同。

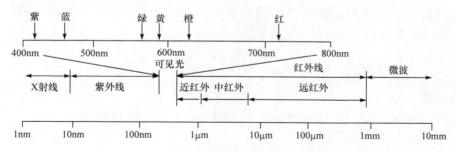

图 4-1 紫外、可见光和红外类波长

4.2.2 辐射度的基本物理量

1) 辐射能 Q_e

辐射能是一种以辐射的形式发射、传播或接收的能量，单位是 J (焦耳)。当辐射能被其他物质所吸收时，可以转变为其他形式的能量，如热能、电能等。

2) 辐射通量 Φ_e

辐射通量又称为辐射功率 P_e，是以辐射形式发射、传播或接收的功率，单位为 W(瓦)，即 1W=1J/s(焦耳每秒)。它也是辐射能随时间的变化率，如式(4-5)所示：

$$\Phi_e = \frac{\mathrm{d}Q_e}{\mathrm{d}t} \qquad (4\text{-}5)$$

3) 辐射强度 I_e

辐射强度定义为在给定方向上的单位立体角内，离开点辐射源(或辐射源面源)的辐射通量。从图 4-2 可见：

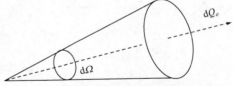

图 4-2 点辐射源的辐射强度

$$I_e = \frac{\mathrm{d}\Phi_e}{\mathrm{d}\Omega} \qquad (4\text{-}6)$$

单位为 W/sr(瓦每球面度)。若点辐射源是各向同性的，即其辐射强度在所有方向上都相同，则该辐射源在有限立体角内发射的辐射通量为

$$\Phi_e = I_e \Omega \qquad (4\text{-}7)$$

在空间所有方向($\Omega = 4\pi$)上的辐射通量可用式(4-8)表示，实际上，一般辐射源多为各向异性，其辐射强度随方向而变化，可用极坐标辐射强度表示，即 $I_e = I_e(\varphi, \theta)$，如图 4-3 所示。这样，点辐射源在整个空间发射的辐射通量可用式(4-9)表示：

$$\Phi_e = 4\pi I_e \qquad (4\text{-}8)$$

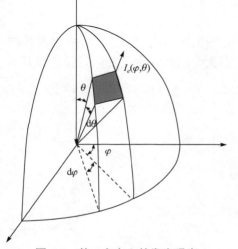

图 4-3 某一方向上的发光强度

$$\Phi_e = \int I_e(\varphi,\theta)\mathrm{d}\Omega = \int_0^{2\pi}\int_0^{\pi} I_e(\varphi,\theta)\sin\theta\mathrm{d}\theta \tag{4-9}$$

4）辐射出射度 M_e

辐射出射度为面辐射源表面单位面积(通常为半空间 2π 立体角)上发射的辐射通量，可以用式(4-10)表示，单位为 $\mathrm{W/m^2}$(瓦每平方米)：

$$M_e = \frac{\mathrm{d}\Phi_e}{\mathrm{d}S} \tag{4-10}$$

5）辐射照度 E_e

辐射照度为接收面上单位面积所照射的辐射通量，如式(4-11)所示：

$$E_e = \frac{\mathrm{d}\Phi_e}{\mathrm{d}S} \tag{4-11}$$

其辐射通量的单位为 $\mathrm{W/m^2}$(瓦每平方米)。

辐射出射度 M_e 与辐射照度 E_e 表达式和单位完全相同，其区别仅在于前者是描述面辐射源向外发射的辐射特性，而后者则为描述辐射接收面所接收的辐射特性。

6）辐射亮度 L_e

辐射亮度定义为辐射源表面一点处的面元在给定方向上的辐射强度，除以该面元在垂直于该方向的平面上的正投影面积，如图 4-4 所示，可以用式(4-12)表示：

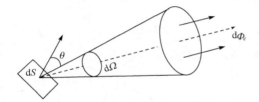

图 4-4　辐射源的辐射亮度

$$L_e = \frac{\mathrm{d}I_e}{\mathrm{d}S\cos\theta} = \frac{\mathrm{d}^2\Phi_e}{\mathrm{d}\Omega\mathrm{d}S\cos\theta} \tag{4-12}$$

单位为 $\mathrm{W/(sr\cdot m^2)}$(瓦每球面度平方米)，一般辐射源表面各处的辐射亮度及该面源各方向上的辐射亮度都是不相同的，此时辐射源的辐射亮度的一般表达式为

$$L_e(\varphi,\theta) = \frac{\mathrm{d}^2\Phi_e(\varphi,\theta)}{\mathrm{d}\Omega\mathrm{d}S\cos\theta} \tag{4-13}$$

7）光谱辐射量

实际上，辐射源所发射的能量往往由很多波长的单色辐射所组成。为了研究各种波长的辐射能量，还需对单一波长的光辐射进行相关的规定。前面介绍的几个重要辐射量，都有与其相对应的光谱辐射量。光谱辐射量又叫辐射量的光谱密度，是辐射量随波长的变化率。光谱辐射通量 $\Phi_e(\lambda)$ 为辐射源发出的光在波长 λ 处的单位波长间隔内的辐射通量。辐射通量与波长的关系曲线如图 4-5 所示，其关系式如式(4-14)所示，单位为瓦每微米 $(\mathrm{W/\mu m})$，或瓦每纳米 $(\mathrm{W/nm})$。

$$\Phi_e(\lambda) = \frac{\mathrm{d}\Phi_e}{\mathrm{d}\lambda} \tag{4-14}$$

其他辐射量也有类似的关系。

光谱辐照度：

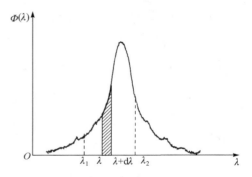

图 4-5　辐射通量与波长的关系

$$E_e(\lambda) = \frac{\mathrm{d}E_e}{\mathrm{d}\lambda} \tag{4-15}$$

光谱辐射出射度：

$$M_e(\lambda) = \frac{\mathrm{d}M_e}{\mathrm{d}\lambda} \tag{4-16}$$

光谱辐射亮度：

$$L_e(\lambda) = \frac{\mathrm{d}L_e}{\mathrm{d}\lambda} \tag{4-17}$$

辐射源的总辐射通量为

$$\Phi_e = \int_0^\infty \Phi_e(\lambda)\mathrm{d}\lambda \tag{4-18}$$

对其他辐射量也有类似的关系，用一般的函数表示为

$$X_e = \int_0^\infty X_e(\lambda)\mathrm{d}\lambda \tag{4-19}$$

4.2.3 光度的基本物理量

1) 光谱光视效应

人眼的视网膜上分布着大量的感光细胞：杆状细胞和锥体细胞。杆状细胞的灵敏度高，能感受极微弱的光，但不能辨别颜色和分清视场中的细节，锥体细胞灵敏度较低，只能感受较亮的物体，但能很好地区分颜色、辨别细节。视神经对各种不同波长光的感光灵敏度是不一样的。对绿光最灵敏，对红、蓝光灵敏度较低。另外，由于受视觉和心理的作用，不同的人对各种波长光的感光灵敏度也有差别。国际照明委员会(CIE)根据对许多人的大量观察结果，确定了人眼对各种波长的平均相对灵敏度，称为"标准光度观察者"光谱光视效率，或称视见函数。如图 4-6 所示，图中实线是亮度大于 $3\mathrm{cd/m^2}$ 时的明视觉光谱光视效率，用 $V(\lambda)$ 表示，此时的视觉主要是由锥体细胞的刺激所引起的；$V(\lambda)$ 的最大值在 555nm 处。图 4-6 中虚线是亮度小于 $0.001\mathrm{cd/m^2}$ 时的暗视觉光谱光视效率，用 $V'(\lambda)$ 表示，此时的视觉主要是由杆状细胞的刺激所引起的；$V'(\lambda)$ 的最大值在 507nm 处。

2) 基本物理量

光度量和辐射度量的定义、定义方程是相对应的。为避免混淆，在辐射度量符号上加下标"e"，而在光度量符号上加下标"V"。表 4-3 给出了辐射度量与光度量之间的对应关系。

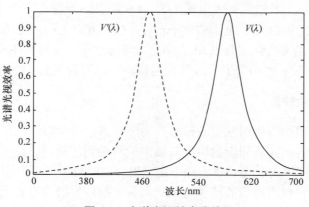

图 4-6 光谱光视效率曲线

表 4-3　辐射度量与光度量之间的对应表

辐射度系统参量				光度系统参量			
名称	符号	定义	单位	名称	符号	定义	单位
辐射能	Q_e		焦耳(J)	光能	Q_V	$Q_V = \Phi_V t$	流明秒（lm·s）
辐射通量（辐射功率）	Φ_e	$\Phi_e = \dfrac{dQ_e}{dt}$	瓦特(W)	光通量（光功率）	Φ_V	$\Phi_V = \dfrac{dQ_V}{dt}$	流明(lm)
辐射强度	I_e	$I_e = \dfrac{d\Phi_e}{d\Omega}$	$\dfrac{W}{sr}$	发光强度	I_V	$I_V = \dfrac{d\Phi_V}{d\Omega}$	坎德拉(cd)
辐射出射度	M_e	$M_e = \dfrac{d\Phi_e}{dS}$	$\dfrac{W}{m^2}$	光出射度	M_V	$M_V = \dfrac{d\Phi_V}{dS}$	$\dfrac{lm}{m^2}$
辐射亮度	L_e	$L_e = \dfrac{d^2\Phi_e}{d\Omega dS \cos\theta}$	$\dfrac{W}{sr \cdot m^2}$	光亮度	L_V	$L_V = \dfrac{d^2\Phi_V}{d\Omega dS \cos\theta}$	$\dfrac{cd}{m^2}$
辐射照度	E_e	$E_e = \dfrac{d\Phi_e}{dS}$	$\dfrac{W}{m^2}$	光照度	E_V	$E_V = \dfrac{d\Phi_V}{dS}$	勒克斯(lx)

　　由于人眼对等能量的不同波长的可见光辐射能所产生的光感觉是不同的。光谱辐射通量为 $Q_e(\lambda)$ 的可见光辐射所产生的视觉刺激值，即光通量为

$$\Phi_V = K_m \cdot V(\lambda) \cdot \Phi_e(\lambda) \tag{4-20}$$

式中，K_m 为明视觉最大光谱光视效能，它表示人眼对波长为 555nm[$V(555)=1$]的光辐射产生光感觉的效能。K_m 等于 683 lm/W 。对含有不同光谱辐射通量的一个辐射量，它所产生的光通量为

$$\Phi_e = K_m \int_{380}^{780} V(\lambda) \cdot \Phi_e(\lambda) d\lambda \tag{4-21}$$

　　同理，其他光度量也有类似的关系。用一般的函数表示光度量与辐射量之间的关系，则有

$$X_V = K_m \int_{380}^{780} V(\lambda) \cdot X_e(\lambda) d\lambda \tag{4-22}$$

　　光度量中最基本的单位是发光强度的单位——坎德拉(candena)，记作 cd ，它是国际单位制中七个基本单位之一。其定义是发出频率为 540×10¹²Hz(对应在空气中 555nm 波长)的单色辐射，在给定方向上的辐射强度为 1/673W/sr 时，在该方向上的发光强度为 1 cd 。光通量的单位是流明(lm)，它是发光强度为 1 cd 的均匀点光源在单位立体角(1sr)内发出的光通量。光照度的单位是勒克斯(lx)，它相当于 1 lm 的光通量均匀地照射在1m² 面积上所产生的光照度。

4.2.4　热辐射的基本物理量

　　由于外界热量传递给物体而发生的辐射称为热辐射。热辐射源的特性是它的辐射能量直接与它的温度有关。若物体从周围物体吸收辐射能所得到的热量恰好等于自身辐射而减少的能量，则辐射过程达到平衡状态，称为热平衡辐射，这时辐射体可以用一个固定的温度 T 来描述。在研究热平衡辐射所遵从的规律时，我们假定物体发射能量和吸收能量的过程中，除了物体的热状态有所改变，它的成分并不发生其他变化。因此，辐射能量的发出和吸收有特

殊的意义。

1) 辐射本领 $M'_\lambda(\lambda,T)$

辐射本领是辐射体表面在单位波长间隔单位面积内所辐射的通量，即

$$M'_\lambda(\lambda,T) = \frac{\mathrm{d}\Phi_e}{\mathrm{d}\lambda\mathrm{d}S} \tag{4-23}$$

式中，$\mathrm{d}\Phi_e$ 为面元表面 $\mathrm{d}A$ 在波长 λ 到 $\lambda+\mathrm{d}\lambda$ 间隔内的辐射通量。$M'_\lambda(\lambda,T)$ 为辐射波长 λ 和辐射的温度 T 的函数，单位为 $\mathrm{W/(\mu m \cdot m^2)}$(瓦每微米平方米)。

2) 吸收率 $\alpha(\lambda,T)$

吸收率 $\alpha(\lambda,T)$ 是在波长 λ 到 $\lambda+\mathrm{d}\lambda$ 间隔内被物体吸收的通量与入射通量之比，它与物体的温度 T 及波长 λ 有关，定义式为

$$\alpha(\lambda,T) = \frac{\mathrm{d}\Phi'_e\lambda}{\mathrm{d}\Phi_e(\lambda)} \tag{4-24}$$

式中，$\mathrm{d}\Phi_e(\lambda)$ 为在波长 λ 到 $\lambda+\mathrm{d}\lambda$ 间隔内入射到物体上的通量；$\mathrm{d}\Phi'_e\lambda$ 为在相应的波长间隔内物体吸收的通量。由式(4-24)可知，$\alpha(\lambda,T)$ 是一个无量纲的量。

3) 绝对黑体

任何物体，只要其温度在 0K 以上，就向外界发出辐射，这称为温度辐射。黑体是一种完全的温度辐射体，定义吸收率 $\alpha(\lambda,T)=1$ 的物体为绝对黑体，其辐射本领用 $M'_{\lambda b}(\lambda,T)$ 表示，则有

$$M'_{\lambda b}(\lambda,T) = \frac{M'_\lambda(\lambda,T)}{\alpha(\lambda,T)} \tag{4-25}$$

因为一般物体的 $\alpha(\lambda,T)<1$，所以 $M'_{\lambda b}(\lambda,T) > M'_\lambda(\lambda,T)$。这表明：在同一温度 T 中对任何波长，物体的辐射本领不会大于黑体的辐射本领。

4) 物体的发射率 $\varepsilon(\lambda,T)$

物体的发射率 $\varepsilon(\lambda,T)$ 定义为物体的辐射本领 $M'_\lambda(\lambda,T)$ 与绝对黑体辐射本领 $M'_{\lambda b}(\lambda,T)$ 之比：

$$\varepsilon(\lambda,T) = \frac{M'_\lambda(\lambda,T)}{M'_{\lambda b}(\lambda,T)} \tag{4-26}$$

由式(4-26)可以看出，$\varepsilon(\lambda,T)=\alpha(\lambda,T)$，这说明任何具有强辐射吸收的物体必定发出强的辐射。非黑体($0<\varepsilon<1$)的辐射能力不仅与温度有关，而且与表面材料的性质有关。在自然界中，理想的黑体是不存在的，吸收本领最多只有 0.96~0.99。工作时，黑体往往用表面涂黑的球形或柱形空腔来人为地实现。

4.2.5 辐射度与光度中的基本定律

1) 余弦定律

由图 4-7 可见，与光束传输方向成 θ 角的表面积 S' 和它在垂直传播方向上的投影面积 S 对 O 点所张的立体角 Ω 是相同的。在该立体角内点光源发出的辐射通量不随传输距离而变化。这样，投影面积 S 和 S' 的表面上的辐照度 E 和 E' 分别为

$$E = \frac{\Phi}{S}, \quad E' = \frac{\Phi}{S'} \tag{4-27}$$

因为 $S = S'\cos\theta$ ，所以得出式(4-28)：

$$E' = E\cos\theta \tag{4-28}$$

这就是辐射度的余弦定律。它表明任一表面上的辐照度随该表面法线和辐射能传输方向之间夹角的余弦而变化。余弦定律的另一种情况是对完全漫射体而言的，也叫朗伯余弦定律。朗伯把理想漫射表面定义为：在任意发射(漫射、透射)方向上辐亮度不变的表面，即对任何 θ 角 L_e 为恒定值。通常把具有这种特性的表面称为朗伯表面。如图 4-8 所示，由辐亮度的定义可知，法线方向上辐射强度为 I_0 ，表面积为 dS 的辐射表面，其辐亮度为 $I_0/$dS ，而沿与表面法线成 θ 角方向的辐亮度为 $I_0/($d$S\cos\theta)$ 。对于朗伯表面有 $I_0/$d$S = I_\theta/($d$S\cos\theta)$ ，可以得出：

$$I_\theta = I_0\cos\theta \tag{4-29}$$

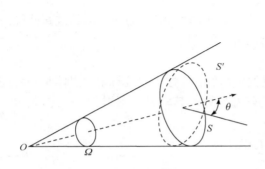

图 4-7　点光源光能的传输

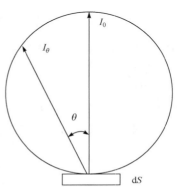

图 4-8　朗伯表面的余弦定律

朗伯辐射表面在某方向上的辐射强度随与该方向和表面法线之间夹角的余弦而变化。如果以代表法线方向上的辐射强度值的线段为直径作一个与表面 dS 相切的球，那么由表面 dS 的中心向某 θ 角方向所作的到球面交点的矢量长度，就表示该方向的辐射强度的大小。

2) 距离平方反比定律

点光源在传输方向上某点的辐照度和该点到点光源的距离平方成反比。平方反比定律是均匀点光源向空间发射球面波的特性。在任一锥立体角内，假设在传输路径上没有光能损失或分束，那么由点光源向空间发出的辐通量ϕ是不变的。然而位于球心的均匀点光源所张的立体角所截的表面积却和球半径 R 的平方成正比，这样在球表面上的辐照度 E 就和点光源到该表面的距离的平方成反比，即

$$E = \frac{\Phi}{4\pi R^2} \tag{4-30}$$

实际光源总有一定的几何尺寸，根据光能的叠加原理，所求表面上某面元的辐照度，实际上是该有限尺寸光源上每一面元对该接收面元辐照度贡献之和。光源到它的距离为单位长度的面元上的辐照度。当 $R \ll 1$ 时，有

$$E \approx \pi L \frac{R^2}{l^2} \tag{4-31}$$

当光源的尺寸和距离之比 $2R/l$ 为 1：5 时，用平方反比定律所产生的辐照度误差为 1%，而当 $2R/l$ 为 1：15 时，该误差只有 0.1%。在一般辐射测量中，待测表面到光源的距离远大于

光源的线尺寸，这时用距离平方定律所产生的误差可忽略不计。

3) 亮度守恒定律

在光束传输路径上任取两个面元 1 和 2，面积分别为 dS_1 和 dS_2，如图 4-9 所示，取这两个面元时，使通过面元 1 的光束也都通过面元 2。设它们之间的距离为 r，它们的法线与传输方向的夹角分别为 θ_1 和 θ_2，则

$$d\Omega_1 = \frac{dS_2 \cos\theta_2}{r^2}, \quad d\Omega_2 = \frac{dS_1 \cos\theta_1}{r^2}$$

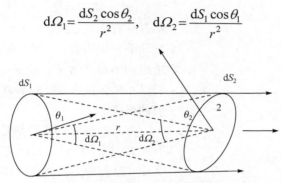

图 4-9　在介质边界上传输的辐亮度关系

设面元 1 的辐亮度为 L_p。当把面元 1 看作子光源，面元 2 看作接收表面时，则由面元 1 发出、面元 2 接收的辐通量为

$$d^2\Phi_{12} = L_1 dS_1 \cos\theta_1 d\Omega_1 = L_1 dS_1 \cos\theta_1 \frac{dS_2 \cos\theta_2}{r^2}$$

根据辐亮度定义，面元 2 的辐亮度 L_2 为

$$L_2 = \frac{d^2\Phi_{12}}{dS_2 d\Omega_2 \cos\theta_2} = \frac{d^2\Phi_{12}}{dS_2 \cos\theta_2 dS_1 \cos\theta_1 / r^2}$$

将 $d^2\Phi_{12}$ 值代入上式，得

$$L_2 = L_1 \tag{4-32}$$

可见，光辐射能在传输介质中没有损失时，表面 2 的辐亮度和表面 1 的辐亮度是相等的，即辐亮度是守恒的。

4) 基尔霍夫定律

对一个物体来说，除了本身能发射电磁波，对外来的电磁波，既可能吸收，也可能反射和透射。对不透明的物体则只有吸收和反射两种情况。在温度 T 时，对波长在 $\lambda \sim \lambda + d\lambda$ 范围内的辐射能来说，吸收的能量与总入射能量之比称为光谱吸收率，记为 $\alpha(\lambda, T)$，反射的能量与总入射能量之比称为光谱反射率(光谱反射因数)，记为 $\rho(\lambda, T)$。两个比值的关系为

$$\alpha(\lambda, T) + \rho(\lambda, T) = 1 \tag{4-33}$$

单色吸收率和单色反射率随具体物体不同，或表面不同而不同。基尔霍夫在 1860 年发现，一个物体的辐射出射度与其光谱吸收比之间存在一定的关系。单色辐射出射度 $M_e(\lambda, T)$ 大的物体，其光谱吸收率 $\alpha(\lambda, T)$ 也大，但是比值 $M_e(\lambda, T)/\alpha(\lambda, T)$ 则是一个与物体性质无关的常量，仅由物体的温度、波长决定。若有多个物体相互之间处于热平衡状态下(各物体具有同一温度)，则对任一波长来说 $M_e(\lambda, T)/\alpha(\lambda, T)$ 都是不变的值，即

$$\frac{M_1(\lambda,T)}{\alpha_1(\lambda,T)} = \frac{M_2(\lambda,T)}{\alpha_2(\lambda,T)} = \cdots = M_e(\lambda,T) = C \tag{4-34}$$

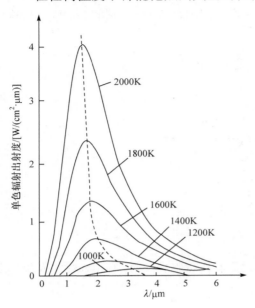

图 4-10　黑体辐射的功率谱

在任何温度下都能把照到其上的任何频率的辐射完全吸收(即 $\alpha(\lambda,T)=1$)的物体称为绝对黑体。绝对黑体是一种理想模型,实际存在的任何物体都不可能做到这一点,但通过对开一小孔的空腔(无论其质料如何)中热辐射的研究,发现空腔辐射具有绝对黑体的特征,空腔能把进入的辐射能量几乎全部吸收,从而使 $\alpha(\lambda,T)=1$,因此,上面所提到的普适常量,就是绝对黑体的辐射出射度。所以,对空腔热辐射的研究,能较好地研究黑体辐射的规律。

将一个空腔的腔壁加热,使其保持一个恒定的温度 T,则小孔射出的辐射相当于从面积等于小孔孔面、温度为 T 的绝对黑体表面所射出的。如果把各种辐射波长的单色辐射出射度记录下来,就能得出绝对黑体的单色辐射出射度按波长的分布曲线,如图 4-10 所示。图 4-10 中每条曲线反映了在一定温度下,单色辐射出射度按波长分布的情况。由热力学理论可得出以下两个实验定律。

5) 斯特藩-玻耳兹曼定律

黑体辐射出射度 $M_{e,b}(T)$ 与热力学温度的 4 次方成正比,如式(4-35)所示:

$$M_{e,b}(T) = \sigma T^4 \tag{4-35}$$

式中,σ 为斯特藩常数,其值为 $\sigma = 5.67 \times 10^{-8} \text{W}/(\text{m}^2 \cdot \text{K}^4)$。

6) 维恩位移定律

由图 4-10 可见,每个曲线上有一个 $M_{e,b}(T)$ 的最大值,相应的波长为 λ_m,T 与 λ_m 的关系为

$$T\lambda_m = b \tag{4-36}$$

式中,b 为维恩常数,其值为 $b = 2.897 \times 10^{-3} \text{m} \cdot \text{K}$。当温度升高时,$\lambda_m$ 变小,说明辐射能量向高频方向移动。

7) 普朗克式

在经典物理学对黑体辐射规律无法做出正确解释时,1900 年,普朗克作了一次大胆的尝试,他假设,黑体辐射出的能量不是连续的,而是一份一份的。他第一个提出了能量子假设,创了近代物理的新纪元。由于这种突破经典物理规范假设的出现,普朗克终于正确地得出了黑体辐射的能量密度,如式(4-37)所示:

$$\omega(\nu,T) = \frac{8\pi h\nu^3}{c^3} \times \frac{1}{\text{e}^{h\nu/(kT)} - 1} \tag{4-37}$$

黑体辐射的单色辐射出射度可以表示为

$$M_{e,b}(\lambda,T) = \left(2\pi hc^2/\lambda^5\right) \times \frac{1}{e^{hv/(k\lambda T)} - 1} \tag{4-38}$$

式中，k 为玻尔兹曼常量，$k = 1.381 \times 10^{-23}\,\text{J/K}$；$h$ 为普朗克常量，$h = 6.626 \times 10^{-34}\,\text{J} \cdot \text{s}$。

4.3　光电探测器件的特性参量

光电探测器和其他器件一样，有自己的特性参数，根据这些参数，可以评价探测器性能的优劣，比较不同探测器之间的差异，从而达到根据需要合理选择和正确使用光电探测器的目的。

4.3.1　积分灵敏度

灵敏度也常称为响应度，它是光电探测器光电转换特性的量度。

光电流 i (或光电压 u) 和入射光功率 P 之间的关系 $i = f(P)$ 称为探测器的光电特性。灵敏度 R 定义为这个曲线的斜率，即

$$R_i = \frac{\text{d}i}{\text{d}P} = \frac{i}{P} \quad (\text{A/W}) \tag{4-39}$$

$$R_u = \frac{\text{d}u}{\text{d}P} = \frac{u}{P} \quad (\text{V/W}) \tag{4-40}$$

式中，R_i 和 R_u 分别称为电流和电压灵敏度；i 和 u 均为电表测量的电流、电压有效值。式中的光功率 P 是指分布在某一光谱范围内的总功率。因此，这里的 R_i 和 R_u 又分别称为积分电流灵敏度和积分电压灵敏度。

4.3.2　光谱灵敏度

如果把光功率 P 换成波长可变的光功率谱密度 P_λ，由于光电探测器的光谱选择性，在其他条件不变的情况下，光电流将是光波长的函数，记为 i_λ (或 u_λ)，于是光谱灵敏度 R_λ 定义为

$$R_\lambda = \frac{\text{d}i_\lambda}{\text{d}P_\lambda} \tag{4-41}$$

若 R_λ 是常数，则相应的探测器称为无选择性探测器(如光热探测器)，光子探测器则是选择性探测器。式(4-41)的定义在测量上是困难的，通常给出的是相对光谱灵敏度 S_λ，定义为

$$S_\lambda = R_\lambda / R_{\lambda m} \tag{4-42}$$

式中，$R_{\lambda m}$ 为 R_λ 的最大值，相应的波长称为峰值波长；S_λ 为无量纲的百分数，S_λ 随 λ 变化的曲线称为探测器的光谱灵敏度曲线。

R 和 R_λ 与 S_λ 的关系说明如下。引入相对光谱功率密度函数 $f_{\lambda'}$，它的定义为

$$f_{\lambda'} = P_{\lambda'} / P_{\lambda' m} \tag{4-43}$$

把式(4-42)和式(4-43)代入式(4-41)，只要注意到 $\text{d}P_{\lambda'} = P_{\lambda'}\text{d}\lambda'$ 和 $\text{d}i = i_\lambda \text{d}\lambda$，就有

$$\text{d}i = S_\lambda R_{\lambda m} \cdot f_{\lambda'} P_{\lambda' m} \cdot \text{d}\lambda' \cdot \text{d}\lambda$$

$$i = \int_0^\infty \mathrm{d}i = \left(\int_0^\infty S_\lambda R_{\lambda m} P_{\lambda' m} f_{\lambda'} \mathrm{d}\lambda' \right) \mathrm{d}\lambda = R_{\lambda m} \mathrm{d}\lambda P_{\lambda' m} \left(\int_0^\infty f_{\lambda'} \mathrm{d}\lambda' \right) \frac{\int_0^\infty f_{\lambda'} \mathrm{d}\lambda'}{\int_0^\infty f_{\lambda'} \mathrm{d}\lambda'}$$

式中

$$\int_0^\infty f_{\lambda'} \mathrm{d}\lambda' = \frac{1}{P_{\lambda' m}} \int_0^\infty P_{\lambda'} \mathrm{d}\lambda' = \frac{P}{P_{\lambda' m}}$$

并注意到 $R_{im} = R_{\lambda m} \cdot \mathrm{d}\lambda$，由此可得

$$R = \frac{i}{P} = R_{\lambda m} \mathrm{d}\lambda K = R_{im} K \tag{4-44}$$

式中

$$K = \frac{\int_0^\infty S_\lambda f_{\lambda'} \mathrm{d}\lambda'}{\int_0^\infty f_{\lambda'} \mathrm{d}\lambda'} \tag{4-45}$$

式中，K 为光谱匹配系数，它表示入射光功率能被响应的百分比。

4.3.3　频率灵敏度

如果入射光是强度调制的，在其他条件不变时，光电流 i_f 将随调制频率 f 的升高而下降，这时的灵敏度称为频率灵敏度 R_f，定义为

$$R_f = \frac{i_f}{P} \tag{4-46}$$

式中，i_f 为光电流时变函数的傅里叶变换，通常可以表示为

$$i_f = \frac{i(f=0)}{\sqrt{1 + (2\pi f \tau)^2}} \tag{4-47}$$

式中，τ 为探测器的响应时间或时间常数，由材料、结构和外电路决定，把式(4-47)代入式(4-46)，得

$$R_f = \frac{R_0}{\sqrt{1 + (2\pi f \tau)^2}} \tag{4-48}$$

这就是探测器的频率特性，R_f 随 f 升高而下降的速度与 τ 值大小关系很大。一般规定，R_f 下降到 $R_0 / \sqrt{2} = 0.707 R_0$ 时的频率 f_c 称为探测器的截止响应频率或响应频率。从式(4-48)可以看出：

$$f_c = \frac{1}{2\pi \tau} \tag{4-49}$$

当 $f < f_c$ 时，认为光电流能线性再现光功率 P 的变化。如果是脉冲形式的入射光，那么常用响应时间 τ 来描述。探测器对突然光照的输出电流，要经过一定时间才能上升到与这一辐射功率相应的稳定值。当辐射突然撤掉后，输出电流也需要经过一定时间才能下降到 0。一般而论，上升和下降时间相等，响应时间近似地由式(4-49)或探测器回路时间常数 $\tau = R_L C$ 决定。

综上所述，光电流是两端电压 u、光功率 P、光波长 λ、光强调制频率 f 的函数，即

$$i = F(u, P, \lambda, f) \tag{4-50}$$

以 u, P, λ 为参量，$i = F(f)$ 的关系称为光电频率特性，相应的曲线称为频率特性曲线。同样，$i = F(P)$ 及曲线称为光电特性曲线。$i = F(\lambda)$ 及其曲线称为光谱特性曲线。而 $i = F(u)$ 及其曲线称为伏安特性曲线。当这些曲线给出时，灵敏度 R 的值就可以从曲线中求出，而且还可以利用这些曲线，尤其是伏安特性曲线来设计探测器的工作电路。

4.3.4 量子效率

如果说灵敏度只是从宏观角度描述了光电探测器的光电、光谱以及频率特性，那么量子效率 η 是对同一个问题的微观-宏观描述，把量子效率和灵敏度联系起来可以得出：

$$\eta = \frac{h\nu}{e} R_i \tag{4-51}$$

又有光谱量子效率：

$$\eta_\lambda = \frac{hc}{e\lambda} R_{i\lambda} \tag{4-52}$$

式中，c 为材料中的光速。可见，量子效率正比于灵敏度而反比于波长。

4.3.5 通量阈和噪声等效功率(NEP)

从灵敏度 R 的定义可见，如果 $P = 0$，应有 $i = 0$。实际情况是，当 $P = 0$ 时，光电探测器的输出电流并不为 0。这个电流称为暗电流或噪声电流，记为 $i_n = \overline{(i_n^2)}^{1/2}$，它是瞬时噪声电流的有效值。显然，这时灵敏度 R 已失去意义，必须定义一个新参量来描述光电探测器的这种特性。通常认为，如果信号光功率产生的信号光电流 i_s 等于噪声电流 i_n，那么就认为刚刚能探测到光信号存在。依照这一判据，并令 $i_s = i_n$ 定义探测器的通量阈 P_{th} 为

$$P_{\text{th}} = \frac{i_n}{R_i} \quad (\text{W}) \tag{4-53}$$

通量阈是探测器所能探测的最小光信号功率。同一个问题还有另一种更通用的表述方法，这就是噪声等效功率。它定义为单位信噪比时的信号光功率。信噪比定义为

$$\text{SNR} = \frac{i_s}{i_n}$$
$$\text{SNR} = \frac{u_s}{u_n} \tag{4-54}$$

于是由式(4-53)有

$$\text{NEP} = P_{\text{th}} = P_s \big|_{(\text{SNR})_i = 1} = P_s \big|_{(\text{SNR})_u = 1} \quad (\text{W}) \tag{4-55}$$

显然，NEP 越小，表明探测器探测微弱信号的能力越强。所以 NEP 是描述光电探测器探测能力的参数。

4.3.6 归一化探测度

NEP 越小，探测器探测能力越高，于是取 NEP 的倒数并定义为探测度 D，即

$$D = 1/\text{NEP} \quad (\text{W}^{-1}) \tag{4-56}$$

这样，D 值大的探测器表明其探测力高。

实际使用中，经常需要在同类型的不同探测器之间进行比较，发现"D 值大的探测器其探测力一定好"的结论并不充分。究其原因，主要是探测器光敏面积 A 和测量带宽 Δf 对 D 值有较大影响。探测器的噪声功率 $N \propto (\Delta f)^{1/2}$，所以 $i_n \propto (\Delta f)^{1/2}$，于是由 D 的定义知 $D \propto (\Delta f)^{-1/2}$。另外，探测器的噪声功率 $N \propto A$(注：通常认为探测器噪声功率 N 是由光敏面 $A = nA_n$ 中每一单元面积 A_n 独立产生的噪声功率 N_n 之和，$N = nN_n = (A/A_n)N_n$，而 N_A/A_n 对同一类型探测器来说是个常数，于是 $N \propto A$)，所以 $i_n \propto (A)^{1/2}$，又有 $D \propto (A)^{-1/2}$。把两种因素一并考虑，$D \propto (A\Delta f)^{-1/2}$。为了消除这一影响，定义

$$D^* = D\sqrt{A\Delta f} \quad (\text{cm} \cdot \text{Hz}^{1/2}/\text{W}) \tag{4-57}$$

称为归一化探测度，这时就可以说：D^* 大的探测器其探测能力一定好。考虑到光谱的响应特性，一般给出 D^* 值时注明响应波长 λ、光辐射调制频率 f 及测量带宽 Δf，即 $D^*(\lambda, f, \Delta f)$。

4.3.7　其他参数

光电探测器还有其他一些特性参数，在使用时必须注意，如光敏面积、探测器电阻、电容等。特别是极限工作条件通常规定了工作电压、电流、温度以及光照功率允许范围，正常使用时都不允许超过这些指标，否则会影响探测器的正常工作，甚至损坏探测器。

4.4　直接探测系统的性能分析

光电探测器的基本功能就是把入射到探测器上的光功率转换为相应的光电流，即

$$i(t) = \frac{e\eta}{h\nu}P(t) \tag{4-58}$$

光电流 $i(t)$ 是光电探测器对入射光功率 $P(t)$ 的响应，当然光电流随时间的变化也就反映了光功率随时间的变化。因此，只要待传递的信息表现为光功率的变化，利用光电探测器的这种直接光电转换功率就能实现信息的解调。这种探测方式通常称为直接探测。因为光电流实际上对应于光功率的包络变化，所以直接探测方式也常常叫作包络探测或非相干探测。与无线电波一样，评价光探测系统性能的判据也是 SNR，它定义为信号功率和噪声功率之比。若信号功率用符号 S 表示，噪声功率用 N 表示，则

$$\text{SNR} = S/N \tag{4-59}$$

将 SNR 作为系统性能的判据，分析直接探测系统的工作特性、作用原理以及有关的一些基本问题。

4.4.1　光电探测器的平方律特性

假设入射信号光的电场 $e_s(t) = E_s\cos(\omega_s t)$ 是等幅正弦变化，这里 ω_s 是光频率，因为光功率 $P_s(t) \propto \overline{e_s^2(t)}$，所以由光电探测器的光电转换定律：

$$i_s(t) = \alpha\overline{e_s^2(t)} \tag{4-60}$$

式中，上面的短横线表示时间平均，这是因为光电探测器的响应时间远远大于光频变化周期，

所以光电转换过程实际上是对光场变化的时间积分响应。把正弦变化的光场代入式(4-60)，可以得出：

$$i_s(t) = \frac{1}{2}\alpha E_s^2 = \alpha P_s \tag{4-61}$$

式中，P_s 为入射信号光的平均功率，若探测器的负载电阻是 R_L，则光电探测器的电输出功率为

$$P_o = i_s^2 R_L = \alpha^2 R_L P_s^2 \tag{4-62}$$

从式(4-62)可以看出，探测器的电输出功率正比于入射光功率的平方，所以光电探测器的平方律特性包含两层含义，其一是光电流正比于光电场振幅的平方；其二是电输出功率又正比于入射光功率的平方。如果入射光场是调幅波，如式(4-63)所示：

$$e_s(t) = E_s\left[1 + KV(t)\right]\cos(\omega_s t) \tag{4-63}$$

那么

$$i_s(t) = \frac{1}{2}\alpha E_s^2 + \alpha E_s^2 KV(t) \tag{4-64}$$

若探测器输出端有隔直流电容，则输出光电流只包含式(4-64)中的第二项，这就是包络探测的意思。

4.4.2　信噪比性能分析

设输入光电探测器的信号光功率为 s_i，噪声功率为 n_i，光电探测器的输出电功率为 s_o，输出噪声功率为 n_o，则总的输入功率为 $s_i + n_i$，总的输出电功率为 $s_o + n_o$。由光电探测器的平方律特性，可以得出：

$$s_o + n_o = k(s_i + n_i)^2 = k(s_i^2 + 2s_i n_i + n_i^2) \tag{4-65}$$

考虑到信号和噪声的独立性，应该有

$$s_o = k s_i^2 \tag{4-66}$$

$$n_o = k(2s_i n_i + n_i^2) \tag{4-67}$$

根据信噪比的定义，输出信噪比为

$$(\text{SNR})_o = \frac{s_o}{n_o} = \frac{s_i^2}{2s_i n_i + n_i^2} = \frac{(s_i/n_i)^2}{1 + 2(s_i + n_i)} \tag{4-68}$$

从式(4-68)可以得出如下结论。

(1) 若 $(s_i/n_i) \ll 1$，则有

$$(s_o/n_o) \approx (s_i/n_i)^2 \tag{4-69}$$

输出信噪比近似等于输入信噪比的平方，这说明，直接探测方式不适宜于输入信噪比小于 1 或微弱信号的探测。

(2) 若 $(s_i/n_i) \gg 1$，则有

$$(s_o/n_o) \approx \frac{(s_i/n_i)}{2} \tag{4-70}$$

这时输出信噪比等于输入信噪比的一半，光电转换后的信噪比损失不大，所以，直接探测方式最适宜于强光探测，因为它的实现比较简单，可靠性好。

4.4.3　直接探测系统的 NEP 分析

具有内增益的光电探测器的电输出功率可以写为

$$P_0 = M^2 i_s^2 R_L = M^2 \alpha^2 R_L P_s^2 \tag{4-71}$$

式中

$$\alpha = e\eta/(h\nu) \tag{4-72}$$

输出噪声功率为

$$P_n = \left(\overline{i_{ns}^2} + \overline{i_{nb}^2} + \overline{i_{nd}^2} + \overline{i_{nT}^2}\right) R_L \tag{4-73}$$

式中，$\overline{i_{ns}^2}$、$\overline{i_{nb}^2}$、$\overline{i_{nd}^2}$、$\overline{i_{nT}^2}$ 分别为信号光电流、背景光电流、暗漏电流、电阻温度产生的噪声功率谱，可以分别表示为

$$\begin{cases} \overline{i_{ns}^2} = 2eM^2 i_s \Delta f \\ \overline{i_{nb}^2} = 2eM^2 i_b \Delta f \\ \overline{i_{nd}^2} = 2eM^2 i_d \Delta f \\ \overline{i_{nT}^2} = 4kT \Delta f / R_L \end{cases} \tag{4-74}$$

以上各式适用于光电倍增管，对于光电二极管，$M=1$，对于光电导探测器，公式前面的系数 2 应该修改为 4，式中

$$\begin{cases} i_s = \varepsilon P_s \\ i_b = \varepsilon P_b \end{cases} \tag{4-75}$$

式中，P_b 为背景杂散光功率。按照输出信噪比的定义，由以上公式可以得出信噪比：

$$\left(\frac{s_o}{n_o}\right) = \frac{M^2 \alpha^2 P_s^2}{\overline{i_{ns}^2} + \overline{i_{nb}^2} + \overline{i_{nd}^2} + \overline{i_{nT}^2}} \tag{4-76}$$

当 $(s_o/n_o)=1$ 时信号光功率就是探测系统的 NEP，所以有

$$\begin{aligned} \mathrm{NEP} &= \frac{1}{M \cdot \alpha} \left(\overline{i_{ns}^2} + \overline{i_{nb}^2} + \overline{i_{nd}^2} + \overline{i_{nT}^2}\right)^2 \\ &= \frac{1}{M \cdot \alpha} \left[2eM^2 \Delta f(i_s + i_b + i_d) + \frac{4k_B T \Delta f}{R_L} \right]^{1/2} \end{aligned} \tag{4-77}$$

式中，方括号内第一项为散粒噪声贡献，第二项为热噪声。从式(4-77)出发，按照每一种噪声对总噪声贡献的相对大小，直接探测方式的工作状态有热噪声优势、散粒噪声优势、散粒噪声和热噪声相当、信号噪声极限。

　　1) 热噪声优势

当 $\overline{i_{nT}^2} \gg \overline{i_{ns}^2} + \overline{i_{nb}^2} + \overline{i_{nd}^2}$ 时，热噪声起主要作用，称为热噪声优势，一般来说，光电二极管由于 $M=1$，在比较弱的光信号时，可以认为处在这种工作状态，此时

$$\mathrm{NEP} = \frac{1}{M \cdot \alpha} \left(\frac{4k_B T \Delta f}{R_L}\right)^{1/2} \tag{4-78}$$

　　2) 散粒噪声优势

当 $\overline{i_{nT}^2} \gg \overline{i_{ns}^2} + \overline{i_{nb}^2} + \overline{i_{nd}^2}$ 时，散粒噪声的主要作用称为散粒噪声优势，因为光电倍增管的增益

M 很高，一般有可能工作于这种状态，这时

$$\text{NEP} = \frac{1}{\alpha}\big[2e\Delta f(i_s + i_b + i_d)\big]^{1/2} \tag{4-79}$$

为了简单，令 $i_s = i_b = i_d$，所以

$$\text{NEP} = \frac{1}{\alpha}(3e\Delta fi_d)^{1/2} \tag{4-80}$$

3）散粒噪声和热噪声相当

在这种情况下，$\overline{i_{nT}^2} \approx \overline{i_{ns}^2} + \overline{i_{nb}^2} + \overline{i_{nd}^2}$，雪崩光电二极管的增益 M 大约为百数量级，因此，有可能工作在这种状态，这时

$$\text{NEP} = \frac{1}{M \cdot \alpha}\left(\frac{8k_B T\Delta f}{R_L}\right)^{1/2} \tag{4-81}$$

4）信号噪声极限

这是直接探测方式最理想的工作状态，其他噪声均不考虑，只存在光信号噪声，这时

$$\frac{s_o}{n_o} = \frac{P_o}{P_n} = \frac{\alpha P_s}{2e\Delta f} \tag{4-82}$$

所以

$$\text{NEP} = \frac{2hv\Delta f}{\eta} \tag{4-83}$$

4.5 光频外差探测的基本原理

光频外差探测的原理和无线电波外差接收原理是完全一样的，无线电波的相干性很高，以致在讨论外差接收时无须担心两列无线电波的相干问题。对于光波来说，情况就大不一样了，激光的出现以及激光技术的发展，使可用光波的相干性获得了明显的改进，使光频外差探测得以实现。光频外差探测所用的探测器，只要光谱响应和频率响应合适，原则上和直接探测所用的光电探测器相同。因为光频外差探测基于两束光波在光电探测器光敏面上的相干效应，所以光频外差探测也常常称为光波的相干探测。

4.5.1 光外差探测的原理

差频检测是利用光的相干性对光载波所携带的信息进行检测和处理，图 4-11 所示为差频检测的原理示意图，在差频检测系统中，除了用于探测的信号光，还需要增加用来与信号光

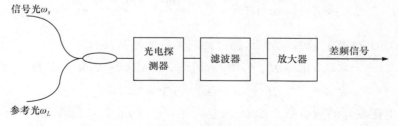

图 4-11 差频检测系统原理示意图

进行相干探测的参考光，又称为本振光。信号光与参考光经耦合器耦合到光电探测器中，光电探测器将信号光与参考光混合时产生的拍频信号转换为电信号后，经滤波器滤波、放大器放大，即可得到信号光与参考光的差频信号。

在图 4-12 中，如果窄线宽可调谐激光光源(TLS)输出频率为 ω_s 的光作为信号光，参考光的频率为 ω_L，那么信号光和参考光的电磁场可以分别表示为

$$E_s(t) = E_s \exp(\mathrm{i}\omega_s t) \tag{4-84}$$

$$E_L(t) = E_L \exp(\mathrm{i}\omega_L t) \tag{4-85}$$

式中，E_s 和 E_L 分别为信号光和参考光的振幅。

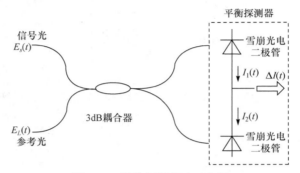

图 4-12　平衡探测方法示意图

在光纤中 $r_s = r_L$，当信号光和参考光混合后被光电探测器接收到的信号光波场可以表示为

$$
\begin{aligned}
E_c(t) = E_s(t)E_L(t) = {} & E_s E_L \exp\left\{\mathrm{i}\left[(\omega_s+\omega_L)t + \frac{n(\omega_s+\omega_L)}{c}r\right]\right\} \\
& + E_s E_L \exp\left\{-\mathrm{i}\left[(\omega_s+\omega_L)t + \frac{n(\omega_s+\omega_L)}{c}r\right]\right\} \\
& + E_s E_L \exp\left\{\mathrm{i}\left[(\omega_s-\omega_L)t + \frac{n(\omega_s-\omega_L)}{c}r\right]\right\} \\
& + E_s E_L \exp\left\{-\mathrm{i}\left[(\omega_s-\omega_L)t + \frac{n(\omega_s-\omega_L)}{c}r\right]\right\}
\end{aligned}
\tag{4-86}
$$

式中，n 为光纤的折射率；c 为真空中的光速；r 为光场矢量。

从式(4-86)中可以看出，方程式中有四个子项，分别对应两个频率成分，第一个和第二个子项为高频光 $\omega_s+\omega_L$，第三个和第四个子项为低频光 $\omega_s-\omega_L$。由于探测器带宽的限制，式(4-86)中的高频分量在探测器上不发生响应，可以忽略，此时探测器探测到低频光的光场可以表示为

$$E_c(t) = E_s^* E_L \exp\left\{\mathrm{i}\left[(\omega_s-\omega_L)t + \frac{n(\omega_s-\omega_L)}{c}r\right]\right\} + \mathrm{c.c} + \cdots \tag{4-87}$$

由式(4-86)和式(4-87)可知，差频检测得到的光功率可以表示为

$$
\begin{aligned}
P_c = \eta[E_c(t)]^2 &= \eta E_s^2 + \eta E_L^2 + 2\eta E_s E_L \cos\left[(\omega_s+\omega_L)t + \Delta\phi(t)\right] \\
&= P_s + P_L + 2\sqrt{P_s \cdot P_L}\cos\left[(\omega_s+\omega_L)t + \Delta\phi(t)\right]
\end{aligned}
\tag{4-88}
$$

式中，η 为光电探测器的响应率；$\Delta\phi(t)$ 为参考光和信号光的相位差；P_L 和 P_s 分别为参考光和信号光的功率。光电探测器输出的光电流可以表示为

$$i = kEE^* = k\left[E_s^2 + E_L^2 + 2E_s E_L \cos(\omega_s - \omega_L)t \right] \tag{4-89}$$

式中，$k = \dfrac{e\eta}{\hbar\omega_0}$ 为光电探测器的响应度，由式(4-89)可以看出，光电探测器产生的电信号包含直流分量 $k(E_s^2 + E_L^2)$ 和交流分量 $2kE_s E_L \cos(\omega_s - \omega_L)t$。通过使用滤波器或者使用交流耦合输出的探测器，可以得到交流输出信号，有时称为交流分量，可以表示为

$$i_s = 2kE_s E_L \cos(\omega_s - \omega_L)t \tag{4-90}$$

从式(4-90)可以看出，交流输出电流的大小正比于信号光的振幅 E_s。由于信号的功率正比于探测器输出电流的均方值，因此可以表示为

$$\overline{(i_s)^2} = 2k^2 E_s^2 E_L^2 = 2P_s P_L \left(\frac{e\eta}{\hbar\omega} \right)^2 \tag{4-91}$$

式中，P_s 和 P_L 分别为信号光和参考光信号的功率；e 为电子电荷；η 为探测器量子效率；$\hbar$ 为约化普朗克常量；ω 为信号光与参考光的平均频率，因此，差频检测系统测量的信噪比可表示为

$$\frac{S}{N} = \frac{2P_s P_L \left(\dfrac{e\eta}{\hbar\omega} \right)^2}{2ei_d B + 2eP_L \dfrac{e\eta}{\hbar\omega} B + 2eP_N \dfrac{e\eta}{\hbar\omega} B} \tag{4-92}$$

式中，i_d 为探测器暗电流；B 为探测器带宽；P_N 为探测器其他噪声所具有的等效光功率，式(4-92)右边分母中的各项分别代表暗电流噪声、参考光引起的散粒噪声以及探测器的其他噪声(如热噪声等)所引起的噪声，通常情况下，参考光的功率 P_L 远高于其他成分，故其引起的噪声在系统噪声中占主导，所以信噪比可简化为

$$\frac{S}{N} = \frac{2P_s P_L}{2eP_L B} \frac{e\eta}{\hbar\omega} = \frac{\eta P_s}{\hbar\omega B} \tag{4-93}$$

从式(4-93)可以看出，信噪比仅与探测器的量子效率成正比，而与探测器中的噪声无关，因此差频探测在理论上能达到探测器的量子极限，探测器的量子效率越高，它就能达到越高的信噪比。

差频检测技术与平衡探测方法相结合可以提高测量信号的质量，在后面微波信号产生过程中对光电信号的接收通常采用平衡探测方法，如图 4-12 所示，信号光与参考光经一个 3dB 耦合器混合相干后再经耦合器两输出端口进入平衡探测器(balanced PD)的两端口，平衡探测器是由两个性能几乎一样的雪崩光电二极管组成的，其电路设计可以将这两个雪崩光电二极管输出的电流作差，从而获得交流分量输出。利用平衡探测器可以很好地抑制电路中的噪声，获得极高的探测灵敏度和共模抑制比。

若信号光和参考光的光功率分别为 $P_s(t)$ 和 $P_L(t)$，其角频率分别为 ω_s 和 ω_L，下面分析平衡探测原理的数学描述：

$$E_s(t) = \sqrt{P_s(t)} \cdot \exp[\mathrm{i}\varphi_s(t)] \cdot \exp(\mathrm{i}\omega_s t) \tag{4-94}$$

$$E_L(t) = \sqrt{P_L(t)} \cdot \exp[\mathrm{i}\varphi_L(t)] \cdot \exp(\mathrm{i}\omega_L t) \tag{4-95}$$

外差相干后，耦合器两端输出的电流可以分别表示为

$$I_1(t) = \frac{k}{2} \left\{ P_s(t) + P_L(t) + 2\sqrt{P_s(t)P_L(t)} \cdot \sin\left[(\omega_s - \omega_L)t + \varphi_s(t) - \varphi_L(t) \right] \right\} \tag{4-96}$$

$$I_2(t) = \frac{k}{2}\left\{P_s(t) + P_L(t) - 2\sqrt{P_s(t)P_L(t)} \cdot \sin\left[(\omega_s - \omega_L)t + \varphi_s(t) - \varphi_L(t)\right]\right\} \tag{4-97}$$

式中，k 为平衡探测器的响应度，于是可以得出平衡探测器的交流耦合输出的表达式：

$$\Delta I(t) = 2k\sqrt{P_s(t)P_L(t)}\sin\left[(\omega_s - \omega_L)t + \varphi_s(t) - \varphi_L(t)\right] \tag{4-98}$$

从上面的分析可以看出，利用平衡探测方法得到的探测信号的功率是普通探测方法的 4 倍，而且获得信号的共模抑制比高、失真小。

由上面的分析可见，差频检测方法不仅可以将太赫兹量级的高频信号降至易于探测和处理的百兆赫兹的中频信号，而且可以提高待测信号谱的测量精度。从获得的交流信号还可以看出，无论信号光还是参考光功率的增强都将增加输出信号的功率，在探测器不饱和的情况下，通过增大参考光功率可以增大输出信号的功率，以提高检测的灵敏度和信号的测量精度。在获得的交流信号中，两束光的相位差 $\Delta\phi(t)$ 将影响输出信号的功率，导致噪声的增加。所以，为了减小噪声以及提高测量精度，要求本振光与信号光是相干光源且功率可调。

4.5.2　基本特性

1) 高的转换增益

信号光功率、本振光功率与相应电场振幅的关系可以表示为

$$P_s = E_s^2 / 2 \tag{4-99}$$

$$P_L = E_L^2 / 2 \tag{4-100}$$

中频电流输出对应的电功率可以表示为

$$P_{IF} = i_s^2 R_L \tag{4-101}$$

式中，i_s 为中频交流电流；R_L 为光电探测器的负载电阻，将式(4-91)代入式(4-101)，并利用式(4-99)和式(4-100)可以得

$$P_{IF} = \overline{4\alpha^2 P_s P_L \cos^2\left[\omega_{IF}t + (\varphi_s - \varphi_L)\right] \cdot R_L} = 2\alpha^2 P_s P_L R_L \tag{4-102}$$

这里的横线是对中频周期求平均。在直接探测中，探测器输出的电功率可以表示为

$$P_{IF} = i_s^2 R_L = \alpha^2 P_s^2 R_L \tag{4-103}$$

在两种情况下，都假设负载电阻为 R_L。从物理过程的观点看，直接探测是光功率包络变换的检波过程，光频外差探测的光电转换过程不是检波过程，而是一种转换过程，即把以 ω_s 为载频的光频信息转换到以 ω_{IF} 为载频的中频电流上，从式(4-100)可见，这一转换是本机振荡光波的作用，它使光外差探测天然地具有一种转换增益。

2) 良好的滤波性能

在直接探测中，为了抑制杂散背景光的干扰，都是在探测器前增加窄带滤波器，如滤光片的带宽为 1 nm，即 $\Delta\lambda = 1\text{nm}$，它相应的频带宽度(以 $\lambda = 10.6\mu\text{m}$ 估计)为

$$\Delta f = \frac{C}{\lambda^2}\Delta\lambda = 3\times10^9 (\text{Hz}) \tag{4-104}$$

可以看出，这是一个较宽的频带。在外差探测中，情况发生了根本变化，如果取差频带宽作为信息处理器的通频带 $\Delta\lambda$，即

$$\Delta f_{IF} = \frac{\omega_s - \omega_L}{2\pi} = f_s - f_L \tag{4-105}$$

显然，只有与本振光束混频后仍在此频带内的杂散背景光才能进入系统，而其他杂散光所形成的噪声均被中频放大器滤除掉，因此，在光频外差探测中，不加滤光片要比加滤光片的直接探测系统有窄的接收带宽。

3) 小的信噪比损失

本振光束是纯正弦信号，不引入噪声。令输入端信号场、噪声场以及本振场分别用符号 s_i、n_i、r 表示，则入射到光电探测器面上的总输入场可以表示为

$$e_i = s_i + n_i + r \tag{4-106}$$

根据探测器的平方律特性，输出信号则为

$$e_o = s_o + n_o = \alpha e_i^2 = \alpha(s_i + n_i)^2 + 2\alpha r(s_i + n_i) + \alpha r^2 \tag{4-107}$$

式中，αr^2 项是直流项，因为 $\alpha r \gg s_i + n_i$，所以第一项较之第二项可以忽略，只有第二项可以通过中频放大器，因而式(4-107)变为

$$s_o + n_o = 2\alpha r(s_i + n_i) \tag{4-108}$$

因此可以得出信噪比：

$$(s/n)_o = (s/n)_i \tag{4-109}$$

式(4-109)说明，在理想条件下，外差探测对输入信号和噪声均放大相同的倍数，因此没有信噪比损失，如果与直接探测情况相比较，就会发现，当 $(s_i/n_i) \ll 1$ 时，即弱信号条件时，外差探测有高得多的灵敏度，但当 $(s_i/n_i) \gg 1$ 时，即在强信号条件下，外差探测比直接探测信噪比仅高 1 倍。

习题与思考

1. 设在半径为 R_c 的圆盘中心法线上，距盘圆中心为 l_0 处有一个辐射强度为 I_e 的点源，如题图 4-1 所示。试计算该点源发射到盘圆的辐射功率。

2. 如题图 4-2 所示，设小面源的面积为 ΔA_s，辐射亮度为 L_e，面源法线与 O_1O_2 的夹角为 θ_s；被照面的面积为 ΔA_c，O_1O_2 的距离为 l_0。若 θ_c 为辐射在被照面 ΔA_c 的入射角，试计算小面源在 ΔA_c 上产生的辐射照度。

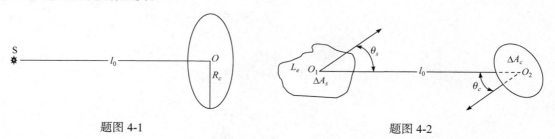

题图 4-1　　　　　　　　　　　　　　　　题图 4-2

3. 假设有一个按朗伯余弦定律发射辐射的大扩展源(如红外装置面对的天空背景)，其各处的辐亮度 L_e 均相同，试计算该扩展源在面积为 A_d 的探测器表面上产生的辐照度。

4. 解释光探测器中量子效率、灵敏度、噪声等效功率、归一化探测度含义。

5. 说明光探测器的物理效应主要有哪几类？每类有哪些典型效应？

6. 如果硅光电二极管灵敏度 S 为 $10\mu A / \mu W$，结电容 C_j 为 10pF，光照功率 5μW 时，拐

点电压 u 为 10V，偏压 V 为 40V，光照信号功率 $P(t)=5+2\cos\omega t(\mu W)$，试求：

(1) 线性最大输出条件下的负载电阻 R_L。

(2) 线性最大输出功率 P_H。

(3) 响应截止频率 f_c。

7. 比较光子探测器和光热探测器在作用机理、性能及应用特点等方面的差异。

8. 比较直接探测和光频外差探测技术的应用特点。

9. 试述内光电效应和外光电效应的差别。

10. 试述选用光探测器的一般原则。

参考答案-4

第五章　光谱分析技术

　　光谱起源于 17 世纪。1666 年物理学家牛顿第一次进行了光的色散实验，他在暗室中引入一束太阳光，让它通过棱镜，在棱镜后面的白屏上，看到了红、橙、黄、绿、蓝、靛、紫七种颜色的光分散在不同位置上，形成一道彩虹，这种现象称为光谱。这个实验就是光谱的起源，自牛顿以后，一直没有引起人们的注意。到 1802 年英国化学家沃拉斯顿发现太阳光谱不是一道完美无缺的彩虹，而是被一些黑线所割裂的。1814 年德国光学仪器专家夫琅和费研究太阳光谱中的黑斑的相对位置时，把那些主要黑线绘出光谱图。1826 年泰尔博特研究钠盐、钾盐在酒精灯上的光谱时指出，发射光谱是化学分析的基础，钾盐的红色光谱和钠盐的黄色光谱都是这个元素的特性。到 1859 年基尔霍夫和本生为了研究金属的光谱自己设计与制造了一种完善的分光装置，这个装置就是世界上第一台实用的光谱仪器，研究火焰、电火花中各种金属的谱线，从而建立了光谱分析的初步基础。1882 年，罗兰发明了凹面光栅，即把划痕直接刻在凹球面上。凹面光栅实际上是光学仪器成像系统元件合为一体的高效元件，它解决了当时棱镜光谱仪所遇到的不可克服的困难。凹面光栅的问世不仅简化了光谱仪器的结构，而且提高了它的性能。玻尔的理论在光谱分析中起了作用，其对光谱的激发过程、光谱线强度等提出比较满意的解释。从测定光谱线的绝对强度转到测量谱线的相对强度的应用，使光谱分析方法从定性分析发展到定量分析创造基础，从而使光谱分析方法逐渐走出实验室，在工业部门中应用了。1928 年以后，由于光谱分析成了工业的分析方法，光谱仪器得到迅速的发展，一方面改善激发光源的稳定性，另一方面提高光谱仪器本身性能。1958 年开始我国开始研制光谱仪器，生产了我国第一台中型石英摄谱仪、大型摄谱仪、单色仪等。中国科学院上海光学精密机械研究所开始研究刻制光栅，1959 年上海光学仪器厂、1963 年北京光学仪器厂先后研究刻制光栅，1963 年研制光刻成功。1966～1967 年北京光学仪器厂和上海光学仪器厂先后研制成功中型平面光栅摄谱仪和一米平面光栅摄谱仪及光电直读头。1971～1972 年由北京第二光学仪器厂研究成功国内第一台 WZG-200 平面光栅光量计，结束了我国不能生产光谱仪的历史。

　　在信息化高速发展的今天，光学测量光学测量与电子技术紧密结合，使得测量的精度和应用范围大大提升，也与其他学科不断融合，不断拓展工业制造、医疗保健、环境监测、安防等领域的应用。在光电测量技术中，光谱分析技术是测量光功率和波长之间关系的技术，光源的光谱在光纤通信系统中是比较重要的参数之一。例如，光在光纤中传输的时候，会产生色散，色散将会限制光纤通信系统的接收信号的调制带宽，色散的影响可以视为数字信号波形在时域信号的展宽。由于色散与光源的谱宽相关，较窄谱宽的光源更适合于高速光纤通信系统。目前，光纤通信系统中，波分复用技术把更多的信息耦合到光纤中进行传输，这样更加显示出光谱测量的重要性，同时，波分复用技术使得光谱分析在通信网络

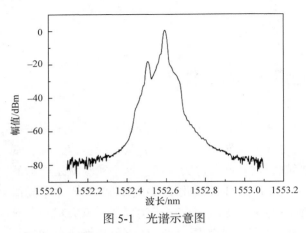

图 5-1　光谱示意图

中成为主要的测试方法。图 5-1 是通过光谱分析仪测试光纤中的一种非线性散射效应——布里渊散射效应的信号光谱示意图，从图中可以看出光谱分析是分析激光信号波长和功率之间的关系，图中有两个峰值信号，左边的信号为瑞利散射信号，右边的为受激布里渊散射信号，其灵敏度为-70dBm。从激光器的模式间隔和功率分布情况可以得到激光器的波长与相关的特性。利用光谱分析仪可以有效地分析出信号光的波长、功率等信息，因此，光谱分析仪拥有独特的技术特性，这使其成为在光子学各种应用中测量器件以及系统的最高效、最有效的仪器。

5.1　光谱分析仪的分类

简单的光谱分析仪的基本结构如图 5-2 所示，入射光信号通过一个可调谐光滤波器，这个滤波器可以区分每个光谱的成分，利用光电探测器把光信号转换成电流信号，输出的电流信号通过跨导放大器转换成电压信号，之后电压信号被转换成数字信号，该数字信号被施加到纵坐标或者功率轴上作为光谱的功率值进行显示。倾斜发生器从左到右进行扫描以便确定光谱的纵坐标位置，同时，调节光滤波器的中心波长以便确定中心波长在纵坐标的位置。

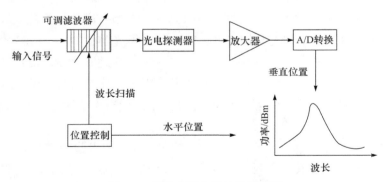

图 5-2　简单光谱仪的结构示意图

目前，在光电信息测试技术中常用的光谱分析仪包括日本安立有限公司(Anritsu)的 MS9740A 光谱分析仪，其分析波长范围为 600～1750nm，日本横河电机株式会社(YOKOGAWA)的 AQ6370 系列光谱分析仪。其中 AQ6370 系列光谱分析仪根据测量波长的不同包括 3 种光谱分析仪，如用于电信领域中光元器件与光系统的定性和测试的光谱分析仪 AQ6370D(600～1700nm)、用于可见光(VIS)和近红外光谱(NIR)区域光测量的光谱分析仪 AQ6373B(350～1200nm)、在延长近红外(exNIR)和短波红外(SWIR)区域检测发射信号并执行特征测量的光谱分析仪 AQ6375(1200~2400nm)。根据光谱分析仪的工作原理的不同,可以分为 F-P 腔光谱分析仪、干涉型光谱分析仪和衍射光栅型光谱分析仪等。

1. F-P 腔光谱分析仪

F-P 腔光谱分析仪的结构如图 5-3 所示,从图中可以看出,入射信号通过耦合器 1 入射到透镜 1 上,通过透镜 1 把入射信号改变成平行光束,该平行光束通过两片高反射率的平行反射镜,这两个反射镜构成一个共振腔以便分析注入信号光,由共振腔输出的平行信号经透镜 2 汇聚到耦合器 2 上,透过耦合器 2 进入光电探测器把光信号转换成电信号,利用 A/D 转换器把模拟信号转换成数字信号,再进行数字信号处理,分析信号的性能并显示出信号的波形图。基于 F-P 腔干涉仪的光谱分析仪的分辨率主要依靠反射镜的反射系数和镜面间距,F-P 腔干涉仪的波长调谐性是通过调节镜面间距或根据入射信号旋转干涉仪的角度获得的。F-P 腔干涉仪具有较窄的光谱分辨率和结构简单等优点,因此,可以进行激光啁啾现象的分析测量,其缺点在于滤波器具有重复的带宽,重复带宽间的间隔就称为自由谱宽,如果反射镜之间的间隔较大,就可以获得较高的分辨率,但是其自由谱宽较小,可以通过放置一个和 F-P 腔干涉仪级联的第二个滤波器来消除自由谱宽较窄的缺点。

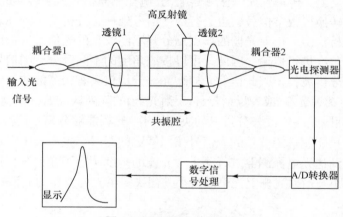

图 5-3　F-P 腔光谱分析仪

2. 干涉型光谱分析仪

基于迈克耳孙干涉仪的光谱分析仪如图 5-4 所示,从图中可以看出,入射信号通过光束分束器分成两束信号,一束信号通过固定反射镜反射进入光电探测器,该路信号的传输光程是固定的,另一束信号通过可移动反射镜反射后,再利用光束分束器把该信号反射进入光电探测器,这一束信号的传输光程是可以调节的,通过这两束信号的干涉使得迈克耳孙干涉仪产生干涉信息,获得的波形是输入信号的自相关函数,为干涉波形。迈克耳孙干涉仪的光谱分析仪是测量相干长度的直接测量技术,而 F-P 腔光谱分析仪不能直接测量相干长度。迈克耳孙干涉仪的光谱分析仪同样可以显示光谱的功率和波长的关系,为了决定输入信号的功率谱,必须使用傅里叶变换过程。该光谱分析仪的分辨率是由产生干涉的相干长度决定的,由于不能依靠可调谐带通滤波器进行波长鉴别,因此迈克耳孙光谱分析仪的设计不能在带通滤波器中应用,同时,该光谱分析仪的动态范围小于衍射光栅型光谱分析仪。

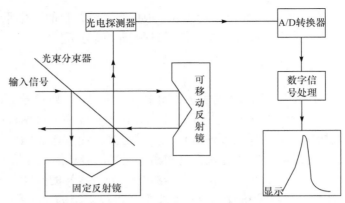

图 5-4　迈克耳孙干涉仪的光谱分析仪

3. 衍射光栅型光谱分析仪

目前，最常用的光谱分析仪是基于衍射光栅作为可调谐光纤滤波器的光谱分析技术，其基本结构如图 5-5 所示，输入的信号经过透镜的准直作用入射到衍射光栅上，通过衍射光栅的反射作用把信号反射并传输到光电探测器上，光电探测器把光信号转换成电信号，利用 A/D 转换器把模拟信号转换成数字信号，再进行数字信号处理，分析信号的性能并显示出信号的波形图。在光谱分析仪中，衍射光栅的作用是分开不同波长的光信号，衍射光信号按照波长的不同形成一定的角度进行传输，因此，可以按照角度的不同区分待测信号的波长。由于衍射光栅可以更好地分辨波长，因此衍射光栅型光谱分析仪具有较高的波长分辨率，衍射光栅是由等间距的狭缝(透射光栅)或者反射器件(反射光栅)的阵列构成的，狭缝(透射光栅)或者反射器件(反射光栅)间隔是决定波长分辨率的决定因素，光栅能够分离不同波长的光波信号，是由于各自的光栅线只能使一定波长的光信号按照特定的路线产生相长干涉，只有通过光栅的特定波长信号才能到达光电探测器进行测量，光栅的角度决定了光谱分析仪的调谐范围，输入和输出孔径的大小与衍射光栅上光束的大小共同决定了光滤波器的光谱宽度。

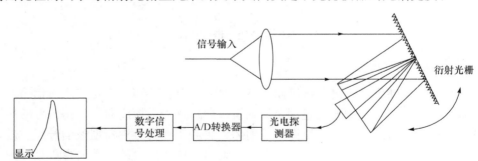

图 5-5　基于衍射光栅的光谱分析仪结构图

5.2　基于衍射光栅的光谱分析仪

衍射光栅光谱
分析仪

1. 光谱分析仪的基础

光谱分析仪包括入射狭缝、准直镜、衍射光栅、聚焦光学系统、输出端口和探测器。

图 5-6 为单通道衍射光栅光谱分析仪的基本结构。输入光谱仪的信号经过凹面镜 1 的作用后，入射到可旋转的衍射光栅上，通过衍射光栅的反射作用把信号反射并传输到凹面镜 2 上，经过凹面镜 2 的反射等作用把信号汇聚到耦合器上，进而输出信号，可以利用光电探测器把光信号转换成电信号，利用 A/D 转换器把模拟信号转换成数字信号，再进行数字信号处理，分析信号的性能并显示出信号的波形图。光谱分析仪的光学部分通常称为单色仪或分光仪。若没有探测器的光谱仪称为单色仪，单色仪可以看成一个可调谐的光滤波器。

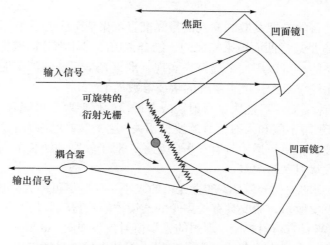

图 5-6 单通道衍射光栅光谱分析仪的基本结构

2. 输入端

入射光信号首先通过输入端进入单色仪，输入端决定了输入信号的空间宽度，输入孔径和系统的其他组件一起决定了光谱分析仪的波长分辨率，窄的输入端将会降低探测器可以检测到的输入信号。目前，光纤输入的光谱分析仪中，是通过单模光纤或多模光纤输入待检测的光波信号，对于阶跃型的单模光纤，输入信号为高斯分布信号。图 5-7 为光纤输入端的连接方式图，图 5-7(a)中，操作者的光纤直接决定了输入的角度，以这种输入方式的光谱分析仪允许连接不同纤芯直径的光纤，没有插入损耗等，但是这样的设计也存在一些缺

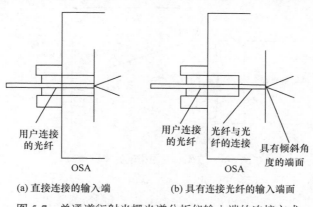

(a) 直接连接的输入端　　　(b) 具有连接光纤的输入端面

图 5-7 单通道衍射光栅光谱分析仪输入端的连接方式

点，输入点的位置依赖于输入信号是以何种方式进入光谱分析仪的，信号的质量取决于光纤端面的形状，纤芯端面的划痕等因素会影响光谱分析仪的测量精度。图 5-7(b)的连接方式的优点是可以保证输入信号的质量，缺点是插入损耗比较大，连接光纤可以允许使用带有角度的光纤头，这样输入信号的反射将被限制。单模光纤和多模光纤都可以在这种连接方式中使用。

3. 准直光学系统

准直光学系统的目的是把发散的输入信号光准直汇聚成一个平面波照射到衍射光栅上，如图 5-6 所示。准直是通过凹面镜来完成的，结合常用的球体部分以减少在单色仪系统中引入光学像差。准直功能也可以用一个透镜来实现，准直光学系统的汇聚能力要比光谱仪的测量范围要大，这是比较重要的，准直系统的重要参数如下。

(1) 反射或透射率需要尽可能大，反射镜或者透镜的性能要尽可能好。

(2) 准直系统的焦距不能和入射信号的波长相关。这个参数也称为色差，透镜的焦点不能依赖于入射信号的波长，单一透镜具有显著的色差，对于较宽的波长范围，需要多个透镜去补偿由透镜的球面形状引入的像差。

(3) 为了实现较高的波长分辨率，准直光束的大小半径应尽可能大。由于输入光纤决定了到达聚焦透镜的光束发散角，需要具有长焦距的透镜才能获得较大的聚焦光束。

(4) 光学系统应当具有衍射极限。理想的光学衍射极限如图 5-8 所示，如果一个准直光束入射到透镜上，这个光束就会聚焦成一点，如果入射的光线通过透镜以后汇聚成一点，可以认为该光束的束腰半径在焦点处为零，实际上，在焦点处光束具有最小的束腰半径，最小的束腰半径就称为透镜的衍射极限大小，衍射极限可以表示为

$$\omega_0 = \frac{2\lambda(f_1)}{\pi(\text{diameter})} \tag{5-1}$$

式中，ω_0 为在 $1/e$ 功率点的半径；λ 为入射波长；f_1 为透镜的焦距；diameter 为透镜的直径。如果整个透镜被平面波照射，那么这就是最小可接收的束腰半径，由于透镜像差的存在将会降低最小束腰半径的大小。利用式(5-1)可以计算单色仪的透镜最小衍射大小，若透镜的直径为 5cm，焦距为 30cm，入射信号的波长为 1550nm，受限衍射半径为 6μm。

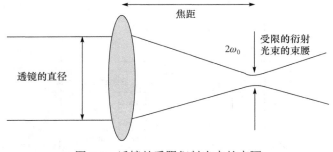

图 5-8　透镜的受限衍射光束的束腰

4. 衍射光栅

衍射光栅是光谱分析仪最重要的器件，其功能就是按照一定的角度反射相应的入射光，这就是光谱分析仪中的衍射元件，也就是说，根据波长的不同入射光将会发生不同的衍射，

光谱仪的调谐性是通过入射到光栅上的光的角度改变来实现的，衍射光栅通常是一个典型的反射元件，它主要由一个基板和具有周期扰动的形成光栅的反射模构成。当光入射到光栅的衍射线的时候，衍射光栅就开始工作，光栅的每一条线通过衍射把光纤分割成一系列具有一定角度的小波，对于给定波长的光在离开光栅时具有一定的角度，其他波长的光信号以大于或小于这个角度离开光栅，每个光栅线的形状决定了相对入射光束的衍射效率。常用的衍射光栅方程可以表示为

$$n\lambda = d(\sin\beta - \sin\alpha) \tag{5-2}$$

式中，λ 为入射光波的波长；d 为光栅线的间隔；α 为相对于光栅的入射光角度；β 为离开光栅时的角度；n 为表示光谱的阶次的整数。

当衍射光束相对于其他衍射光束有一个相位差时，这个衍射光束称为一阶衍射光束，第一个反射的波称为零阶光束($n=0$)，当入射信号的角度等于发射信号的角度时，被反射的零阶信号光束将不能分离不同的光束，也不能通过光谱分析仪进行测试。光谱分析仪使用光栅的特殊方向称为利特罗条件，相关波长的信号离开衍射光栅，并直接按照入射路线返回，示意图如图 5-9 所示，对于利特罗条件的光栅方程可以表示为

$$n\lambda = d\sin\theta \tag{5-3}$$

式中，$\theta = \alpha = -\beta$。

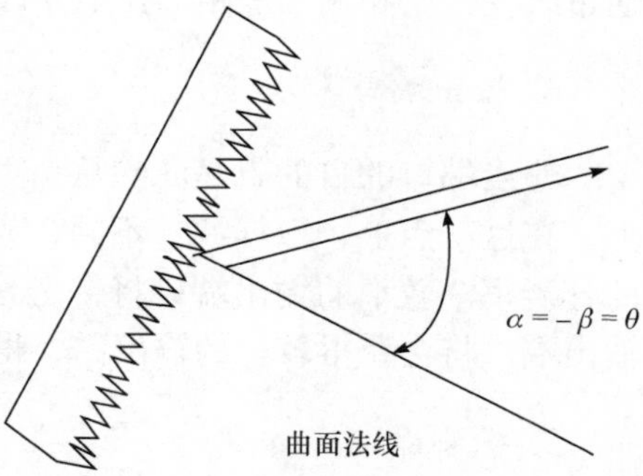

图 5-9　利特罗条件

图 5-9 显示的是衍射平面波形成的示意图，相邻光栅之间形成相长干涉的区域将出现衍射的平面波，衍射光束实际上占有较窄的角度范围，即便是单一波长的输入光束，这种新的衍射波前也会有一些差异，衍射光束的发散角可以表示为

$$\Delta\beta = \frac{\lambda}{Nd\cos\beta} \tag{5-4}$$

式中，$\Delta\beta$ 为单色光的衍射光束的发散角；N 为明条纹的数目，式(5-4)反映了基于衍射光栅光谱分析仪的滤波器宽度。光谱分析仪的分辨率受到明条纹直径的限制。这类似于一个相控阵列天线，阵列中的天线越多，辐射光束的宽度就越窄。光谱分析仪的总体分辨率由输入和输出孔径的尺寸以及准直光学系统的性能决定。光栅的另一个重要特性就是色散，色散就是度量衍射光束相对入射光束所偏离的角度。光栅的色散可以通过衍射光束的发散角对波长的微分来获得，因此，衍射光栅的色散可以表示为

$$D = \frac{\Delta\beta}{\Delta\lambda} = \frac{n}{d\cos\beta} \tag{5-5}$$

式中，D 为色散系数，由此可以看出，衍射光栅的色散量和波长的变化量有关，因此，光谱分析仪的光学分辨率受波长变化的影响。

为了理解光栅分辨率的限制，必须结合式(5-4)和式(5-5)，式(5-4)显示的是用于光谱分析仪输入光源的衍射光束角度表达式，表示了输入角度的变化量与波长的关系，在式(5-5)中代入 $\Delta\beta$ 就可以获得式(5-4)。通过求解 $\Delta\lambda$ 就可以获得最小波长分辨率，最小分辨率可以表示为

$$\Delta\lambda_{\min} = \frac{\lambda}{Nn} \tag{5-6}$$

式中，$\Delta\lambda_{\min}$ 为衍射光栅的最小波长分辨率，从式(5-6)可以看出，分辨率与入射波长、衍射光栅的明条纹数目 N 以及衍射阶次 n 有关。

5. 聚焦光学元件

聚焦光学元件的作用就是从光栅上获取衍射光和从输出端口获得信息。光学元件从衍射光栅上获得衍射的准直光束，并在输出端输出聚焦光束。衍射光栅产生一个与波长成正比的角度的衍射光束。聚焦透镜的功能就是把来自于衍射光栅的不同衍射角的光束转换到透镜的焦平面上，长焦距的透镜将会使两束信号在焦平面上分开较大距离，但是这不能增加分辨率。如果准直透镜的输入和输出焦距相等，那么输出和输入点的大小将会相等，输出的大小可以通过改变输出和输入焦距的比值来改变。

6. 输出端口

输出端口的目的就是滤除从衍射光栅传过来的光信号，输出端口放置在单色仪的焦平面上，在这一点上，根据波长不同，光信号将会产生色散，在这个位置上可以调节光谱分析仪的分辨率。较窄的输出端口将会选择较小范围的光谱，可以获得较高的光学分辨率，较大的输出端口将会获得较宽的输出谱，得到较低的光学分辨率。

7. 探测器

探测器的作用就是把光信号转换成电信号，以便进一步处理或记录采集到的信号，为了获得较高的灵敏度，在光谱分析仪中常常使用半导体光电倍增管，其响应波长一般在常用的波段，通常使用波长在 1300nm 和 1550nm 波段的 InGaAs 探测器，在探测器输出端的放大器是影响光谱分析仪的灵敏度和扫描时间的主要器件。

5.3　基于衍射光栅光谱仪的主要技术指标

5.3.1　波长精度

波长调谐装置，光谱分析仪的波长调谐性是通过衍射光栅的旋转来控制的，衍射光栅的每一个角度都将使得相应波长的光直接聚焦在输出端口的中心，为了能够对给定的波长进行扫描，衍射光栅必须能够进行旋转，扫描的起始和结束波长分别由起始和结束的角度来决定，为了能够获得精确的调谐性，衍射光栅的角度必须精确控制。

光栅运动技术，光谱分析仪通常使用齿轮减速系统，以获得所需衍射光栅的角度分辨率，齿轮减速系统可以提供非常精确的运动控制，但是它的运动速度较慢，为了克服齿轮驱动相关的缺点，光谱分析仪常采用直接驱动的电机系统。具有内插技术的光学编码方法可以实现比较精确的运动控制，可以快速地控制衍射光栅处于设定的位置处。

5.3.2　波长校准技术

光谱分析仪根据光栅的位置来确定信号的波长，因此，光栅的机械运动的差异直接影响测量波长的精度。为了补偿这些元件所带来的误差，厂家需要校准波长测量的大小。然而，振动以及温度的变化将会引起 ±1nm 左右的波长漂移误差，相对于测量的波长范围，这个误差小于 0.1%。

准确激光器来校准波长。可以使用准确波长的激光器来校准光谱分析仪，标准激光器仅作为参考信号，单波长校准可以利用标准氦氖激光器波长，稳定的可调谐激光器可以通过波长计来校准。图 5-10 显示的是利用波长计来校准光谱分析仪的方法，光谱分析仪和波长计同时测量相同波长的光信号，波长计的测量精度可以达到百万分之一。

吸收线校准。利用气体吸收线校准方法的结构如图 5-11 所示，该方法的优点在于这些吸收线都是已知的常数，宽带光源发出的信号经过一个装有气体的密闭玻璃容器，输出的光信号经过光谱分析仪进行测量，最强吸收线发生在气体分子的基本谐振频率处，这些吸收线的波长都超过 2 μm，在常用的通信波段 1550nm 附近可利用的吸收线受到很大的限制。乙炔和氰化氢气体是气体吸收线校准的理想气体。表 5-1 和表 5-2 列出了乙炔气体及同位素的吸收线的名称和波长，表中这些吸收线的真空中波长的测量精度为 0.001nm；表中 R 前缀指的是较短波长的吸收线，P 前缀代表的是较长波长的吸收线。

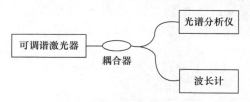

图 5-10　基于可调谐激光器的光谱分析仪校准示意图　　图 5-11　基于吸收线的光谱分析仪校准示意图

表 5-1　真空中乙炔吸收线($^{12}C_2H_2$)

名称	波长/nm	名称	波长/nm	名称	波长/nm	名称	波长/nm
R27	1512.45	R13	1518.21	P1	1525.76	P15	1534.10
R25	1513.20	R11	1519.14	P3	1526.77	P17	1535.39
R23	1513.97	R9	1520.09	P5	1528.01	P19	1536.71
R21	1514.77	R7	1521.06	P7	1529.17	P21	1538.06
R19	1515.59	R5	1522.06	P9	1530.37	P23	1539.43
R17	1516.44	R3	1523.09	P11	1531.59	P25	1540.83
R15	1517.31	R1	1524.14	P13	1532.83	P27	1542.25

表 5-2　真空中乙炔吸收线($^{13}C_2H_2$)

名称	波长/nm	名称	波长/nm	名称	波长/nm	名称	波长/nm
R26	1521.20	R12	1526.95	P2	1534.35	P16	1542.39
R24	1521.95	R10	1527.86	P4	1535.43	P18	1543.63
R22	1522.72	R8	1528.80	P6	1536.53	P20	1544.89
R20	1523.52	R6	1529.76	P8	1537.66	P22	1546.18
R18	1524.35	R4	1530.74	P10	1538.81	P24	1547.49
R16	1525.19	R2	1531.75	P12	1539.98	P26	1548.82
R14	1526.06	R0	1533.41	P14	1541.17	P28	1550.18

校准后的精度。波长的重复性指的是在 1min 的时间内波长调谐的漂移量，表示在连续扫

描的模式下，没有调谐量的改变。如果光谱分析仪已经校准，那么测量误差将会降低。因振动等引起的误差被补偿了，在测量过程中温度引起的测量误差通常小于几摄氏度。

5.3.3 波长分辨率和动态范围

1. 分辨率带宽

波长分辨率决定了光谱分析仪对相邻两个波长响应的能力，滤波器的带宽决定了波长分辨率，分辨率带宽常常被用来描述光谱分析仪中的滤波器带宽，滤波器的带宽受光栅分辨率、输入与输出孔径尺寸和光学部件质量的限制，同时，分辨率也受到光信号入射到衍射光栅上的次数影响，光谱分析仪具有 10nm 到 0.1nm 的可选择滤波器，这就使得在测量过程中可以选择适当的分辨率。图 5-12 显示的是单模光纤输入情况下的不同分辨率带宽多通道单色仪的波形图，准直光束直径为 2cm，衍射光栅的配置为 1000lines/mm，滤波器的波形状况对 DFB 激光器的单模抑制比等参数的测量是非常重要的，此外，滤波器的形状也影响噪声功率的测量。

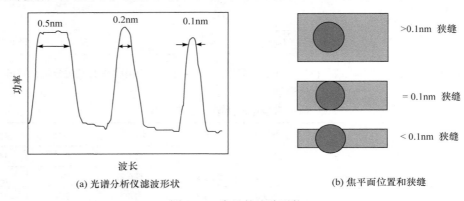

(a) 光谱分析仪滤波形状　　　　　　(b) 焦平面位置和狭缝

图 5-12　常见的滤波形状

2. 噪声带宽

可以从光谱分析仪的前面控制面板中读出分辨率带宽的设置，大多数噪声测量是由具有平顶通带和无限陡峭滤波器的形状决定的，由于光谱分析仪不能获得较好的滤波器形状，滤波器的有效噪声带宽必须被测量和计算。滤波器的有效噪声带宽可以看作在相同噪声功率下平顶滤波器的带宽，光谱分析仪具有使用存储滤波器形状数据的噪声标记的功能，可以直接读出有效噪声带宽，不需要用户测量滤波器的形状。

3. 动态范围

动态范围是指光谱分析仪在相同扫描状态下同时区分大信号和小信号的能力。光谱分析仪的动态范围是由滤波器的形状和阻带性能决定的，为了提高动态范围，需要非常尖锐和较深阻带性能的滤波器，图 5-13

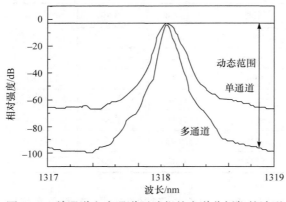

图 5-13　单通道和多通道干涉仪的光谱分析仪的波形

显示的是单通道和多通道单色仪的滤波器形状图，从图中可以看出，多通道单色仪的滤波器比单通道单色仪滤波器具有较深的范围，因此，多通道单色仪具有较高的动态范围，单色仪测量范围内的散射信号将会限制单色仪最终的阻带性能。单色仪的阻带性能受到杂散光的限制，光学系统内的散射信号将会引起杂散光的出现，如果探测器能够分辨出杂散光和来自单色仪的待测信号，那么滤波器的阻带性能将会被提高。

5.3.4　灵敏度和扫描时间

灵敏度定义为最小可探测的信号，灵敏度也通常定义为仪器的均方根噪声的 6 倍，仪器的灵敏度由单色仪中的损耗以及探测器的灵敏度共同决定，此外，仪器的分辨率带宽不会像在电子频谱分析仪中那样影响灵敏度。单色仪的主要损耗机制是衍射光栅的效率，衍射光栅的效率可以通过优化光栅中线的形状来改进。对于1300nm 和 1550nm 的通信波段，为了提高衍射效率，常常在衍射光栅上镀上金膜，信号通过单色仪的单通道损耗的大小为 3~7dB。灵敏度可以直接耦合到视频图像的带宽上，如图 5-14 所示，视频带宽控制接收电子器件中的噪声大小，主要考虑的是探测器的暗电流、放大电子器件的带宽和噪声性能。探测器的暗电流与探测器的探测面积成比例，探测器的最小尺寸是由图像平面中被选择的狭缝宽度决定的，对于多通道单色仪，探测器的尺寸可以做得很小，不依赖于狭缝宽度的大小，可以发现滤波器的带宽不会影响光

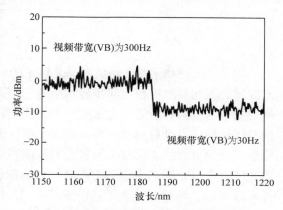

图 5-14　视频带宽对灵敏度的影响

谱分析仪的灵敏度，这和滤波器带宽对电谱分析仪灵敏度的影响形成鲜明的对比。

对于快速扫描和低灵敏度设置，扫描时间受到单色仪的最大调谐速率的限制。与使用齿轮减速系统旋转衍射光栅的光谱分析仪相比，直接驱动电机系统的光谱分析仪具有更快的扫描时间。随着灵敏度的增加，视频探测器的带宽逐渐减小，由于扫描时间与视频带宽成反比，这将会增加扫描时间。

5.4　调制信号的测量

1. 信号处理

如果输入光谱分析仪的信号光是随时间变化的，那么待测量的信号就必须被描述为波长和时间的函数，然而，仪器的操作过程也需要一定的时间，为了测量所有的谱信息，必须使光栅进行旋转才能使不同波长的信号通过狭缝。如果输入信号的调制速率远高于光谱分析仪中光栅的旋转速率，获得的信息将为平均的光谱信息。如果调制速率与光栅旋转速率或探测电子器件的速率相当，则可以获得准确的光谱信息。为了能够测量低重复速率的调制信号，光谱分析仪中采用了一种特殊的触发模式。为了理解这种触发模式，必须理解光谱分析仪的数据采集过程。图 5-15 显示的是标准的自由运转操作模式，光谱分析仪启动衍射光栅的扫描，从光电探测器获得的信号将被放大，并把模拟信号转换成数字信号，在模数转换过程中以固

定的速率进行。在理想的情况下，扫描的波长范围等于扫描时间乘以模数转换时间，模数转换后的数字信息通过 DSP 进一步处理，处理后的数据在显示单元上显示，当待测信号完成测量后，衍射光栅返回到起始的位置。

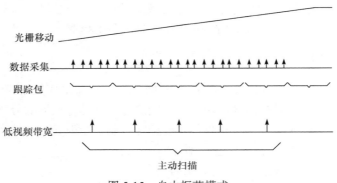

图 5-15　自由振荡模式

如果输入的功率和光谱随时间是恒定的，那么只有 DSP 处理单元的光栅是运动的，数字滤波器必须和显示屏幕上同步显示准确的信息。在这种情况下，光栅的旋转速度主要取决于所要测量的范围和所需的灵敏度，光栅旋转越慢，就会有越多的采样信息被平均处理。如果信号以较高速率进行调制，那么光谱分析仪仍然可以在没有外部触发的情况下测量平均光谱信息。视频带宽必须明显小于最低调制速率分量，否则信号将会失真。在许多情况下，调制周期内给定点处的光谱比平均光谱信息更有意义。一些光谱分析仪提供了多种触发模式以表征来自器件、传感器或者子系统的 10～250Hz 的触发信号范围内调制的其他光源的测试信号。可以通过选择较低的视频带宽来测量平均光谱信息，即使模拟带宽高于信号的调制带宽，视频带宽功能也会对采样信息进行低通滤波。

2. 零跨度模式

如果测量的跨度是零(换句话说，开始波长等于结束波长)，光栅能够保持在测量中心波长的角度位置处，滤波器的波长是固定的，将会记录在开始测量的触发之后的任何特定时间的功率信息。如果时间响应是记录不同波长信息，那么将会获得时域下的脉冲光谱信息。除了观察低频调制信息，该模式的主要优点就是可以获得在某一波长下的准确功率信息。在这种情况下，不需要在所需波长上设置标记读取其功率，当光谱分析仪设置在某一波长下的零跨度模式下时，就可以获得整个测量范围内的平均功率值。由于测量的范围包含多个信息点，所以可以获得所有这些点的平均功率值。为了获得大于零跨度的噪声或调制抑制信息，视频带宽必须设置得较低，这样将会增加扫描时间。

3. 触发扫描模式

在这种模式下，在收到触发脉冲信息之前，衍射光栅一直停留在起始波长处，如图 5-16 所示；衍射光栅按照自由运转的方式开始旋转，在扫描结束后，光栅停止在起始位置处直到下一个触发脉冲的出现。

4. 模数转换触发模式

模数转换触发模式在信号的正边沿或负边沿后的指定时间内对原始信号进行采样，如

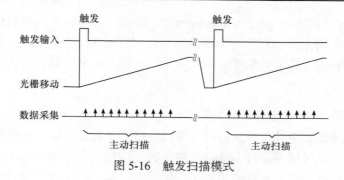

图 5-16　触发扫描模式

图 5-17 所示，光栅连续运转，但是数据的采集是同步的。当存在触发时，光谱分析仪将在指定的延迟之后对数据进行采样并将其数字化。测试未封装的源组件，如芯片上的激光器或发光二极管，是光谱分析仪在该触发模式下的常见应用。为了避免热效应使用脉冲电流驱动激光器时将会改变光谱的现状。图 5-17 显示的是脉冲激光器的驱动电流和功率随时间的变化关系。

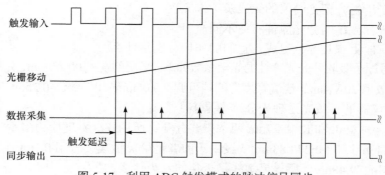

图 5-17　利用 ADC 触发模式的脉冲信号同步

5. 模数转换交流触发模式

和模数转换触发模式相似，模数转换交流触发模式(图 5-18)对触发事件后延迟的数据进行采样，第一个事件在正沿或负沿触发，模数转换交流触发模式在正沿和负沿之间交替。此外，DSP 对数据进行差分处理，计算在正触发沿之后获取的采样与在负触发沿之后获取的样

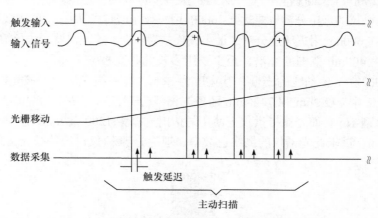

图 5-18　模数转换交流触发模式

本之间的绝对差，获得的跟踪点仅表示调制幅度，因此，不同频率的调制信号光将会抵消。在这种模式下，DSP 对来自于模数转换器的原始数据进行两个带宽滤波，可以有效地减小随机噪声，而不会影响信号的真实幅度。该模式和锁相技术非常相似，仅测量光的调制部分，抑制未调制的光信号。

6. 门控扫描模式

门控扫描模式通知数字处理单元何时保留或忽略来自数模转换单元的数据，光栅和模数转换单元都不与外部信号同步运行，若触发输入为高信号，则数据处理单元将模数转换单元的信号作为有效数据点，否则它将会用较小的值代替样本。若低电平的时间长于光栅从一个跟踪点移到下一个跟踪点所需的时间，则跟踪将会具有间隙。

习题与思考

1. 试述干涉光谱分析仪工作原理。

2. 试述基于衍射光栅光谱仪的组成及工作原理。

3. 试述棱镜和光栅的分光原理有何不同。

4. 光谱仪一般由哪几部分组成？它们的作用分别是什么？

5. 有一型号原子吸收分光光度计的光学参数如下：光栅刻度 1200 条/mm，光栅面积 50mm × 50mm，倒线色散率 20Å/mm，狭缝宽度有四挡可调：0.05mm、0.1mm、0.2mm 和 2mm。试求：

(1) 该型号仪器的一级光谱理论分辨率是多少？

(2) 欲将 K 404.4nm 和 K 404.7nm 两条谱线分开，所用狭缝宽度应为多少？

(3) Mn279.48nm 和 Mn279.83nm 双线中，前者是最灵敏线，若用 0.1nm 和 0.2nm 的狭缝宽度分别测定 Mn279.48nm，所得灵敏线是否相同？为什么？

6. 某光栅光谱仪的光栅宽 5cm，刻线为每毫米 1000 条，投影物镜焦距 1m，光垂直光栅平面入射，试求：

(1) 一级光谱衍射角 30°的波长为多少？

(2) 在此波长处能分辨的最小波长差是多少？

(3) 此处的倒线色散率为多少？

(4) 在一块 240mm 长的感光板上一次能拍摄多大范围的光谱？

7. 某光栅光谱仪的理论分辨率要达到 30000,用一级光谱时,需用多宽的刻线数为 600 条/mm 的光栅？该仪器在 600nm 附近所能分辨的最小波长差为多少？若该仪器的线色散率为 1mm/nm，现在要拍摄 300～400nm 范围的光谱，至少要用多长的感光板？

8. 有一 1200 条/mm 刻线的光栅，其宽度为 5cm，在一级光谱中，该光栅的分辨率为多少？要将一级光谱中 742.2nm 和 742.4nm 两条光谱线分开，则需多少刻线的光栅？

9. WPG-100 型 1m 平面光栅摄谱仪上使用的衍射光栅为 1200 条/mm，总宽度为 50mm，闪烁波长为 300.0nm，试求此光谱仪的倒线色散率、理论分辨率(仅讨论一级光谱且衍射角很小)。

第六章 频谱分析技术

光源的强度和频率特性是影响光学系统性能的关键因素，它们决定了光纤群速度色散对传输信号、波分复用系统中的信道间隔以及如受激布里渊散射等的光纤非线性效应的影响。利用光电探测器和电子接收器件测量强度是比较简单的方法，但是，对光功率谱和发射信号质量具有实质性影响的光学相位噪声与频率啁啾则不能用简单的光功率检测来获得。半导体激光器是光纤通信系统等使用的主要光源，可以有效地将激光信号耦合到高速链路的单模光纤中，通过改变半导体激光器的注入电流可以对半导体激光器的输出信号进行调制，调制后传递信息。没有调制的激光信号具有强度和相位噪声，这些噪声将会影响通信系统的性能。在调制过程中，光源的谱宽可以被展宽到超过信息带宽的限制，由于啁啾引起的光谱展宽与光纤中的波长色散相结合，将严重影响传输脉冲的形状，增加通信系统的误码率，调制光源的展宽频谱也将降低波分复用系统中信道之间的相似度。典型的单频半导体激光器的线宽约为 MHz 的量级，如果利用光栅光谱分析仪来测量这个线宽，那么需要提高光栅光谱分析仪 1000 倍的分辨率才能测量这个级别的线宽，但是利用频谱分析技术可以较为容易地测量激光线宽等参数。因此，本章主要分析测量激光器的线宽、功率谱和啁啾的方法，利用这些方法，可以更好地理解激光器并提高系统的性能。

6.1 频谱分析的基本概念

6.1.1 测量的设定

在分析频谱测量的方法前，需要讨论这些测量方法的一些约束条件。图 6-1 显示的是激光光谱。从图 6-1 可以看出该激光谱线为洛伦兹型，同时，图中存在由于弛豫振荡引起的较

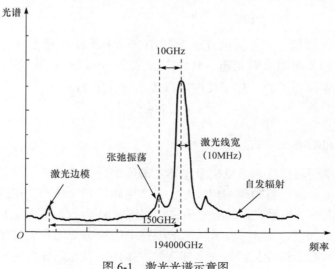

图 6-1 激光光谱示意图

小边带，以及位于更远处的较小边模。本章提出的测量方法仅在单纵模激光器测量中有效，光混合和干涉技术在本章的测量方法中起到关键作用。为了获得有效的干涉，在干涉光束之间需要偏振对准和空间重叠等条件。由于单模光纤在光波传输过程中具有较好的空间重叠性，因此本章讨论的光纤都是单模光纤。通常在测量系统中使用的光纤，可以传播自由偏振态的光信号，为了克服这个问题，在测量系统中常常使用偏振控制器来保证信号的偏振态对准。

激光的相干时间描述激光频率的单色性，在双路径干涉仪中，一束光波和其自身延迟信号产生的干涉取决于相干时间，通过随机事件来减少相干时间，随机事件如激光腔内的自发辐射，它将改变激光输出场的相位或频率。相干时间的概念如图 6-2 所示，在图 6-2(a)中，相邻时间间隔 T_1–T_2 之间的相位是可以预测的，因此相干时间比较长；图 6-2(b)中，随机相位变化导致在时间 T_1 和 T_2 之间的相位关系出现不确定性。相干时间和激光线宽成反比，可以定义为洛伦兹型，如式(6-1)所示：

$$\tau_c = \frac{1}{\pi \Delta \nu} \tag{6-1}$$

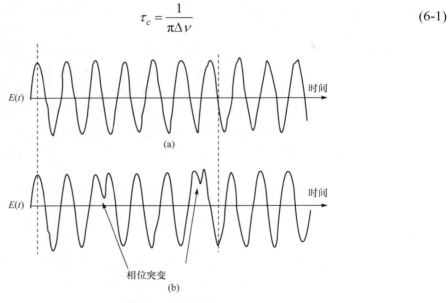

图 6-2　相干时间

随着光源线宽的增加，相干时间在逐渐减小，相干长度的概念也可以用来讨论干涉特性，相干长度等于相干时间乘以光速，介质中的光速 $v_g = c/n_g$，其中，n_g 为群折射率。单模光纤中的群折射率约为 1.47，相干长度可以表示为式(6-2)：

$$L_c = v_g \tau_c \tag{6-2}$$

6.1.2　激光的线宽和啁啾

相位噪声和频率啁啾是影响单纵模激光器光谱展宽的主要因素，当来自激光增益介质的自发发射改变自由运转激光器频率的相位时，将产生随机相位噪声，相位噪声在激光器的谐振腔中被放大，放大率将由激光器的有效振幅相位耦合因子(α_{eff})量化。随着 α_{eff} 的增加，激光器的线宽也逐渐增加，通常 α_{eff} 表示激光谐振腔中的功率变化与辐射光相位变化之间的关系，这些将会展宽激光光谱线宽。另一个称为弛豫振荡的激光过程将会在激光中心波长周围产生边峰，这些边锋离中心波长约为 20GHz，且幅值远远小于中心波长的幅值。当激光器的驱动电流为调制信号时，激光频率的啁啾将引起较大的频谱展宽现象，频率调制或啁啾将会使激光光谱的线宽远远超过自由运转的光学线宽。啁啾的幅度与 α_{eff} 成比例，激光器的介质材料和结构性质对 α_{eff} 影响较大，因此将产生啁啾现象。光相位的扫描是由于在光载波上存在频率调制或者啁啾，经历 2.5GHz/s 的强度调制的激光器可以占据由激光啁啾引起的大于 25GHz 的光谱。

式(6-3)～式(6-5)给出了估算半导体激光器的线宽、弛豫振荡频率和啁啾的关系式，这些计算关系与测量条件是非常相关的，因为测量时的实验条件是很重要的，变量和常量在表 6-1 中进行定义。

静态线宽：

$$\Delta\nu_1 = \frac{1}{4\pi P}n_{\text{sp}}(1+\alpha_{\text{eff}}^2)h\nu\frac{\lg(1/R)}{\tau_p\tau_n} \tag{6-3}$$

小信号啁啾：

$$\Delta\nu_{\max} = \frac{\alpha_{\text{eff}}mf_m}{2} \tag{6-4}$$

大信号啁啾：

$$\Delta\nu_c = \frac{\alpha_{\text{eff}}}{4}\left(\frac{1}{P}\frac{\partial P}{\partial t}\right) \tag{6-5}$$

表 6-1　参数的定义

符号	描述	典型值范围
$\Delta\nu$	没有调制的激光线宽	0.01～100MHz
P	输出光功率	0.1～500mW
n_{sp}	自发辐射因子	−2.5
α_{eff}	有效振幅相位耦合效率	−1～10
h	普朗克常量	$6.634\times10^{-34}\text{J}\cdot\text{s}$
ν	激光频率	193THz @ $\lambda=1.55\mu\text{m}$
R	激光端面反射率	−0.3
τ_p	冷腔光子寿命	1～2ps
τ_m	激光腔往返延迟	−0.5ps
m	强度调制指数	0～1
f_m	正弦强度调制信号的频率	0～20GHz
$\Delta\nu_c$	具有调制的瞬态频率啁啾	−1～100GHz
$\dfrac{\partial P}{\partial t}$	光纤随时间的变化率	—

6.1.3　两个光场之间的干涉

两个光场之间
的干涉

本节主要分析两个光场之间干涉的基本内容，干涉测量技术是主要的内容，首先讨论外差探测技术，该技术使用本振激光光源作为参考光用以测量未知信号的光谱特性，还将分析延迟信号与自身之间的干涉特性。利用光电探测器可以检测到两束光波干涉的强度变化，使用电子仪器分析光电流时，可以获得关于光载波变化的信息，本节中将使用两种频率符号 f 和 ν ， f 表示低于 100GHz 的频率， ν 表示高于 10^5GHz 的频率。为了测量两束光信号的干涉特性，简单的实验系统如图 6-3 所示，信号光和本征光通过耦合器入射到光电探测器上，光电探测器把光信号转换为电信号，通过频谱分析仪分析其特性，两束光波的场强可以表示为

$$E_x(t) = \sqrt{P_x(t)}\,\mathrm{e}^{\mathrm{j}[2\pi\nu_x t + \phi_x(t)]} \tag{6-6}$$

$$E_L(t) = \sqrt{P_L(t)}\,\mathrm{e}^{\mathrm{j}[2\pi\nu_L t + \phi_L(t)]} \tag{6-7}$$

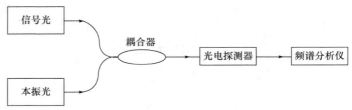

图 6-3　两束光干涉系统

光波场强的平方就得到信号的功率，即 $P(t) = |E(t)|^2$ ， ν 和 $\phi(t)$ 分别为光场的频率和初相位，如果利用光电探测器单独检测一束光信号，获得的光电流将随着光信号的功率变化而改变，但是，光信号的相位信息将会丢失。光波的相位信息表示了激光器的相位噪声或光波频率调制信息，波长为 1.55 μm 的光波频率为 1.94×10^5GHz ，光波的总相位 $2\pi\nu t + \phi(t)$ 的改变和电子仪器响应速度有关，光场的光谱如图 6-4(a)所示，本振信号光的功率是恒定的，信号光源受到 m 阶小信号调制，为了能够获得准确的频谱信息，本振信号的频率要低于待测信号的频率，入射到光电探测器上总的光强可以用式(6-8)表示：

$$E_T(t) = E_s(t) + E_L(t) \tag{6-8}$$

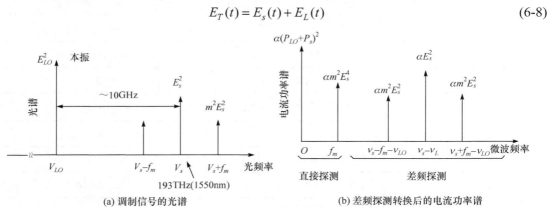

(a) 调制信号的光谱　　　　　　　　(b) 差频探测转换后的电流功率谱

图 6-4　差频检测频谱示意图

由于检测到的是功率信息，而不是光场本身的特性，因此光电检测相对于光场是非线性的。由于光电探测器输出的光电流是和场强的平方成比例的，因此可以测量两束光波的干涉

性能来获得光场的信息。

$$i(t) = \Re|E_T(t)|^2 \tag{6-9}$$

式中，$\Re$ 为光电探测器的响应率，可以表示为

$$\Re = \frac{\eta_d q}{h\nu} \quad (A/W) \tag{6-10}$$

式中，$\eta_d(0 < \eta_d \leqslant 1)$ 为光电探测器的量子效率，入射光子转换为电荷的转换效率；参数 q 和 $h\nu$ 分别表示电荷（1.6021×10^{-19}C）和光子的能量（$h = 6.6256\times10^{-34}$J，$\nu = c/\lambda$），利用 $f_{\mathrm{IF}} = \nu_s - \nu_L$，$\Delta\phi(t) = \phi_s(t) - \phi_L(t)$，把式(6-6)~式(6-8)代入式(6-9)可以得

$$i(t) = \Re\left\{P_s(t) + P_L + 2\sqrt{P_s(t)P_L}\cos[2\pi f_{\mathrm{IF}}t + \Delta\phi(t)]\right\} \tag{6-11}$$

式(6-11)$P_s(t)$ 和 P_L 分别是待测信号电场 $E_s(t)$ 和本振信号电场 $E_L(t)$ 对应的强度，第三项是比较重要的外差混合项(差频信息)。可以看出，实际的信号频率已经消失，只剩下差频信息，因此，外差的方法可以将光谱信息从高频转换到可以用电子器件测量的频率，如图 6-4(b)所示。在差频方法中，本振信号是用作具有已知频率、幅度和相位特性的参考光，因此可以获得待测信号的强度和频率等信息。

光信号的自差频是指一束光信号和自身延迟信号之间的干涉。在两个干涉光场中，其中一个光场是另一个光场的延迟信号，这种情况可以通过双光路的方法获得，如马赫-曾德尔干涉仪、迈克耳孙干涉仪和法布里-珀罗干涉仪等。马赫-曾德尔干涉仪的结构如图 6-5 所示，输入的光信号被分割成两部分，且两路信号通过不同长度的路径传输，时间 τ_0 是光束通过不同路径传输的时间差，光电探测器上输出的光电流和前面差频输出的光电流相类似，可以用式(6-12)表示：

$$i(t) = \Re\left\{P_1(t) + P_2(t) + 2\sqrt{P_1 P_2}\cos[2\pi\nu_0\tau_0 + \Delta\phi(t,\tau_0)]\right\} \tag{6-12}$$

式中，$P_1(t)$ 和 $P_2(t)$ 为干涉仪两个分臂输出的功率，干涉仪的平均相位设置由 $2\pi\nu_0\tau_0$ 给出；$\Delta\phi(t,\tau_0) = \phi(t) - \phi(t-\tau_0)$ 是由输入信号的相位、频率调制和干涉仪时间延迟 τ_0 引起的时变相位差。为了获得两个入射光场之间的 2π 范围内的相移，通过入射信号的频率差来定义干涉仪的自由谱宽范围，换句话说，这是两个波峰之间的频率差，从式(6-12)可以看出，自由谱宽范围是干涉仪的差分延迟 τ_0 的倒数。

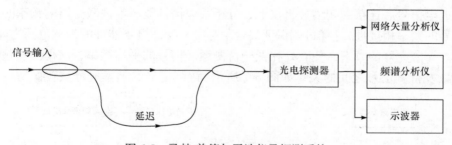

图 6-5 马赫-曾德尔干涉仪及探测系统

若 $\Delta\phi(t,\tau_0)$ 比较小，改变干涉仪的延迟或平均光频率可以使光电流从最小值变到最大值。如果平均相位 $2\pi\nu_0\tau_0$ 等于 $\pi/2$，或者为 $\pi(2n+1)/2$，$n = 0,1,2,\cdots$，干涉仪处在正交偏置状态。当干涉仪处在正交偏置状态时，可以将小的光相位变化量 $\Delta\phi(t,\tau_0)$ 线性地转换为光电流的变

化，余弦曲线上的线性点对应的是正交点，只要干涉仪处在传递特性的线性区域，那么干涉仪就可以用作频率鉴别器。在正交点的位置处，那么式(6-12)可以改写为式(6-13)：

$$i(t) = \Re\left\{P_1(t) + P_2(t) + 2\sqrt{P_1(t)P_2(t)}\sin[\Delta\phi(t,\tau_0)]\right\} \tag{6-13}$$

当相位差非常小的时候，可以近似得出 $\sin[\Delta\phi(t,\tau_0)] \approx \Delta\phi(t,\tau_0)$，那么该鉴别器可以用作线性换能器，将相位或频率调制转换成可以利用光电探测器测量的功率变化，如式(6-14)所示：

$$i(t) = \Re\left[P_1(t) + P_2(t) + 2\Delta\phi(t,\tau_0)\sqrt{P_1(t)P_2(t)}\right] \tag{6-14}$$

在式(6-14)中，$P_1(t)$ 和 $P_2(t)$ 可以通过直接检测获得，第三项是有用的干涉信息。

6.2　激光线宽特性

本节将讨论自由运转(非调制)单模激光器线宽测量的几种方法,激光线宽一般定义为功率谱最大值下降一半时所对应的宽度,基于光栅光谱仪的分辨率不能够准确地测量出激光器的线宽,所以需要选择合适的方法来准确测量激光器的线宽,常用的测量线宽的方法主要包括光学外差法、延迟自外差法、延迟自零差和光学鉴别器的方法等,这些方法能够获得激光线宽测量所需的分辨率,理解这些方法各自的优缺点将有助于在实际测量中选择合适的测量方法,以便获得准确的激光器线宽特性。

6.2.1　使用本振激光器的外差方法

外差方法是本章中提出的唯一能够表征非对称谱线形状的技术。外差方法不仅可以获得激光器的线宽数据,也可以用于测量未知光信号的功率谱,该方法可以获得较高的灵敏度和分辨率,测量过程中需要的关键器件就是稳定的较窄线宽的本振激光器。

本节讨论的光外差方法的实验结构如图 6-6 所示,由于频谱分析仪具有较宽的分析带宽,在测量过程中,可以适当调节本振激光器的频率参数,然后,固定本振光的频率,即可获得待测信号的频谱信息。图 6-6 中,来自于本振光源的激光信号和待测激光信号经耦合器进行耦合输出,本振光输出端加入了偏置控制器以控制本振信号的偏振态与待测信号一致,从耦合器输出的两路信号,其中一路信号连接到光谱分析仪分析光谱信息,另一路信号经光电探测器转换成电信号后连接到频谱分析仪上,分析其频谱性能。本振激光器的频率必须调节到和待测信号的频率相接近,这样可以保证混合信号处在探测电子器件的带宽范围之内,此外,通过调节本振激光器的频率,使其处在低于待测激光信号的平均频率,获得的差频信号与本振光信号以及待测信号之间的关系如图 6-7 所示,待测信号的频率成分被转换到可分析的低

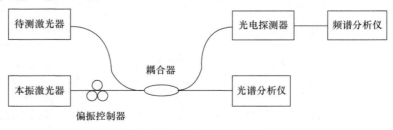

图 6-6　激光线宽测量系统

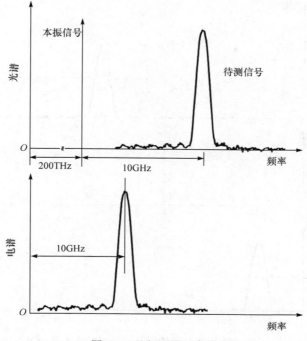

图 6-7　差频测量示意图

频信息成分上，可以用式(6-15)表示。当本振激光器的相位噪声比待测激光信号的相位噪声小时，差频信号的展宽特性主要受待测激光器的相位噪声影响，使用频谱分析仪可以获得差频信号的频率：

$$i(t) = \Re\left\{P_s(t) + P_L + 2\sqrt{P_s(t)P_L}\cos[2\pi(\nu_s - \nu_L)t + \Delta\phi(t)]\right\} \tag{6-15}$$

频谱分析仪显示的是光电探测器输出电流的功率谱，包含本振光和待测信号的差频信息，功率谱可以用式(6-16)表示：

$$S_i(f) = \Re^2\left\{S_d(f) + 2[S_L(\nu) \otimes S_s(-\nu)]\right\} \tag{6-16}$$

(频谱分析=直接检测+差频谱)

式中，$S_d(f)$ 为可以通过光电探测器和频谱分析仪直接获得的功率谱信息；在括号中第二项是有用的外差混频信号的乘积，是本振信号谱与待测信号谱的卷积。卷积是起源于时变的本振信号和待测信号场在光电探测器上的作用，在时域中的乘积等价于频域中的卷积。利用两个信号之间的频率差，在低频处可以获得包括不对称的激光器信号的信息，式(6-16)可以通过图 6-8 来表示，当卷积从负无穷扫描到本振信号时，本振信号的频率处在零频，将待测激光器信号描述为本振信号与待测信号之间的差频。从式(6-15)可以看出，随着本振信号线宽的增加，差频测量的频率分辨率逐渐降低。如果本振激光器的线宽比待测激光器的线宽小，那么本振激光器的谱线可以看成狄拉克函数，此时，从式(6-16)可以得出，频谱分析仪的显示特性可以用式(6-17)表示：

$$S_i(\nu) = 2\Re^2 P_L S_s(\nu - \nu_L) \tag{6-17}$$

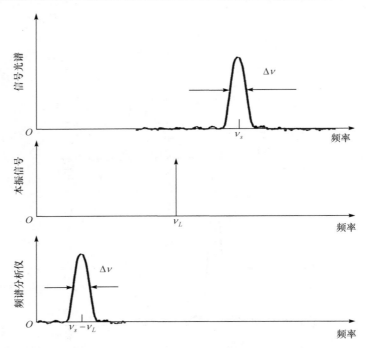

图 6-8　窄线宽激光器的卷积将信号频谱转换为低频示意图

由于频谱分析仪给出的是与实际激光功率谱成比例的测量值，这些测量值是电子器件可以探测的低频信息。从式(6-17)可以看出，随着本振信号功率的增加，外差方法检测的灵敏度逐渐增加，较高的本振光功率可以获得较大的灵敏度。

测量的信噪比是指检测到的外差信号功率与所有噪声信号功率的比值，噪声信号包括探测器的热噪声和干涉噪声等，干涉噪声是由于在测量装置中的光学反射，发射信号将激光器的相位噪声转换为探测器上检测的强度噪声。当信号的主要噪声是本振激光器的散粒噪声时，可以获得最佳的信噪比，在这种情况下的探测可以称为量子限制或散粒噪声限制，其相位噪声可以表示为

$$\frac{S}{N}=\frac{\Re P_s}{qB_c} \tag{6-18}$$

式中，P_s 为探测器上接收到的信号光功率；B_c 为频谱分析仪的电子带宽。这种散粒噪声限制的灵敏度是和本振光功率不相关的，最小可检测功率近似等于可探测效应时间内的单个光子功率。测量的光谱是待测信号的功率谱与本振信号光功率谱的卷积，可以将最小分辨率设置为本振信号的线宽，典型的可调谐外腔激光器的线宽约为 100kHz 的量级。然而，实际上由于激光器的频率抖动或者频率噪声将会使激光器的有效线宽变大，频率抖动是激光器在运转过程中工作频率的随机变化，通常是由环境引起的，在激光腔中，频率抖动随时间的变化是比较缓慢的，通常小于 1μs，但是频率抖动比电子频谱分析的积分时间更快。当测量平均时间需要几秒钟时，外腔激光器的有效线宽可以很容易地增大几 MHz。频谱分析仪的分辨率带宽是影响频率分辨率的另一个因素。分辨率带宽滤波器应当设置在最理想的测量分辨率大小。

6.2.2　延迟自外差

延迟自外差技术是一种不需要单独本振激光器的测量激光线宽的方法。延迟自外差方法如图 6-9(a)所示，入射信号被耦合器分成两路信号，其中一个分臂的信号光频率相对于另一个分臂的信号频率具有一定的频移，若一个路径的延迟超过光源的相干时间，则两束耦合信号将会产生干涉；如图 6-9(b)所示，该系统工作的方式类似于光学外差方法，频谱分析仪显示了差频信号。图 6-10 显示了线宽信息从光频到电子仪器可测量的低频转变的过程，与光外差情况一样，频谱分析仪上的频谱是各个信号功率谱卷积的结果。

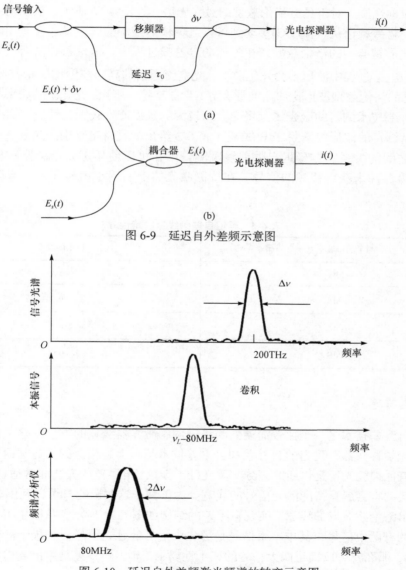

图 6-9　延迟自外差频示意图

图 6-10　延迟自外差频激光频谱的转变示意图

对于非相干混合，要求设置干涉仪相对于激光线宽的最小延迟，如式(6-19)所示：

$$\tau_0 \geqslant \frac{1}{\Delta\nu} \tag{6-19}$$

当式(6-19)满足时,信号的混合使干涉信号的相位变成相互独立的,因此,测量更加稳定。对于线宽为 10MHz 的激光器,所需的最小差分延迟时间约为 100ns,相当于 20m 的单模光纤长度。由低损耗单模光纤提供大的光学延迟,则要求激光器的线宽低于 10kHz。类似于光学外差的方法,延迟的自外差光电流谱是由检测所需的混合信号组成的,可以表示为

$$S_i(f) = \Re^2 \{ S_d(f) + 2[S_x(\nu - \delta\nu) \otimes S_x(-\nu)] \} \tag{6-20}$$

式中,$\delta\nu$ 为干涉仪分臂之间的频移大小;$\Re$ 为探测器的响应率。由于混合项在本质上是与自身卷积且在频率上频移 $\Delta\nu$ 的激光光谱,即使原始波形具有不对称的结构,但是所显示的波形也总是具有对称性质。对于具有洛伦兹型的激光光谱,如图 6-10 所示,显示的线型将是实际线宽的两倍,将差频谱从直流(DC)移动到可以避免仪器限制的区域是非常有用的,半导体激光器的输出波形是典型的洛伦兹型,在延迟的自差频过程中,洛伦兹和高斯波形的激光信号从光谱转换为电谱过程中波形不会发生改变,光电流频谱的高斯波形比原始波形大 $1/\sqrt{2}$ 半波带宽,更常见的洛伦兹型波形比原始波形大 1/2 半波带宽。由于激光光源的频率抖动和噪声等影响,利用外差技术测得的激光线宽将变大,较大的延迟产生较大的线宽,对于洛伦兹型的波形,必须从测量的波形中推断 3dB 线宽。表 6-2 给出的是特定级别的测量宽度与洛伦兹型的半波全宽之间的关系。在延迟自外差线宽测量中,可以使用声光调制器、相位调制器和强度调制器等器件来获得移频的信号。在待测激光器上使用小信号注入电流调制也可以进行移频。

表 6-2　延迟自差频线宽的特性

测量的半波全宽	显示的宽度
−3dB	$2\Delta\nu$
−10dB	$2\sqrt{9}\Delta\nu$
−20dB	$2\sqrt{99}\Delta\nu$
−30dB	$2\sqrt{999}\Delta\nu$

6.2.3　延迟自零差

延迟的自零差技术是一个比较简便的测量未调制激光器线宽的方法,除了在延迟自外差情况下存在光学移频器,延迟的自外差和自零差技术基本上是相似的。与延迟自外差相似,由于使用具有低损耗光纤延迟线的高分辨率光纤干涉仪,自零差的方法非常适合线宽的测量;激光频率的抖动将会展宽待测激光信号的线宽。为了减小这些影响,可以利用表 6-2 的结果进一步计算出洛伦兹波形的线宽。实现自零差的结构如图 6-11 所示,从图中可以看出,入射到探测器上的有两束信号,其中一束信号是另一束信号的延迟信号。如果干涉仪的差分延迟满足式(6-19),那么就可以满足两束信号的相干性要求。延迟自零差技术的光电流频谱是由直接检测和预期的混频信号组成的,但是不存在移频信息,可以表示为

$$S_i(f) = \Re^2 \{ S_d(f) + 2[S_x(\nu) \otimes S_x(-\nu)] \} \tag{6-21}$$

(频谱分析=直接检测谱+自零差谱)

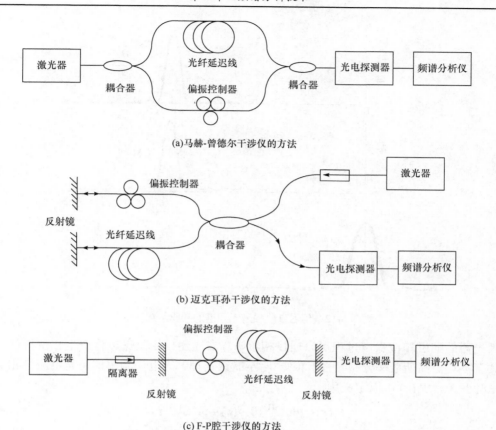

(a)马赫-曾德尔干涉仪的方法

(b) 迈克耳孙干涉仪的方法

(c) F-P腔干涉仪的方法

图 6-11　延迟自零差频测量激光线宽实验系统

混合项本质上是与自身卷积的激光光谱信息，即使待测信号的波形具有严重的不对称性，所显示的波形也总是对称的信息。除了在延迟自外差方法中使用的移频，式(6-20)和式(6-21)几乎相同。

从光谱到电谱的线宽转换信息可以通过图 6-12 表示。对于由洛伦兹或高斯函数描述的激光谱的情况，所显示的电功率谱具有与实际光谱相同的功能，通过自相关函数操作以保持函数的形状，所以获得的半导体激光器的波形通常采用洛伦兹函数进行拟合。测量的自零差半波线宽和实际光波线宽之间的关系与表 6-2 给出的自差频线宽的特性相同。由于延迟自零差方法获得的频谱中心在 0Hz 处，因此只能看到对称光谱的一半，如图 6-12 所示，激光信号的半波带宽对应于测量的宽度。

6.2.4　光电流谱：相干效应

本节将给出激光相干时间和干涉仪差分延迟的相互作用，将式(6-19)和实际实验相结合阐述干涉仪延迟的要求。由于物理基础和延迟自零差情况基本相同，因此这些理论也适用于延迟自外差技术。通过计算入射到光电探测器上的光波所激发的电流来估算光电流的频谱特性，入射到光电探测器上的电场 $E_T(t)$ ，可以表示为

$$E_T(t) = \sqrt{P_1}e^{j[2\pi vt+\phi(t)]} + \sqrt{P_2}e^{j[2\pi v(t+\tau)+\phi(t+\tau)]}$$

(6-22)

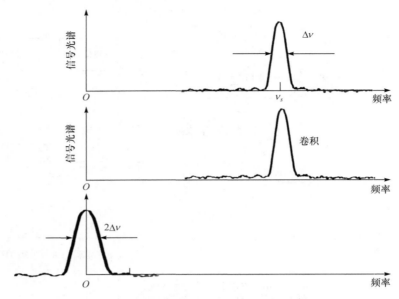

图 6-12　延迟自差频激光频谱的卷积示意图

激光器的随机相位噪声过程可以通过相位 $\phi(t)$ 来描述，相位噪声将产生相位抖动，相位抖动具有零均值高斯概率分布特性，根据维纳-欣钦定理，光电流功率谱是光电流自相关函数的傅里叶变换，$R_i(\tau)$ 可以定义为

$$R_i(\tau) = \Re q G_E^{(1)}(0)\delta(\tau) + \Re^2 G_E^{(2)}(\tau) \tag{6-23}$$

式中，$G_E^{(1)}(0)$ 和 $G_E^{(2)}(\tau)$ 分别为一阶和二阶光场自相关，可以表示为

$$G_E^{(1)}(0) = \left[E_T(t)E_T^*(t) \right] \tag{6-24}$$

$$G_E^{(2)}(\tau) = \left[E_T(t)E_T^*(t)E_T(t+\tau)E_T^*(t+\tau) \right] \tag{6-25}$$

式中，τ 为自相关扫描变量。对式(6-23)进行傅里叶变换，可以获得光电流功率谱 $S_i(f)$。$S_i(f)$ 可表示为

$$S_i(f) = \int_{-\infty}^{\infty} R_i(\tau)e^{-j2\pi f\tau}d\tau \tag{6-26}$$

计算的功率谱对于耦合电场之间的任何相关程度都是有效的，耦合场的偏振态和最大干涉场是一致的。忽略热噪声的影响，影响光电流谱的三个部分是直接探测信号 $S_{dc}(f)$、散粒噪声 $S_{shot}(f)$ 和混合信号 $S_{mix}(f)$。

$$S_i(f) = S_{dc}(f) + S_{shot}(f) + S_{mix}(f) \tag{6-27}$$

式中

$$S_{dc}(f) = \delta(f)\Re^2 \left[P_1 + P_2 + 2\sqrt{P_1 P_2}\cos(2\pi\nu_0\tau_0)e^{-\pi\Delta\nu\tau_0} \right]^2$$

$$S_{shot}(f) = 2q\Re \left[P_1 + P_2 + 2\sqrt{P_1 P_2}\cos(2\pi\nu_0\tau_0)e^{-\pi\Delta\nu\tau_0} \right]$$

$$S_{mix}(f) = \frac{8\Re^2 P_1 P_2 \pi^{-1}\Delta\nu^{-1}e^{-\pi\Delta\nu\tau_0}}{1+\left(\dfrac{f}{\Delta\nu}\right)^2}\left[\cosh(2\pi\Delta\nu\tau_0)-\cos(2\pi f\tau_0)\right]$$

$$= \frac{8\Re^2 P_1 P_2 \pi^{-1} \Delta\nu^{-1} e^{-2\pi\Delta\nu\tau_0}}{1+\left(\dfrac{f}{\Delta\nu}\right)^2} \left\{ \left[\cos(2\pi f\tau_0) - \frac{\Delta\nu\sin(2\pi f\tau_0)}{f} - e^{-2\pi\Delta\nu\tau_0} \right] \cos^2(2\pi\Delta\nu\tau_0) \right\}$$

表 6-3 给出了式(6-27)中的变量值。其中比较重要的混合项是难以处理的，但是在一定限度内可以进行简化。当激光器的线宽和延迟时间的乘积比较大的时候，混合项趋向于以零频率为中心的洛伦兹函数，其半波带宽为原始线宽的 2 倍，这种情况下，信号的频谱可以看成实际激光谱的缩放版本：

$$S_i(f) = \Re^2 (P_1+P_2)^2 \delta(f) + \Re^2 P_1 P_2 \frac{4/(\pi\Delta\nu)}{1+(f/\Delta\nu)^2} \tag{6-28}$$

表 6-3　变量的定义

符号	定义
$\delta(f)$	狄拉克方程，$\delta(f=0)=1$，$\delta(f\neq0)=0$
$\Re$	探测器的响应度(A/W)
P_1	干涉仪第一分臂的功率(W)
P_2	干涉仪第二分臂的功率(W)
$\Delta\nu$	激光线宽(Hz)
ν_0	平均的光频率(Hz)
τ_0	干涉仪延迟(s)
f	显示的频率(Hz)

从式(6-28)可以看出已经不存在散粒噪声，但是还包含直流项；干涉信号的损耗以及延迟自零差信号强度的影响可以很容易从该式中确定。式(6-27)可以作为确定当没有足够延迟时导致测量误差的理论基础，理论线宽的测量和 $\Delta\nu\tau_0$ 之间的关系如图 6-13 所示，因此，可以通过由部分相干性引起的可接受误差来确定最小的延迟，此外，图 6-13 可以用于校正在部分相干方案中的测量。

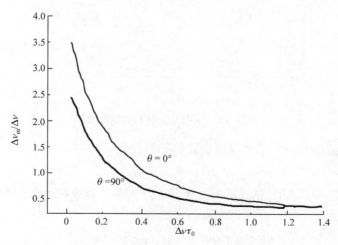

图 6-13　延迟自差频激光频谱的卷积示意图

6.2.5 相干鉴别器的方法

本节主要分析使用干涉光学鉴频器来表征连续激光器的光学载波变化和线宽特性的方法，这些测量方法在外腔激光器、相干检测的本振光和外部调制的移频控制的激光器等的测量中是非常重要的。假设激光器是连续激光器，输出的强度是恒定的，激光输出频率或者相位是变化的，光学频率调制鉴频器的目的就是将光学载波波动转换为可以直接测量的强度变化。迈克耳孙干涉仪、马赫-曾德尔干涉仪或者光学谐振器等干涉仪都可以实现鉴别器的功能。本节利用马赫-曾德尔干涉仪来描述鉴别器的操作，干涉仪的结构如图 6-14(a)所示，表征这种类型鉴别器的主要参数是通过干涉仪的两个路径之间的光学时间延迟。从图 6-14 中可以看出，光纤相位调制器和反馈电路用来使干涉仪处在正交的位置上；在该位置处，光学频率的变化可以线性地转换为强度的变化。干涉仪的一个分臂中添加了一个偏振控制器以避免两束信号的正交偏置状态。

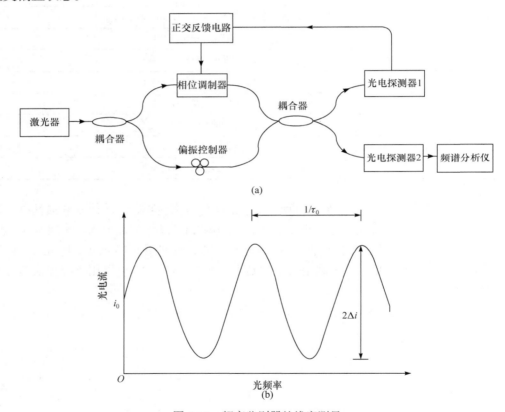

(a)

(b)

图 6-14　频率鉴别器的线宽测量

可以使用光载波的瞬时频率来描述激光频率的变化：

$$\nu(t) = \nu_0 + \delta\nu(t) \tag{6-29}$$

式中，ν_0 为平均光频率；$\delta\nu(t)$ 描述的是关于较大平均偏移频率的小频率变化情况，在没有反馈电路的情况下，光学干涉所产生的光电流可以表示为

$$i(t) = i_0 + \Delta i \cos[2\pi\nu_0\tau_0 + 2\pi\delta\nu(t)\tau_0] \tag{6-30}$$

式中，τ_0 为通过干涉仪后的差分延迟时间；Δi 为由于光学干涉引起的光电流变化的最大幅度

值，光电流的变化可以用图 6-14(b)来表示。当反馈回路运转时，相位调制器用来调节干涉仪两个分臂的延迟时间以确保干涉仪处在正交的状态。正交位置如图 6-14(b)所示，反馈电路主要用来补偿平均光频率和干涉仪光纤长度的缓慢漂移，在正交位置处，电流变化量和光频率的波动量为线性比例关系，式(6-30)可以表示为

$$\frac{\delta i}{\delta v} = 2\pi\tau_0\Delta i \tag{6-31}$$

式中，$\delta i/\delta v$ 为鉴别器的斜率，其描述的是光频率变化量到光电流变化量之间的转换关系；$2\pi\tau_0\Delta i$ 称为鉴别器常数。式(6-31)给出了一个重要的结果。即使为几百太赫兹的光载波，也可以直接测量到光载波的变化量。式(6-31)显示只需要两个实验参数就可以校准频率调制的鉴频器，这两个实验参数分别是差分延迟时间和峰值电流的变化量。实际上，差分延迟时间可以通过多种方法来测量，如使用高分辨率光学反射仪等来获得。峰值电流的变化量可以通过发送斜坡电压到光纤相位调制器的方法来获得。当进行鉴别器测量时，不需要对两路干涉信号进行偏振态匹配。为了获得较高的灵敏度，在整个测量过程中需要保持偏振态的稳定和较大的干涉信号强度。

6.2.6　几种方法的比较

1) 光学差频技术的优点
(1) 较高的灵敏度。
(2) 测量较窄的线宽(受本振光线宽的限制)。
(3) 测量非对称线型和非洛伦兹特性。
(4) 光频率抖动特性。
2) 光学差频技术的缺点
(1) 需要光谱分析仪去匹配本振信号和待测信号的波长。
(2) 需要低的频率抖动和较窄线宽的本振光。
(3) 如果测试激光器的波长受温度、光学反馈或注入电流的影响较大，需要进行波长跟踪。
3) 延迟的自差频/自零差技术的优点
(1) 实验结构简单。
(2) 对缓慢波长的漂移不敏感。
(3) 可测量较窄线宽的激光器约 5kHz(依赖于光纤的延迟)。
4) 延迟的自差频/自零差技术的缺点
(1) 不能够测量不对称的波形。
(2) 自差频：限制了由移频器测量的最大线宽。
(3) 由于频率抖动，测量的线宽偏高。
5) 相干鉴别器的优点
(1) 测量相位噪声频率谱。
(2) 测量激光抖动谱。
(3) 测量较窄的线宽的激光器。
6) 相干鉴别器的缺点
相干鉴别器的主要缺点是实验和校准装置较为复杂。

6.3　调制激光器的频谱测量

调制激光器的光谱特性对于通信系统中的光源选取是非常重要的。由于串话的影响，扩展的频谱对信道间隔的设置产生一定的限制，并且光纤的色散也会使信号产生展宽现象。为了能够对激光器进行精确建模和分析调制性能，就必须获得实际激光器的光谱性能，只有这样才能进行验证和确定激光器的参数。常用的光栅光谱仪是研究激光器性能的优良工具，但是，在分析施加到载波上的调制光谱时该光谱分析仪的测量精度就不能满足测量要求。强度调制、激光啁啾以及相位和强度噪声都对激光器的光谱有较大的影响，在激光输出调制过程中，直接强度调制和由此产生的频率啁啾将会展宽输出的激光光谱。时变光场由三个基本部分组成：描述功率随时间变化的幅度 $\sqrt{P(t)}$、平均工作频率 ν_0 和相位变化 $\phi(t)$。电场可以用式(6-32)表示；相应的单侧光场频谱是以调制包络的功率谱 $S_m(f)$ 与以 ν_0 为中心的载波频谱之间的卷积：

$$E_s(t) = \sqrt{P(t)}\mathrm{e}^{\mathrm{j}[2\pi\nu_0 t + \phi(t)]} \tag{6-32}$$

$$S_s(\nu) = S_m(f_\nu) \otimes <P_s(t)> \delta(\nu - \nu_s) \tag{6-33}$$

式中，括号 <> 表示时间平均值。在理想状态下，$S_m(f)$ 将对应于把信号传递到光学载波上的强度调制功率谱；然而，激光啁啾和线宽的影响将会增加到 $S_m(f)$ 中。本节的测量方法就是获得 $S_m(f)$ 的功率谱。由于载波信号的波长可以通过波长计或者光谱分析仪来获得，因此，不需要太关心载波信号的波长测定方法。下面将讨论两种获得高分辨率 $S_m(f)$ 功率谱的方法：第一种方法就是光学差频技术，该方法使用第二个激光器作为本振信号光来测量任意形状的功率谱；第二种方法是门控延迟自零差技术，该方法不需要额外的激光器作为本振信号光。在光学载波近似对称的情况下，门控延迟自零差技术是最适合获取高分辨率功率谱的方法。

6.3.1　差频方法

用于测量调制激光光谱的光学外差方法利用前面针对激光线宽测量所讨论的原理。光学差频方法的结构如图 6-15 所示，调制的激光信号和本振信号通过光纤耦合器进行耦合，利用光谱分析仪粗略地把本振信号移近到待测信号波长附近，准确地把差频信号调节到光电探测器和频谱分析仪的带宽范围内。为了提高显示信号的信噪比，在本振信号输出端增加了偏置

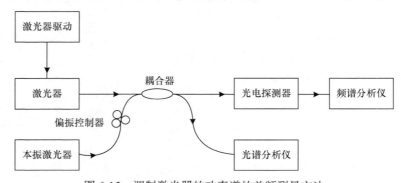

图 6-15　调制激光器的功率谱的差频测量方法

控制器。高速光电探测器之后还可以增加前置电放大器用来提高系统的测量灵敏度。在这种外差测量过程中，如果本振信号是固定的，那么需要利用宽带频谱分析仪来获得信号的谱线。为了提高测量精度，需要较窄线宽的本振激光器，且系统必须具有较小的反射比。

由于频谱分析仪上的显示是通过对实际频谱进行缩放后的结果，因此频谱边带的相对高度是可以得到保证的。显示器显示的频谱和实际频谱一一对应的，光谱可以简单地转换为用电子器件测量的低频信号，频谱分析仪的带宽通常将可观察功率谱限制在小于 100GHz 的范围。与光电流谱密度成比例的显示频谱取决于本振信号和调制激光器的频谱，同时还与直接探测的强度信号有关，如式(6-34)所示：

$$S_i(f) = \Re^2 \left[S_{dc}(f) + 2S_s(\nu) \otimes S_L(-\nu) \right] \tag{6-34}$$

当本振激光器的线宽小于调制激光器的线宽时，本振信号可以近似地看成狄拉克函数，那么式(6-34)中的卷积运算可以直接进行，在频谱分析仪上显示的频谱是转换到频谱仪上的操作范围内的实际光谱频率：

$$S_i(f) = \Re^2 \left[S_{dc}(f) + 2 <P_s><P_L> S_m(f)\delta(f - \nu_s + \nu_L) \right] \tag{6-35}$$

通过对比式(6-34)和式(6-35)可以看出，差频技术测量的是本振信号和待测信号频率差之间光场调制信号的功率谱。本振信号的频率应当根据待测信号的频率来设置，可以使平均频率差处在直接检测的最高光谱范围之上，这样有助于避免直接检测光谱 $S_{dc}(f)$ 和光场功率谱 $S_m(f)$ 之间的混淆。

6.3.2 门控延迟的自零差技术

可以使用由干涉仪和光电探测器组成的简单系统来测量调制激光器的光功率谱，利用光电探测器把光信号转换为电信号，利用频谱分析仪来分析获得的电信号，不需要额外的激光器作为本振信号就可以进行光谱信号分析，这种方法对频率调制的信号测量是非常适合的，相对于差频技术，该方法的主要优点就是可以进行自动波长跟踪，例如，当待测激光器的波长随温度变化而产生漂移的时候，由于待测激光器也被用作本振信号，因此这种方法仍然可以显示调制的功率谱，同时，不需要光谱分析仪对信号进行对准，就使得测量更容易实现。该方法的系统结构如图 6-16 所示。这种方法的基本要求就是激光器可以在两个时间顺序下进行操作，如图 6-17 所示。一种状态是当激光器处于没有被调制的状态下时，这种状态称为本地振荡器状态；另一种状态就是要测量光谱的调制状态。为了实现所需时间的同步，门控频率必须满足式(6-36)的要求：

$$f_g = \frac{1}{2\tau_0} \tag{6-36}$$

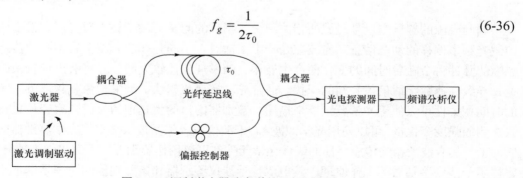

图 6-16 调制激光器功率谱的差频测量方法

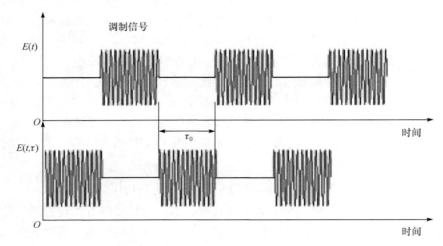

图 6-17　干涉仪分臂上的时域信号波形

门控延迟的零差技术和差频技术基本相似,但是,该技术是在大约 0Hz 处显示频谱信息,而不是在一些中间频率处显示。在频谱分析仪上显示的光电流功率谱是调制激光器的频谱。下面介绍光电流功率谱。

分析频谱仪上显示的频谱以及显示的频谱和实际频谱之间的关系都需要计算光电流功率谱,事实证明,最有用的操作就是必须满足式(6-37)的相干过程:

$$\tau_0 > \frac{1}{2\nu} \tag{6-37}$$

在这种情况下,两个时间状态的光波相位是不相关的,从而允许未调制状态作为独立的本振信号,这与延迟自零差和延迟自外差测量激光线宽的要求是相同的。在非相干情况下,频谱分析仪的频谱可以表示为

$$S_i(f) \approx \Re^2 \left[S_l(f) + 2S_m(\nu) \otimes S_L(-\nu) \right] \tag{6-38}$$

因此,与外差检测情况一样,频谱分析仪上显示的频谱主要由两部分组成:滤波的直接强度检测 $S_l(f)$ 和激光器在其本地振荡器状态与调制状态的混频的乘积。由于这种方法是零差技术,包含本振信号的频谱,因此它仅能精确地测量对称的光谱。

6.4　激光啁啾测量

调制光源的啁啾测量是时域的相关测量。啁啾的测量提供了关于激光器在强度调制过程中激光频率偏移的动态信息。光波在光纤中传播时,不同频率的光波会有不同的传播速度。啁啾的脉冲将会随着时间的变化而产生展宽,啁啾现象比较大的信号将会出现较快的脉冲展宽,导致高速数字通信信号间的干扰。通常光功率变化越快,啁啾现象就越严重。频率啁啾的时间相关性可以使用光学鉴别器来描述。鉴别器的目的就是把信号的频率变化量转换为可以探测的强度变化量,可以使用光学滤波器、干涉仪或者外差技术来实现光学鉴别器的功能。实际上,具有波长相关传输特性的线性光学元件都可以用作鉴别器。下面将详细地分析马赫-曾德尔干涉仪鉴别器的工作原理,其他双臂干涉仪鉴别器和该鉴别器的原理是基本相似的。实际上,有些光学系统已经被设计成鉴别器,这些系统主要包括具有双折射特性的晶体、光

纤、F-P 腔滤波器和光纤形式的迈克耳孙干涉仪等。

　　激光啁啾测量系统结构如图 6-18 所示,半导体激光器光源输出的调制光进入马赫-曾德尔干涉仪中,干涉仪两个分臂之间的时间差用 τ_0 表示;干涉仪的输出端分成两束信号,各自连接光电探测器,其中一个探测器测量平均功率以及由频率变化引起的强度变化量,第二个探测器仅仅用来测量平均功率。当干涉仪的两个分臂输出的功率相等的时候,干涉仪就处在正交状态,这时就可以利用线性鉴别器斜率特性将光频率啁啾转换为强度的变化。如图 6-19 所示,正交反馈电路通过调整延迟 τ_0 来维持系统的正交,所需的延迟调节量是很小的,大约为光波长的量级,使用压电器件可以实现延迟的调节,正交反馈电路应当可以对影响干涉仪延迟的外部因素做出快速的响应。利用激光器调制源触发的采样示波器来测量系统的参数,对比几组测量数据和干涉仪的状态,计算出啁啾。干涉仪的三种状态为:正交状态(干涉仪两个分臂导通);分臂 A 导通,分臂 B 关闭;分臂 A 关闭,分臂 B 导通。分析干涉仪的三种状态下所记录的时间,可以计算出啁啾。

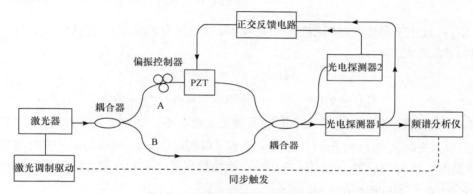

图 6-18　激光啁啾测量系统结构图

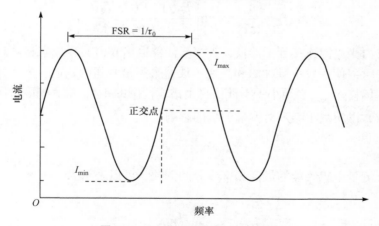

图 6-19　干涉仪鉴别器的特征波形

　　对于由具有两个光路的干涉仪组成的鉴别器来说,干涉仪的一个分臂上的平均功率等于两个分臂上功率与干涉项的和,可以表示为

$$P_0(t) = P_1(t) + P_2(t) + 2\sqrt{P_1(t)P_2(t)} \cos[\Delta\phi(t,\tau_0) + 2\pi\nu_0\tau_0] \tag{6-39}$$

式中, ν_0 为平均的载波频率; τ_0 为干涉仪的差分延迟;如果没有频率的波动,相位差 $\Delta\phi(t)$ 为

零。干涉仪输入端的频率变化将会在其输出端的干涉信号上产生相位变化，由于干涉仪中的电子接收器的输出电流或者电压和光强度成比例，因此可以用光电流或光电压代替干涉仪的输出强度来分析干涉仪。为了保持干涉仪的光束相干性，干涉仪的延迟应当满足式(6-40)的要求：

$$\tau_0 \ll \frac{1}{\Delta \nu} \tag{6-40}$$

满足正交偏置状态下的条件可以等效成需要的平均光频率和延迟，它们之间的关系可以表示为

$$2\pi \nu_0 \tau_0 = \frac{\pi}{2} + 2n\pi \tag{6-41}$$

式中，$n = 0, 1, 2, \cdots$。可以看出，在图 6-19 中实际上存在两个具有相反斜率的正交点，在测量中只需要保留一个正斜率的正交点。光载波的瞬时频率差可以视为时间的导数，表示为

$$\frac{\Delta \phi(t)}{\Delta \tau} = 2\pi \delta \nu(t) \tag{6-42}$$

当延迟时间 τ_0 远小于最快调制周期时，式(6-42)可以简化为式(6-43)。把式(6-41)和式(6-43)代入式(6-39)可以得式(6-44)：

$$\Delta \phi(t, \tau_0) = 2\pi \tau_0 \delta \nu(t) \tag{6-43}$$

$$P_Q(t) = P_1(t) + P_2(t) + 2\sqrt{P_1(t)P_2(t)} \sin[2\pi \tau_0 \delta \nu(t)] \tag{6-44}$$

式中，$P_Q(t)$ 为在干涉仪处在正交状态时的鉴频器输出功率。从式(6-44)可以看出，为了确定 $\delta \nu(t)$，必须首先测量 $P_1(t)$ 和 $P_2(t)$，这两个功率可以利用图 6-18 所示的系统进行测量、当断开一个支路时，可以测量另一个支路的功率。直接检测 $P_1(t) + P_2(t)$ 和鉴别器特性的功率依赖性 $\sqrt{P_1(t)P_2(t)}$ 来计算啁啾 $\delta \nu(t)$：

$$\delta \nu(t) = \frac{1}{2\pi \tau_0} \arcsin \left[\frac{P_Q - P_1(t) - P_2(t)}{2\sqrt{P_1(t)P_2(t)}} \right] \tag{6-45}$$

可以通过将白光光源连接到干涉仪，观察干涉仪输出光谱的零点来测量时间延迟 τ_0；对于较大的延迟，可以使用较窄脉冲源和高速示波器来测量时间的延迟。为了保持显著的啁啾测量，峰值频率偏移 $\delta \nu_{\text{peak}}$ 必须小于干涉仪自由谱宽范围的 $1/4$，最大啁啾被限制在干涉仪特性近似线性区域，以便减小噪声对啁啾测量的影响：

$$\delta \nu_{\text{peak}} \leqslant \frac{\text{FSR}}{8} = \frac{1}{8\tau_0} \tag{6-46}$$

延迟必须要小于测量中感兴趣的最高频率成分的倒数，可以表示为

$$\tau_0 \ll \frac{1}{f_m} \tag{6-47}$$

6.5 频率调制测量

本节将讨论使用相干干涉仪来表征光调制器的强度调制和频率调制的频域技术，在非相干域中使用干涉仪测量技术来测量频率调制响应和频率的关系。由于这一测量方法只是用来测量频率调制的响应而不是相位，所以该方法就不再进一步讨论了，这里讨论的相干技术可

以同时测量施加到光信号上的强度调制和频率调制。这种类型的测量技术对于表征诸如分布反馈激光器(DFB)、振幅或相位调制和半导体吸收调制器的器件是非常有用的。前面针对时域相干鉴别器进行了讨论，由于光学干涉仪幅度相关的斜率识别的问题，幅度调制的存在将会使频率调制受到一定的影响，可以进行两次测量从干涉数据中去除直接强度调制。每次测量都是在频率调制鉴别器的负相率上进行，利用这两个测量，可以确定强度和频率调制的响应。网络矢量分析仪可以完成调制频率处幅度和相位测量的分离。图 6-20 是用来实现频域测量的马赫-曾德尔干涉仪频率调制鉴别器。网络矢量分析仪给调制器提供正弦激励信号，并且测量来自鉴别器输出的结果，该过程需要进行两个单独的频域测量，一个将鉴别器锁定在正斜率上，另一个锁定在负斜率上。在两个测量过程中，强度调制是同相位的，且频率调制信号是170°反相信号。通过增加或者相减两个测量，可以有效地分离强度调制和频率调制响应。在每一个频率处，需要分别记录下强度和相位信息。

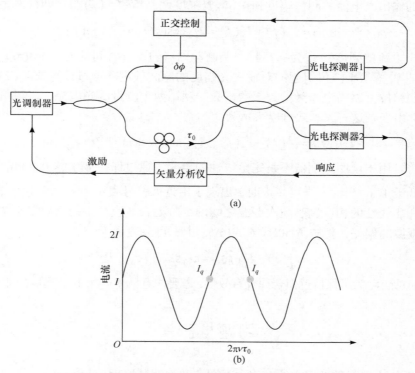

图 6-20　光频率调制检测器测量强度和相位调制响应特性

　　为了更好地理解这一过程，下面将分析其定义和等式，通过光调制器产生的复合电场可以表示为

$$E(t) = \sqrt{P(t)}\,\mathrm{e}^{\mathrm{j}[2\pi\nu_0 t + \phi(t)]} \tag{6-48}$$

式中，ν_0 为平均光频率；$\phi(t)$ 描述了光载波的频率或相位偏移量。由于网络分析仪给调制器提供正弦激励信号，光功率的响应可以表示为

$$P(t) = P_0\left\{1 + \mathrm{Re}\left[\widetilde{m}(f)\mathrm{e}^{\mathrm{j}2\pi f t}\right]\right\} \tag{6-49}$$

式中，f 为网络分析仪产生的调制频率；P_0 为平均光功率。复强度调制指数 $\widetilde{m}(f)$ 表示的是相对于来自网络分析仪的强度和相位；$\mathrm{Re}[\ ]$ 表示仅取复数表达式的实部。若光调制是在线性区

域，则光相位调制可以表示为

$$\phi(t) = \mathrm{Re}\left[\tilde{\phi}(f)\mathrm{e}^{\mathrm{j}2\pi ft}\right] \tag{6-50}$$

式中，$\tilde{\phi}(f)$ 为复相位的调制指数，与强度调制一样，相位调制具有和来自于网络分析仪相对应的幅度和相位。光频率是通过时间的导数与相位相关，正弦调制的关系可以表示为

$$\phi(t) = 2\pi\int v(t)\mathrm{d}t = \mathrm{Re}\left[\frac{\vec{v}(f)}{\mathrm{j}f}\mathrm{e}^{\mathrm{j}2\pi ft}\right] \tag{6-51}$$

式中，$\vec{v}(f)$ 为由网络分析仪提供的驱动频率 f 下的复频率调制，$\vec{v}(f)$ 包含相对于来自网络分析仪激励的相对幅度和相位。将由式(6-48)～式(6-51)描述的调制光场发送到频率调制器，可以为两个正交锁定位置计算出干涉信号。对于正负斜率位置处，复数量 $\widetilde{I_q^+}(f)$ 和 $\widetilde{I_q^-}(f)$ 表示调制频率 f 处的输出光电流的测量幅度和相位，复强度调制指数 $\tilde{m}(f)$ 与这两个测量值是相关的：

$$\tilde{I}_{\mathrm{AM}}(f) = \widetilde{I_q^+}(f) + \widetilde{I_q^-}(f) = 2I_0\cos(\pi f\tau_0)\mathrm{e}^{-\mathrm{j}\pi f\tau_0}\tilde{m}(f) \tag{6-52}$$

式中，I_0 为光电流的强度；τ_0 为通过频率调制鉴别器的差分时间延迟；$\cos(\pi f\tau_0)\mathrm{e}^{-\mathrm{j}\pi f\tau_0}$ 项描述的是由马赫-曾德尔干涉仪引起的对输入光强度的滤波效应。通过计算式(6-52)，强度调制指数的幅度和相位可以确定为激励频率的函数。利用两个测量的光电流，入射信号的光相位调制可以计算出来，这一关系式可以表示为

$$\tilde{I}_{\mathrm{PM}}(f) = \widetilde{I_q^+}(f) - \widetilde{I_q^-}(f) = 4\mathrm{j}I_0\sin(\pi f\tau_0)\mathrm{e}^{-\mathrm{j}\pi f\tau_0}\tilde{\phi}(f) \tag{6-53}$$

式中，近似符号用于说明鉴别器不是完全线性的事实，通过保持 $|\bar{\phi}(f)| < 0.1\mathrm{rad}$，非线性误差可以保持在低于1%，当输入强度变大时，出现了由近似符号表示的另一个电势误差，该误差是强度调制和非线性的相位调制高次谐波之间的二阶混合效应产生的。如果希望在频率调制方面表达光载波的偏差，把式(6-50)代入式(6-53)中，可以表示为

$$\tilde{I}_{\mathrm{PM}}(f) = \widetilde{I_q^+}(f) - \widetilde{I_q^-}(f) = 4\pi I_0\sin c(f\tau_0)\mathrm{e}^{-\mathrm{j}\pi f\tau_0}v(f) \tag{6-54}$$

如式(6-54)所示，为了保持近似合理及有效性，需要注意 $|\bar{\phi}(f)| \leqslant 0.1/\tau_0$ 和 $|\bar{m}(f)| < 0.5$ 的约束。

习题与思考

1. 画出外差法检测激光频谱的结构示意图，并说明其原理。
2. 画出激光啁啾测量的结构示意图，并分析各部分的工作原理。
3. 画出频率调制测量的结构示意图，并分析各部分的工作原理。
4. 简述光学差频技术的优缺点。
5. 简述延迟的自差频/自零差技术的优缺点。
6. 简述相干鉴别器的优缺点。

参考答案-6

第七章　分布式光纤传感技术

光纤传感技术是 20 世纪 70 年代伴随着光纤技术和光纤通信技术的发展而兴起的一种新型传感技术。它以光波为传感信号，以光纤为传输介质，感知和探测外界被测信号，在传感方式、传感原理以及信号的探测与处理等方面都与传统的电学传感器有很大差异。光纤本身不带电、体积小、质量轻、易弯曲、抗电磁干扰、抗辐射性能好，特别适合在易燃、易爆、空间受严格限制及强电磁干扰等恶劣环境下使用。因此，光纤传感技术一经问世就受到了极大重视，在各个重要领域得到了研究与应用。

7.1　光纤传感技术的概述

7.1.1　光纤传感器的工作原理

光纤传感器的基本工作原理可以用图 7-1 表示。在受到应力、温度、电场和磁场等外界环境因素的影响时，光纤中传输的光波容易受到这些外在场或量的调制，因而光波的表征参量如强度、相位、频率、偏振态等将会发生相应的改变，检测这些参量的变化，就可以获得外界被测参量的信息，实现对外界被测参量的"传"和"感"的功能。从图 7-1 可以看出，光源发出的光波通过置于光路中的传感元件，将待测外界信息如温度、压力、应变、电场等叠加到载波光波上，承载信息的调制光波通过光纤传输到探测单元，由信号探测系统探测，并经信号处理单元处理后检测出随待测外界信息变化的感知信号，从而实现传感功能。

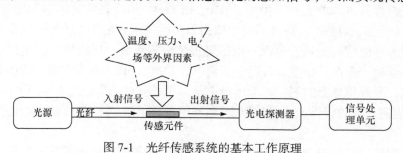

图 7-1　光纤传感系统的基本工作原理

1) 光纤传感器的基本结构

从图 7-1 光纤传感系统的基本工作原理可以看出，最基本的光纤传感系统主要包括光源、传输光纤、传感元件、光电探测器和信号处理单元等。

(1) 光源。光源就是信号源，用以产生光的载波信号。光纤传感器常用的光源是光纤激光器和半导体激光器等。一般要求其体积小，以便减小与光纤的耦合损失，输出波长与光纤相匹配，减小在光纤中的传输损耗，在室温下可以连续工作以及寿命长和功率稳定，输出模式与传感光纤匹配等。其主要技术参数包括激光线宽、中心波长、最大输出功率、暗电流和相位噪声等。

(2) 传输光纤。光纤作为传输介质起到信号的传输作用。光纤的分类方式有很多种，主要是按照材料、折射率分布和传输模式进行分类。按照制作光纤的材料分类有石英光纤、塑料光纤和液芯光纤等；按照光纤折射率分布分类有阶跃折射率光纤和渐变折射率光纤等；按照传输模式分类有单模和多模光纤。光纤通信系统及光纤传感系统用的传输光纤主要是石英制作的阶跃折射率单模光纤。

(3) 传感元件。传感元件是感知外界信息的器件，相当于调制器。传感元件可以是光纤本身，这种光纤传感器被称为功能型光纤传感器，这里光纤不仅起传光作用，它还是敏感元件，即光纤本身同时具有"传"和"感"两种功能，传感元件也可以是其他类型的可以感知被测参量并将被测参量转为光信号的敏感元件，这种光纤传感器被称为非功能型或传光型光纤传感器，其中光纤仅作为光的传输介质。

(4) 光电探测器。光电探测器是把传送到接收端的探测光信号转换成电信号，将电信号"解调"出来，然后进行处理，获得传感信息。常用的光电探测器有光敏二极管、光敏三极管和光电倍增管等。其主要技术参数包括灵敏度、量子效率、等效噪声功率、放大倍数和带宽等。

(5) 信号处理单元。信号处理单元用以还原外界信息，与光电探测器一起构成解调器。

2) 光纤传感器的特点

与传统的电类或机械类传感器相比，它具有以下优点。

(1) 抗电磁干扰、绝缘性能好、耐腐蚀。作为传感介质的光纤或光纤器件，其材料主要成分为二氧化硅，是非常安全的。因此光纤传感器具有抗电磁干扰、防雷击、防水防潮、耐高温、耐腐蚀等特点，可在条件比较恶劣的环境中(如强辐射、高腐蚀、易燃易爆等场所)使用。

(2) 体积小、重量轻、可塑性强。光纤作为传感器的主要组成部分，其体积小、重量轻，而且可以进行一定程度的弯曲，因此可以随被测物体形状改变走向，能最大限度地适应被测环境，既可以埋入复合材料内，也可以粘贴在材料的表面，与待测材料有着良好的相容性。

(3) 带宽大、损耗低、易于长距离传输。光纤的工作频带宽而且光波在光纤中传输损耗小(如 1550nm 光波在标准单模光纤中损耗只有 0.2dB/km)，适合长距离传感和远程监控。

(4) 可测参量多、对象广。通过不同的调制和解调技术，光纤传感器可以实现多种参量的传感。除了应力、温度、振动、电流、电压等传统传感领域，还应用在测量速度、加速度、转速、转角、振动、弯曲、扭绞、位移、折射率、湿度、pH、溶液浓度、液体泄漏等新型传感领域。因此，光纤传感器的测量对象十分广泛，可感知的参量已经达到了 100 多种。

(5) 灵敏度高。有效设计的光纤传感器(如利用光纤干涉技术)可以使光纤传感器实现非常高的灵敏度。

(6) 便于复用、成网。由于光波间不会相互干扰，可利用通信中的波分复用技术在同一根光纤中同时传输很多波长的光信号，而且光纤本身组网便利，有利于与现有光通信设备组成遥测网和光纤传感网络。基于以上原因，光纤传感器受到了人们广泛的关注，并得到了飞速的发展。同时，具有新的机制和面向新的应用对象的光纤传感器也在不断涌现。

3) 光纤传感技术的分类

光纤传感器的种类繁多，有多种分类方法。往往同一种被测参量可以用不同类型的传感器来测量，而同一原理的传感器又可以测量多种物理量。因此，了解光纤传感器的分类可以加深对传感器的理解，便于合理选用光纤传感器。常用的分类方法如下。

(1) 按照光在光纤中被调制的原理分类。光纤传感器的关键就是检测光受到外界参数的调制，可以分为强度调制型、相位调制型、频率调制型、波长调制型和偏振态调制型五种类型光纤传感器。

① 强度调制型光纤传感器。强度调制型光纤传感器通过测量光纤中光强受外界因素影响导致的变化来感知外界被测参量。主要有反射式强度调制型光纤传感器、透射式强度调制型光纤传感器、迅逝场耦合型强度调制型光纤传感器和物理效应型强度调制型光纤传感器等。

② 相位调制型光纤传感器。相位调制型光纤传感器通过被测能量场的作用，使光纤内传播的光波相位发生变化，再利用干涉测量技术把相位变化转换为光强度变化，从而检测出待测的参量。目前，各类光探测器都不能直接感知光波相位的变化，必须采用光的干涉技术将相位变化转换为光强度的变化，才能实现对外界参量的感知。常用的光纤干涉仪有迈克耳孙光纤干涉仪、马赫-曾德尔光纤干涉仪、萨奈克光纤干涉仪和法布里-珀罗光纤干涉仪等。

③ 频率调制型光纤传感器。频率调制型光纤传感器利用多普勒效应，通过测量光受外界因素影响而发生频率的变化来感知外界被测参量。

④ 波长调制型光纤传感器。光纤中光能量的波长分布或光谱分布受外界因素影响而改变，波长调制型光纤传感器通过检测光谱分布来测量被测参量。由于波长与颜色直接相关，因此波长调制也叫颜色调制。

⑤ 偏振态调制型光纤传感器。偏振态调制型光纤传感器利用外界因素引起光偏振态的变化来检测各种物理量。在光纤传感器中，偏振态调制主要基于人为旋光现象和人为双折射，如旋光效应、克尔效应和弹光效应等。

(2) 按照光纤在传感器中的作用分类。光纤传感器可以分为功能型和非功能型传感器两种。

功能型光纤传感器也称为传感型或探测型传感器，光纤不仅起传光作用，还是敏感元件，即光纤本身同时具有"传"和"感"两种功能。但是这类传感器的缺点是技术难度大、结构复杂、调整较困难。其典型的例子有光纤电压/电流传感器、光纤液位传感器等。

非功能型光纤传感器也称为传光型传感器。非功能型光纤传感器中，光纤不是敏感元件，而是在光纤的端面或者在两根光纤中间放置光学材料、机械式或光学式的敏感元件等来感受被测参量的变化，从而使敏感元件的光学特性随之发生变化。在此过程中，光纤只是作为光的传输回路。为了得到较大的受光量和传输的光功率，使用的光纤主要是数值孔径和纤芯大的多模光纤。这类传感器的特点是结构简单、可靠、技术上易于实现，但是其灵敏度、测量精度一般低于功能型光纤传感器。典型的例子有光纤速度传感器、光纤辐射温度传感器等。

(3) 按照测量对象分类。光纤传感器可以分为光纤压力传感器、光纤温度传感器、光纤图像传感器、光纤液位传感器等。

光纤压力传感器利用压力使光纤变形，进而影响光纤中传输光的强度，构成强度调制型光纤压力传感器。

光纤温度传感器的原理是当传感光纤的温度变化时，光纤的折射率会发生变化，而且因光纤的热胀冷缩使其长度发生改变等。

光纤图像传感器是采用光纤传输图像来完成的。

光纤液位传感器是基于全反射原理制成的，其结构特点是在光纤的检测头端有一个反射器，当检测头置于空气中没有接触到液面时，由于液体的折射率与空气的折射率不同，全内反射被破坏，将部分光投射入液体内，使返回到探测器的光强变弱，返回光强是液体折射率的线性函数，就可以获得待测液面的情况。

(4) 按照传感机制分类。光纤传感器可以分为光纤光栅传感器、干涉型光纤传感器、偏振态调制型光纤传感器等。

① 光纤光栅传感器。光纤光栅是利用掺有锗等离子的光纤纤芯材料的光敏性，通过紫外光等照射光纤，在纤芯内形成的折射率周期性变化的空间相位光栅。

当一定谱宽的光束进入光栅时，由于光纤光栅只反射入射光中满足布拉格衍射的光，其余光将被透射出去，如图 7-2 所示。

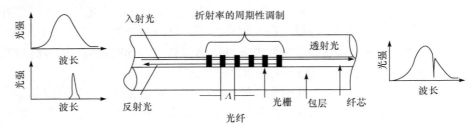

图 7-2 光纤光栅的工作原理

光纤光栅反射波的中心波长受光栅周期 Λ 和折射率 n 变化的影响。当光纤受外界应变和温度影响时，通过弹光效应和热光效应影响光纤折射率 n，通过光纤长度变化和热膨胀影响光栅周期 Λ，因此光栅对光纤轴向应变和温度变化非常敏感。光纤光栅传感器的基本原理是利用光纤光栅有效折射率 n 和周期 Λ 的空间变化对外界参量的敏感特性，将被测参量的变化转化为中心波长的移动，再通过检测该中心波长的移动来实现传感。

光纤光栅具有高的反射特性、选频特性和色散特性，波长移动响应快，线性输出动态范围宽，能够实现被测参量绝对测量，不受光强度影响，对于背景光干扰不敏感，小巧紧凑，易于埋入材料内部，并能直接与光纤系统耦合，它的出现极大地推动了光纤传感技术的进步。典型的光纤光栅传感器的结构如图 7-3 所示。

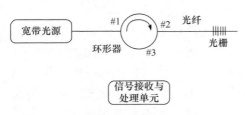

图 7-3 光纤光栅传感器结构

② 干涉型光纤传感器。干涉型光纤传感器即相位调制型光纤传感器，基本传感机制是在待测场能量的作用下，光纤中传播的光波发生相位变化，再以干涉测量技术把相位变化转化为振幅变化，实现对待测参量的检测。

根据传感器的光学干涉原理，目前已研制成迈克耳孙光纤干涉仪、马赫-曾德尔光纤干涉仪、萨奈克光纤干涉仪和法布里-珀罗光纤干涉仪等光纤传感器。由于光纤中光波相位对外界参量极其敏感，相位调制型光纤传感器通常具有极高的检测灵敏度。但另一方面，也因为光波相位的极端敏感特性，外界干扰的影响很容易被引入系统，从而增大了系统的随机噪声并降低其稳定性。图 7-4 为马赫-曾德尔光纤干涉仪传感器的简要示意图。

③ 偏振态调制型光纤传感器。在许多光学系统中，光波的偏振特性起着重要的作用，许多物理效应都会影响或改变光的偏振状态，在偏振态调制型光纤传感器中普遍采用的物理效应有旋光效应、磁光效应、泡克耳斯效应、克尔效应及弹光效应等。典型的例子有光纤电流传感器、单模光纤偏振态调制型温度传感器。基本的光纤电流传感器结构如图 7-5 所示。光

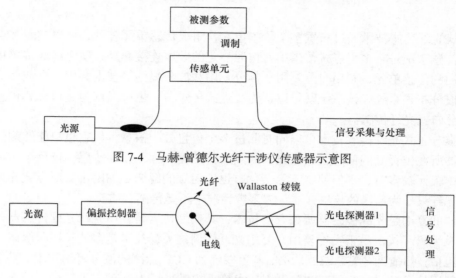

图 7-4　马赫-曾德尔光纤干涉仪传感器示意图

图 7-5　偏振态调制型光纤电流传感器示意图

纤电流传感器的优点：没有磁饱和现象，也没有磁共振和磁滞效应；频率响应宽，动态范围大；体积小，能适应电力系统数字化、智能化和网络化的需求等。

（5）按照测量范围分类。光纤传感器可以分为点式光纤传感器和分布式光纤传感器两大类，如图 7-6 所示。

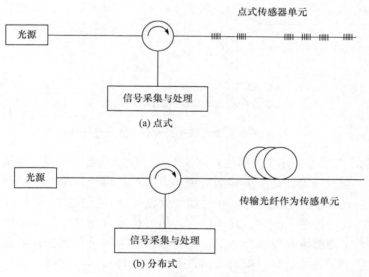

(a) 点式

(b) 分布式

图 7-6　两种类型的光纤传感器

①　点式光纤传感器。点式光纤传感器也称为分立式光纤传感器。按所使用传感单元数量的不同，点式光纤传感技术又可分为单点式和多点式光纤传感技术。单点式光纤传感技术通过单个传感单元来进行传感，可以用来感知和测量预先确定的某一点附近很小范围内的参量变化。通常使用的点式传感单元有光纤布拉格光栅、各种干涉仪等为测量某一特征物理量专门设计的传感器。如果需要测量特定的某个位置，点式传感器可以出色地完成

任务。

多点式光纤传感技术通过布置多个传感单元，组成传感单元阵列，可以实现多点传感。这类光纤传感系统是将多个点式传感单元按照一定的顺序连接起来，使之组成传感单元阵列或多个复用的传感单元，利用时分复用、频分复用和波分复用等技术共用一个或多个信息传输通道构成分布式系统。该系统既可以认为是点式传感器，也可以认为是分布式传感器，所以称为准分布式光纤传感器。

尽管准分布式光纤传感技术可以同时测量多个位置处的信息，但它也只能够测量预先布设的传感器所在位置处的信息，其余光纤与点式传感器一样不参与传感，仅用于传输光波。而且当传感单元较多时，不但使施工复杂化，也使信号的解调更加困难。对点式光纤传感技术来说，光纤只作为信号的传输介质，大多数情况下不是传感介质。

传感器的复用是光纤传感器所独有的技术，其典型代表是复用光纤光栅传感器。光纤光栅通过波长编码等技术易于实现复用，复用光纤光栅的关键技术是多波长探测解调，常用解调的方法包括：扫描光纤 F-P 滤波器法、基于线阵列 CCD 探测的波分复用技术、基于锁模激光的频分复用技术和时分复用与波分复用技术等。扫描光纤 F-P 滤波器法的准分布式光纤光栅传感器结构如图 7-7 所示。

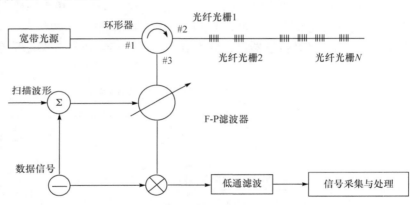

图 7-7 扫描光纤 F-P 滤波器法的准分布式光纤光栅传感器

② 分布式光纤传感器。有些被测对象往往不是一个点或者几个点，而是呈一定空间分布的场，如温度场、应力场等，这一类被测对象不仅涉及距离长、范围广，而且呈三维空间连续性分布，此时点式甚至多点准分布式传感已经无法胜任传感检测，分布式光纤传感系统应运而生。在分布式光纤传感系统中，光纤既作为信号传输介质又作为传感单元。即它将整根光纤作为传感单元，传感点是连续分布的，也有人称其为海量传感头，因此该传感方法可以测量光纤沿线任意位置处的信息。随着光器件及信号处理技术的发展，分布式光纤传感系统的最大传感范围已达到几十至几百公里，甚至可以达到数万公里。为此，分布式光纤传感技术受到了人们越来越多的重视，成为目前光纤传感技术的重要研究方向。分布式光纤传感器的工作原理主要基于光的反射和干涉，其中利用光纤中的光散射或非线性效应随外部环境发生的变化来进行传感的技术，其简要的结构示意图如图 7-8 所示。根据被测光信号的不同，分布式光纤传感器可以分为基于光纤的瑞利散射、拉曼散射和布里渊散射三种类型；根据信号分析方法，可以分为基于时域和基于频域的分布式光纤传感技术。

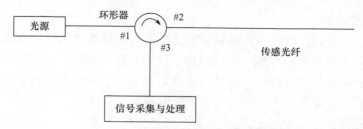

图 7-8 分布式光纤传感器结构示意图

分布式光纤
传感技术

7.1.2 分布式光纤传感技术的特点

分布式光纤传感技术是应用光纤几何上的一维特性进行测量的技术，它把被测参量作为光纤位置长度的函数，可以在整个光纤长度上对沿光纤路径分布的外部物理参量进行连续测量，提供了同时获取被测物理参量的空间分布状况和随时间变化状态的手段。与传统测量仪器相比，分布式光纤传感器除了具有普通光纤传感器的特点，其最显著的特点就是能够进行连续分布式测量。

1) 全尺度连续性

全尺度连续性是分布式光纤传感器最有代表性也是分立式传感器不具备的独特优势，即分布式光纤传感器可以准确地感知光纤沿线上任一点的信息，是一种连续分布式的监测，解决了传统点式监测漏检的问题。此外，光纤的柔韧性还可以使分布式光纤传感技术应用到非标准待测物体表面或待测环境中，如图 7-9 所示。

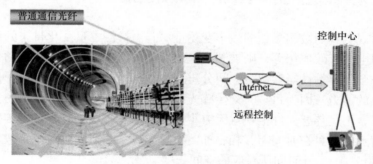

图 7-9 分布式光纤传感对隧道进行分布式网络化监测示意图

2) 网络智能化

由于传感器本身就是光纤，分布式光纤传感系统可以与光通信网络实现无缝连接或者自行组网，通过与计算机网络连接，实现自动检测、自动诊断的智能化检测以及远程遥测和监控。如果将光纤纵横交错铺设成网状，还可构成具备一定规模的监测网，实现对监测对象的三维立体全方位监测，如图 7-9 所示。

3) 长距离、大容量、低成本

由于分布式光纤传感技术利用光纤感知并传输测量信号，光波在光纤中传输损耗低于0.2dB/km，因此特别适合长距离连续性传感。此外，信号数据还可以实现多路传输，极大地提高了传感容量，可大大降低传感器的成本。在长距离大范围监测的应用中，它具有其他传感技术无法比拟的高性价比。

4) 嵌入式无损检测

光纤体积小、重量轻，将作为传感单元的光纤嵌入被测物体内，由于光纤的直径不足一百微米，嵌入后不影响材料的性能，也不增加材料的重量。例如，在制备飞机材料时，将光纤直接嵌入复合材料内并形成网络，就可以实现对机翼、机身、支撑杆、电机、电路等各部位应力、应变、温度、位移等全方位、全程无损监测。

7.1.3　分布式光纤传感技术的主要参数

由于传感机制不同，各种分布式传感技术除具有共性的一些参数外，还有表示自身特点的参数，因此分布式光纤传感技术涉及的参数较多，本节只介绍分布式光纤传感技术主要的性能参数。

1) 灵敏度

传感器将待测信号 X 转换为输出信号(通常是电信号) V_0，灵敏度 S 是传感系统输出信号与输入信号的比例，其表达式是 $V_0 = SX$。理想情况下，灵敏度在整个工作范围内应保持为一个常数，而与温度等环境因素无关。

2) 噪声

噪声存在于所有的传感器中，即使是电子在电阻中的随机波动也会引入噪声(热噪声)。传感器的带宽越宽，其输出信号的噪声往往越大，所以对噪声的分类通常是和频率相关的。

3) 信噪比

信噪比定义为传感器输出的信号强度与噪声强度的比值。

4) 分辨率

分辨率是可观测到的被测参量的最小变化量。若由被测参量变化带来的传感器输出电压的变化量与噪声电压有效值相等，则被测参量的变化量即定义为该传感器的分辨率。分布式光纤传感器中一个重要的性能参数是空间分辨率。它表征测量系统能区分开传感光纤上相邻最近两个事件点的能力。因为每一时刻传感光纤上获得的信息实际上是某一段传感光纤上信号的积累，所以，不是传感光纤上任意无穷小段上的信息都能区分开，即传感光纤上小于空间分辨率的所有点的信息在时间上互相叠加。实际测量中，空间分辨率一般定义为被测信号在过渡段为 10%～90%上升时间所对应的空间长度。

空间分辨率主要由传感系统的探测光脉冲宽度、光电转换器件的响应时间、A/D 转换速度和放大电路的频带宽度等决定。若探测光脉冲为矩形，脉冲宽度为 τ，光纤中光的群速度为 V_g，忽略光脉冲在传感光纤中的色散，认为光电探测器及放大器的频带足够宽，那么由探测光脉冲决定的空间分辨率 R_{pulse} 为

$$R_{\text{pulse}} = \frac{\tau V_g}{2} \tag{7-1}$$

若真空中的光速为 c，普通单模光纤的纤芯折射率为 n，则光纤中光的群速度为

$$V_g = \frac{c}{n} = \frac{3\times10^8}{1.46} = 2.05\times10^8 (\text{m}/\text{s}) \tag{7-2}$$

由式(7-1)和式(7-2)可以得出在普通单模光纤中的空间分辨率 R_{pulse}，用式(7-3)表示，此外，A/D 转换速度 f 确定的空间分辨率 $R_{\text{A/D}}$ 可以用式(7-4)估算：

$$R_{\text{pulse}} = \frac{\tau(\text{ns})}{10} \tag{7-3}$$

$$R_{\text{A/D}} = \frac{100}{f(\text{MHz})} \tag{7-4}$$

若放大器的频带宽度为 B (含探测器上升时间的影响)，则由其确定的空间分辨率 R_{amp} 可以用式(7-5)估算，分布式光纤传感系统的空间分辨率 R 可以用式(7-6)表示。

$$R_{\text{amp}} = \frac{100}{B(\text{MHz})} \tag{7-5}$$

$$R = \max \left\{ R_{\text{pulse}}, R_{\text{A/D}}, R_{\text{amp}} \right\} \tag{7-6}$$

式(7-1)～式(7-5)中，R_{pulse}、$R_{\text{A/D}}$ 和 R_{amp} 的单位均为 m。

5) 动态范围

动态范围有两种定义方式：双程动态范围和单程动态范围。双程动态范围指探测光在光纤中一个来回获得的探测曲线从信噪比等于 1 至最大信噪比的信号功率范围。单程动态范围的定义是取双程动态范围(单位 dB)的一半。

7.2 基于布里渊散射的分布式光纤传感技术

光纤中的散射光谱可以用图 7-10 表示。从图 7-10 可以看出，光纤中常见的散射有瑞利散射、布里渊散射和拉曼散射。其中，瑞利散射对温度或应变不敏感，拉曼散射对温度敏感，布里渊散射对温度与应变敏感。根据光的散射方式的不同，分布式光纤传感器可分为拉曼散射型、瑞利散射型和布里渊散射型光纤传感器。基于拉曼散射的分布式光纤传感器中，斯托克斯和反斯托克斯光强比与温度成线性关系，可用于温度测量和火灾报警，但是传感距离(约20km)和空间分辨率(约 1m)有限。基于瑞利散射的分布式光纤传感器主要用于光纤断点和损耗检测，近年来发展的相位光时域反射计可以实现分布式振动测量，主要用于光纤周界安防。基于布里渊散射的分布式光纤传感器中，散射光和入射光之间的频率差(布里渊频移)与光纤温度和应变成线性关系，使用通信用单模光纤作为传感器，可以实现超长距离(百公里)、超高空间分辨率(厘米)和高精度的分布式应变与温度测量，特别适合大型基础设施、泥石流和山体滑坡等地质灾害监测。本节主要介绍光纤布里渊散射的分布式光纤传感技术。

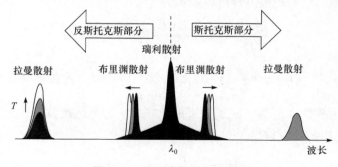

图 7-10 光纤中的散射示意图

1922 年，布里渊在研究晶体的散射谱时发现了一种新的光散射现象，1932 年得到实验验证，由此称为布里渊散射。1972 年，伊彭(Ippen)观察到了光纤中的布里渊散射，它是入射光场与光纤中的弹性声场相互作用而产生的一种非线性光散射。

7.2.1 光纤中的布里渊散射

根据入射光强度的不同，光纤中会产生自发布里渊散射和受激布里渊散射。

1) 自发布里渊散射

由于组成光纤介质的质点群在连续不断地做热运动，光纤中始终存在着不同程度的弹性力学振动或者声波场。沿光纤轴向的弹性力学振动或者声波场使得光纤的密度随时间和空间产生周期性的起伏，从而引起光纤折射率的周期性调制。在单模光纤中只有前向和后向为相关方向，因此，自发声波场可看作沿光纤轴以速度 V_a 向前或向后运动的光栅。入射光波在自发声波场激发的光栅作用下，使得入射光波在光纤中产生自发布里渊散射。来源于声波作用的布里渊散射过程如图 7-11 所示。当角频率为 ω_p 的光注入光纤时，光纤中激发的移动光栅通过布拉格衍射反射入射光，发生布里渊散射时的入射光通常也称为布里渊泵浦光。由于多普勒效应，当移动光栅与泵浦光运动方向相同时，散射光为频率下移的布里渊斯托克斯光，如图 7-11(a)所示。若不考虑光纤对入射光色散效应，斯托克斯光的角频率 ω_s 可用式(7-7)表示。当光栅与入射光运动方向相反时，散射光为频率上移的布里渊反斯托克斯光，如图 7-11(b)所示。反斯托克斯光的角频率 ω_{as} 用式(7-8)表示：

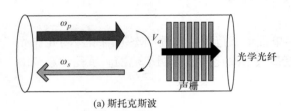

(a) 斯托克斯波

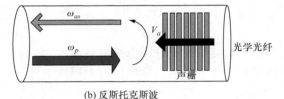

(b) 反斯托克斯波

图 7-11 光纤中的布里渊散射模型示意图

$$\omega_s = \omega_p \left[\left(1 - \frac{nV_a}{c} \right) \Big/ \left(1 + \frac{nV_a}{c} \right) \right] \tag{7-7}$$

$$\omega_{as} = \omega_p \left[\left(1 + \frac{nV_a}{c} \right) \Big/ \left(1 - \frac{nV_a}{c} \right) \right] \tag{7-8}$$

式中，n 为光纤折射率；V_a 为声波速率；c 为真空中的光速。

在声波场中，压力波的传播方程可以表示为

$$\frac{\partial^2 \Delta \tilde{P}}{\partial t^2} - \Gamma' \nabla^2 \frac{\partial \Delta \tilde{P}}{\partial t} - V_a^2 \nabla^2 \Delta \tilde{P} = 0 \tag{7-9}$$

式中，阻尼因子 $\Gamma' = \dfrac{1}{\rho} \left[\dfrac{4}{3} \eta_s + \eta_b + \dfrac{k}{c_p}(\gamma - 1) \right]$，$\rho$ 为材料密度，η_s 为剪切黏度系数，η_b 为体积黏度系数，k 为导热系数，c_p 为一定压强下的比热，γ 为绝热指数。入射光和散射光的波动方程可以用式(7-10)和式(7-11)表示：

$$\tilde{E}_0(z,t) = E_0 \mathrm{e}^{\mathrm{i}(kr - \omega t)} + \mathrm{c.c} \tag{7-10}$$

$$\nabla^2 \tilde{E} - \frac{n^2}{c^2} \frac{\partial^2 \tilde{E}}{\partial t^2} = \frac{4\pi}{c^2} \frac{\partial^2 \tilde{P}}{\partial t^2} \tag{7-11}$$

式中，k 为波矢；r 为径向矢量；材料的偏振态为 $\tilde{P} = \Delta x \tilde{E}_0 = \dfrac{\Delta \varepsilon}{4\pi} \tilde{E}_0$。由于介电常数的变化量为 $\Delta \tilde{\varepsilon} = \dfrac{\partial \varepsilon}{\partial \rho} \Delta \tilde{\rho}$，因此可以得

$$\tilde{P} = (\partial \varepsilon / \partial \rho) \Delta \tilde{\rho} \tilde{E}_0 / (4\pi) \tag{7-12}$$

将 $\Delta \tilde{\rho} = (\partial \rho / \partial P) \Delta \tilde{P}$ 代入式(7-12)，可得

$$\tilde{P}(\vec{r},t) = \frac{1}{4\pi} \frac{\partial \varepsilon}{\partial \rho} \left(\frac{\partial \rho}{\partial P}\right)_s \Delta \tilde{P}(\vec{r},t) \tilde{E}_0(z,t) = \frac{1}{4\pi} \gamma_e C_s \Delta \tilde{P}(\vec{r},t) \tilde{E}_0(z,t) \tag{7-13}$$

式中，$C_s = (\partial \rho / \partial P) / \rho$ 为恒熵压缩系数；$\gamma_e = \left(\rho \dfrac{\partial \varepsilon}{\partial \rho}\right)_{\rho=\rho_0}$ 为电致伸缩系数。实际上

$$\Delta \tilde{\rho} = \left(\frac{\partial \rho}{\partial P}\right)_s \Delta \tilde{P} + \left(\frac{\partial \rho}{\partial s}\right)_P \Delta \tilde{s}$$

等号右侧第一项描述的是绝热密度起伏，也就是声波，是布里渊散射产生的原因；等号右侧第二项描述的是等压密度起伏，是瑞利散射产生的原因。热致压力变化的典型表达式可以表示为

$$\Delta \tilde{P}(\vec{r},t) = \Delta P e^{i(\vec{q}\cdot\vec{r} - \Omega t)} + \text{c.c} \tag{7-14}$$

由式(7-9)和式(7-14)可知，散射光场的波动方程可以改写成

$$\nabla^2 \tilde{E} - \frac{n^2}{c^2} \frac{\partial^2 \tilde{E}}{\partial t^2} = -\frac{\gamma_e C_s}{c^2} \Big[(\omega_p - \Omega_s)^2 E_0 \Delta P e^{i(\vec{k}-\vec{q})\cdot\vec{r} - i(\omega_p - \Omega_s)t}$$
$$+ (\omega_p + \Omega_{as})^2 E_0 \Delta P e^{i(\vec{k}+\vec{q})\cdot\vec{r} - i(\omega_p + \Omega_{as})t} + \text{c.c} \Big] \tag{7-15}$$

式(7-15)等号右侧第一项是斯托克斯散射 $(\omega_p - \Omega_s)$ 部分，等号右侧第二项是反斯托克斯散射 $(\omega_p + \Omega_{as})$ 部分。从式(7-15)可以看出，布里渊散射的斯托克斯光和反斯托克斯光在入射光频率的两侧分布。因为在自发布里渊散射过程中满足能量和动量守恒定律，根据相位匹配条件，可以得到布里渊斯托克斯光和反斯托克斯光相对于泵浦光(入射光)的频移，如式(7-16)和式(7-17)所示：

$$\Omega_s = [nV_a(2\omega_p - \Omega_s)] / c \tag{7-16}$$

$$\Omega_{as} = [nV_a(2\omega_p + \Omega_{as})] / c \tag{7-17}$$

式中，Ω_s 和 Ω_{as} 分别为布里渊斯托克斯光和反斯托克斯光相对于泵浦光的频移量。在不考虑光纤色散效应的情况下，若泵浦光的波长为 λ_p，由式(7-16)和式(7-17)可以知道，布里渊斯托克斯光和反斯托克斯光相对入射光的频移量相等，如式(7-18)所示：

$$\nu_s = \nu_{as} = \frac{\Omega_s}{2\pi} = \frac{\Omega_{as}}{2\pi} = \frac{2nV_a}{\lambda_p} \tag{7-18}$$

由式(7-18)可以看出，布里渊散射的频移量(ν_s)与光纤的有效折射率(n)以及光纤中的声波速度(V_a)成正比，与泵浦光的波长(λ_p)成反比。

2) 受激布里渊散射

与自发布里渊散射不同，光纤中的受激布里渊散射是强感应声波场对入射光作用的结果。当入射光在光纤中传播时，自发布里渊散射沿入射光相反的方向传播，其强度随着入射光强

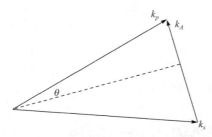

图 7-12　受激布里渊散射波矢守恒关系

度的增大而增加，当强度达到一定程度时，背向传输的散射光与入射光发生干涉作用，产生较强的干涉条纹，使得光纤局部折射率大大增加，在光纤内产生的电致伸缩效应使得光纤产生周期性弹性振动，光纤折射率被周期性调制，形成以声速 V_a 运动的折射率光栅。此折射率光栅通过布拉格衍射散射泵浦光，由于多普勒效应，产生受激布里渊散射。光纤中的泵浦波、斯托克斯波和声波之间的矢量关系可以用图 7-12 表示。

由于在散射过程中满足能量守恒和动量守恒，因此可以得出三波之间的角频率和波矢量的关系：

$$\Omega_B = \omega_p - \omega_s, \quad k_A = k_p - k_s \tag{7-19}$$

式中，Ω_B、ω_p 和 ω_s 分别为声波、泵浦光和布里渊斯托克斯光的角频率；k_A、k_p 和 k_s 分别为声波、泵浦光和布里渊斯托克斯光的波矢。由于布里渊散射光的频率和入射光的频率都属于光频率，波矢可以表示成 $k_s = k_s n_s = \omega_s n_s / c$ 和 $k_p = k_p n_p = \omega_p n_p / c$。由于声波的频率远远小于光波频率，与光波频率相比，声波的频率可以忽略，因此泵浦光波矢的绝对量($|k_p|$)等于斯托克斯光波矢的绝对量($|k_s|$)。声波的角频率 Ω_B 和波矢 k_A 之间满足色散关系：

$$\Omega_B = V_a|k_A| \approx 2V_a|k_p|\sin(\theta/2) \tag{7-20}$$

从式(7-20)可以看出，布里渊散射的斯托克斯光频移与散射角 θ 有关。在后向($\theta=\pi$)，布里渊散射光的频移有最大值，而在前向($\theta=0$)，布里渊散射光的频移为零。由于单模光纤的纤芯很小，只有前向和后向两个方向的散射光，因此在单模光纤中只存在后向受激布里渊散射，布里渊频移的大小可以表示为

$$\nu_B = \Omega_B/(2\pi) = 2V_a|k_p|/(2\pi) \tag{7-21}$$

利用式 $|k_p| = 2\pi n/\lambda_p$，式(7-21)可以改写为

$$\nu_B = \Omega_B/(2\pi) = 2V_a n/\lambda_p \tag{7-22}$$

因为光纤中的声速和折射率都会受到温度、应力等外界环境以及光纤掺杂浓度的影响，所以布里渊频移除了直接与折射率、声速以及泵浦波长有关，还间接地与外界环境的温度、应力以及光纤的掺杂浓度等存在很大的关系，其中任何一个因素的改变都会引起布里渊频移的改变。尽管式(7-21)中预测光纤中的受激布里渊散射仅仅发生在后向，但是由于光纤中传播声波的波导特性削弱了波矢的选择原则，结果前向也产生了少量的斯托克斯光，这种现象称为传导声波布里渊散射。严格来说，在单模光纤中受激布里渊散射只发生后向散射，而自发布里渊散射在前向和后向都发生散射，这是因为声波的波导本性导致波矢量驰豫的选择性原则。另外，当入射到光纤中的泵浦波功率达到一定值后，就会发生受激布里渊散射，在受激布里渊散射的过程中，泵浦波通过声波将功率转移到斯托克斯波上，因此，斯托克斯波的功率不断得到放大，同时泵浦波的功率不断衰减。图 7-13 是入射光波长为 1550nm 时，普通单

模光纤的背向散射谱。从图 7-13 可以看出，背向散射的光谱中有三个波峰，中间的波峰为瑞利散射信号，其波长等于入射光波长，约为 1550nm，斯托克斯光和反斯托克斯光在瑞利散射光的两侧对称分布，右边的为斯托克斯光，左边的为反斯托克斯光。斯托克斯光、反斯托克斯光与瑞利散射光波长的差值都为 0.087nm，对应的频率为 10.875GHz，即该单模光纤在1550nm 泵浦光作用下的布里渊频移为 10.875GHz。

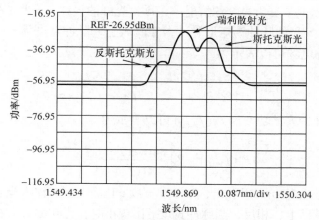

图 7-13 光纤中的背向散射光谱

7.2.2 光纤中布里渊散射的特性

1) 布里渊散射谱的特性

因光纤中的声波以指数 $\exp(-\Delta\omega t)$ 衰减，故无论自发布里渊散射还是受激布里渊散射的光谱都不是单一的谱线，而是具有一定宽度的频谱。布里渊散射波可以用布里渊增益谱 $g_B(\nu)$ 来表征，且布里渊散射谱具有洛伦兹型谱线分布：

$$g_B(\nu) = g_0 \frac{(\Delta\omega/2)^2}{(\nu-\nu_B)^2 + (\Delta\omega/2)^2} \tag{7-23}$$

由式(7-23)可知，在 $\nu=\nu_B$ 处布里渊散射具有最大的增益 g_0，可以表示为

$$g_0 = g_B(\nu_B) = \frac{2\pi^2 n^7 p_{12}^2}{c\lambda_0^2 \rho_0 V_a \Delta\omega} \tag{7-24}$$

式中，p_{12} 为弹光系数；ρ_0 为材料密度；$\Delta\omega$ 为布里渊增益谱带宽，它可以用式(7-25)表示：

$$\Delta\omega = \frac{1}{\tau_p} = \Gamma' k_A^2 = 4n^2 \Gamma' \frac{\omega_p^2}{c^2} \sin^2\frac{\theta}{2} \tag{7-25}$$

式中，τ_p 为声子寿命；Γ' 为声波阻尼参数。对于1550nm 的连续泵浦光，若普通单模光纤的折射率 $n=1.45$，$V_a=5.96$km/s，$g_0=5.0\times10^{-11}$m/W，由式(7-23)和式(7-25)可以得出归一化的布里渊增益谱，如图 7-14 所示，光纤中的布里渊增益谱具有洛伦兹型，泵浦光波长为 1550nm 时普通单模光纤的布里渊频移为 11.15GHz，且在布里渊频移处的增益

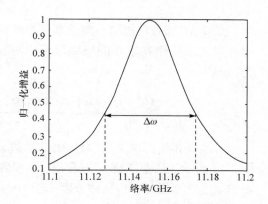

图 7-14 归一化的布里渊增益谱

最大，布里渊增益谱的带宽约为 41MHz。

对于脉冲泵浦光，当功率为 P 的脉冲光注入光纤中时，布里渊散射光功率 $P(z,v)$ 可以表示为

$$P(z,v) = g_B(v)\frac{c}{2n}P \cdot \exp(-2\alpha z) \tag{7-26}$$

式中，c 为真空中的光速；n 为光纤的折射率；α 为光纤的损耗；z 为光纤的长度，可以表示为 $z = ct/(2n)$。若注入光的脉冲为矩形脉冲，在时域上，脉冲宽度为 τ；在频域上，光的频率为 f_0，则脉冲光的电场可以表示为

$$E_p(t) = \begin{cases} E_0 \exp(\mathrm{i}2\pi f_0 t), & -\tau/2 \leqslant t \leqslant \tau/2 \\ 0, & t < -\tau/2, t > \tau/2 \end{cases} \tag{7-27}$$

式中，E_0 为场强。脉冲光的功率谱 $P_p(f,f_0)$ 可以表示为

$$P_p(f,f_0) = P_0 \left[\frac{\sin\pi\tau(f-f_0)}{\pi\tau(f-f_0)} \right]^2 \tag{7-28}$$

式中，P_0 为常数，从式(7-28)可以看出，当脉冲宽度 τ 比较大时，注入光功率主要集中在中心频率为 f_0 附近的窄带谱上，相反，当脉冲宽度 τ 比较小时，光功率分布在整个频域上。若定义布里渊散射光功率谱为 $H(v)$，那么它可以表示为

$$H(v) = \int g_B(v) P_p(f,f_0) \mathrm{d}f \tag{7-29}$$

若频率和布里渊频移之间的差异为 s_B，由式(7-23)、式(7-28)和式(7-29)可以得出总的布里渊频谱的功率为

$$H(v) = P_0 \int_{-\infty}^{\infty} \left[\frac{\sin[\pi\tau(f-f_0)]}{\pi\tau(f-f_0)} \right]^2 \frac{g_0(\Delta\omega/2)^2}{[v-(f-s_B)]^2 + (\Delta\omega/2)^2} \mathrm{d}f \tag{7-30}$$

求解式(7-30)，可以得出布里渊散射谱的功率为

$$H(b) = \frac{\tau g_0}{b^2+1} \left\{ 1 + \frac{(b^2-1) - \exp(-\pi\tau\Delta\omega)\left[(b^2-1)\cos(\pi\tau\Delta\omega b) + 2b\sin(\pi\tau\Delta\omega b)\right]}{\pi\tau\Delta\omega(b^2+1)} \right\} \tag{7-31}$$

$$b = \frac{v-v_B}{\Delta\omega/2} \tag{7-32}$$

式(7-31)等号右边第一项是本征布里渊增益谱部分，第二项是受脉冲宽度影响的部分；当脉冲光功率集中在很小的频率范围内时，也就是较宽的脉冲注入光，可以看成连续的泵浦光，即

$$\frac{(b^2-1) - \exp(-\pi\tau\Delta\omega)\left[(b^2-1)\cos(\pi\tau\Delta\omega b) + 2b\sin(\pi\tau\Delta\omega b)\right]}{\pi\tau\Delta\omega(b^2+1)} \approx 0 \tag{7-33}$$

若本征布里渊谱宽取 41MHz，通过计算式(7-33)，可以得出归一化的布里渊功率谱，如图 7-15 所示。从图 7-15 可以看出，布里渊功率谱为洛伦兹型，随着脉冲宽度的减小，布里渊谱的宽度逐渐增加，当脉冲宽度小于 10ns 时，随着脉宽的减小，布里渊谱将迅速展宽，这是因为光纤中声子寿命只有 10ns。

2) 布里渊频移与温度和应力的关系

布里渊散射是由光纤中声学声子引起的非线性散射,布里渊频移取决于介质的声学和热学等特性。当光纤中温度和应力发生改变时,其有效折射率和声波速度也会随之发生改变,从而引起光纤布里渊频移的变化,光纤中的声波速度可用式(7-34)表示:

$$V_a = \sqrt{(1-k)E/[(1+k)(1-2k)\rho]} \qquad (7-34)$$

式中,k 为泊松比;E 为杨氏模量;ρ 为光纤的密度。将式(7-26)代入式(7-22)可得出光纤布里渊频移 ν_B 的表达式:

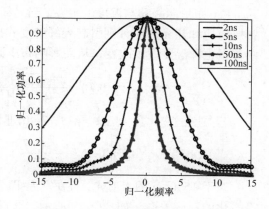

图 7-15　布里渊散射光的功率谱

$$\nu_B = \frac{2n}{\lambda_p} \sqrt{\frac{(1-k)E}{(1+k)(1-2k)\rho}} \qquad (7-35)$$

光纤所处环境的温度和应变分别通过光纤的热光效应和弹光效应使光纤折射率发生变化,而温度和应变对声速的影响则是通过对光纤杨氏模量 E、泊松比 k 和密度 ρ 的改变来实现的。若光纤折射率 n、杨氏模量 E、泊松比 k 和密度 ρ 随温度 T 和应变 ε 的函数分别记为 $n(\varepsilon,T)$、$E(\varepsilon,T)$、$k(\varepsilon,T)$ 和 $\rho(\varepsilon,T)$,并将它们代入式(7-35),那么可以得到布里渊频移随温度和应变改变的关系式:

$$\nu_B(\varepsilon,T) = \frac{2n(\varepsilon,T)}{\lambda_p} \sqrt{\frac{[1-k(\varepsilon,T)]E(\varepsilon,T)}{[1+k(\varepsilon,T)][1-2k(\varepsilon,T)]\rho(\varepsilon,T)}} \qquad (7-36)$$

(1) 布里渊频移与应变的关系。当光纤温度不变时,受外界应力的影响,光纤内部原子间的相互作用发生变化,导致光纤的杨氏模量和泊松比发生变化。而光纤中的弹光效应使光纤折射率发生改变,从而影响布里渊频移的变化。若参考温度为 T_0,则式(7-36)可以改写为

$$\nu_B(\varepsilon,T_0) = \frac{2n(\varepsilon,T_0)}{\lambda_p} \sqrt{\frac{[1-k(\varepsilon,T_0)]E(\varepsilon,T_0)}{[1+k(\varepsilon,T_0)][1-2k(\varepsilon,T_0)]\rho(\varepsilon,T_0)}} \qquad (7-37)$$

由于光纤的组成成分主要是脆性材料 SiO_2,因此其拉伸应变较小。当光纤上施加的应力发生变化时,对式(7-37)作泰勒基数展开,忽略高阶项后可以得

$$\nu_B(\varepsilon,T_0) \approx \nu_B(0,T_0)\left[1 + \varepsilon\frac{\partial \nu_B(\varepsilon,T_0)}{\partial \varepsilon}\bigg|_{\varepsilon=0}\right] = \nu_B(0,T_0)[1 + \varepsilon(\Delta n_\varepsilon + \Delta k_\varepsilon + \Delta E_\varepsilon + \Delta \rho_\varepsilon)] \quad (7-38)$$

若 $\lambda_p = 1550\text{nm}$,且在室温(即 $T_0 = 20\,℃$)条件下,$\Delta n_\varepsilon = -0.22$,$\Delta k_\varepsilon = 1.49$,$\Delta E_\varepsilon = 2.88$,$\Delta \rho_\varepsilon = 0.33$,则布里渊频移和应力的变化关系如式(7-39)所示,通过式(7-39),可以得出布里渊频移变化量与应变的关系图,如图 7-16 所示。从图 7-16 可以看出,布里渊频移与光纤上施加的应力大小成正比,对应的布里渊频移与应力的变化系数为 4.47MHz/%。在实际情况下,由于光纤的种类及掺杂的不同,它们的布里渊频移与应力的变化关系需要通过实验预先标定:

$$\nu_B(\varepsilon,T_0) = \nu_B(\varepsilon_0,T_0)[1 + 4.48(\varepsilon - \varepsilon_0)] \qquad (7-39)$$

(2) 布里渊频移与温度的关系。当光纤不受应力时，受外界温度变化的影响，光纤中的热膨胀效应和热光效应分别引起光纤密度和折射率发生变化，同时光纤的杨氏模量和泊松比等物理量也随温度发生改变，从而影响布里渊频移的变化，式(7-36)可以改写为

$$\nu_B(0,T) = \frac{2n(0,T)}{\lambda_p}\sqrt{\frac{[1-k(0,T)]E(0,T)}{[1+k(0,T)][1-2k(0,T)]\rho(0,T)}} \qquad (7\text{-}40)$$

若温度的变化量为 ΔT，对式(7-40)进行泰勒展开，忽略高阶项后可以得

$$\nu_B(\varepsilon,T) \approx \nu_B(0,T)\left[1+\Delta T\frac{\partial \nu_B(0,T)}{\partial T}\bigg|_{T=T_0}\right] = \nu_B(0,T)\left[1+\Delta T(\Delta n_T + \Delta k_T + \Delta E_T + \Delta \rho_T)\right] \qquad (7\text{-}41)$$

对于 1550nm 的入射光，且在室温(即 $T_0 = 20\,℃$)条件下，普通单模光纤的布里渊频移与温度变化的对应关系，如式(7-42)所示。通过计算式(7-42)，可以得出布里渊频移的变化量与温度变化的关系图，如图 7-17 所示。从图 7-17 可以看出，布里渊频移与光纤上温度变化的大小成正比，对应的布里渊频移与温度的变化系数为 1.18MHz/℃。在实际情况下，由于光纤的种类及掺杂物不同，它们的布里渊频移与温度的变化关系同样需要通过实验预先标定，即

$$\nu_B(T,0) = \nu_B(T_0,0)\left[1+1.18\times10^{-4}(T-T_0)\right] \qquad (7\text{-}42)$$

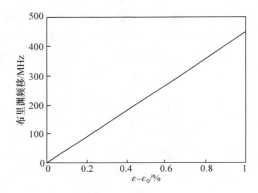

图 7-16　布里渊频移变化量与应变的关系

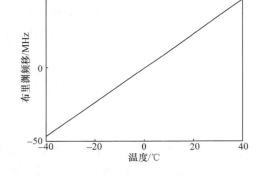

图 7-17　布里渊频移变化量与温度的关系

7.2.3　基于布里渊散射的分布式光纤传感器系统

1) 布里渊光时域反射技术原理

布里渊光纤传感系统的简要结构如图 7-18 所示。其中，激光光源(Laser)发出角频率为 ω_p 的光，经电光调制器(EOM)调制成脉冲光后进入传感光纤(Fiber)中，该脉冲光在光纤中产生频率为 $\omega_p \pm \Omega_B$ 的自发布里渊散射。散射光沿光纤返回经环形器(OC)后进入信号检测系统(Detection System)。

通过式(7-43)的时间和空间对应关系，可以对散射信号进行定位，并通过布里渊散射信号频移与温度和应力的对应关系来获取光纤沿线温度和应力的分布情况。

$$L = c\Delta t/(2n) \qquad (7\text{-}43)$$

式中，L 为传感光纤的长度；n 为被测光纤的折射率；c 为真空中的光速；Δt 为脉冲探测光进入光纤与探测到布里渊信号的时间间隔。脉冲光在光纤中的自发布里渊散射光功率可以用散射因子(R_B)表示：

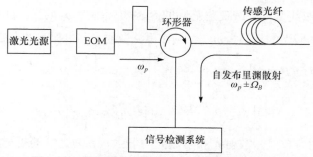

图 7-18 布里渊光纤传感系统的简要结构示意图

$$R_B = 10\lg\left(S\alpha_B \frac{c\tau}{2n}\right) \tag{7-44}$$

式中，α_B 为布里渊散射系数；S 为光纤中散射的截面积；τ 为脉冲光的脉宽；c 为真空中的光速；n 为光纤折射率。室温下，对于 1550nm 的泵浦光，普通单模光纤中的上述参量近似为 $S = 1.4\times10^{-3}$，$\alpha_B = 1.23\times10^{-6}/\text{m}$，$c = 3.0\times10^{8}\text{m/s}$。由式(7-44)可以计算出，在普通单模光纤中，脉宽为 50ns 的 1550nm 入射脉冲光散射因子为−71dB，也就意味着布里渊散射光功率比入射泵浦光功率低 71dB。若峰值功率为 30dBm 的 50ns 泵浦脉冲光，其自发布里渊散射的光功率为−51dBm，由此可见光纤中自发布里渊散射的光功率非常弱。由于自发布里渊散射信号强度较弱以及光纤中的非线性效应限制，自发布里渊散射信号的检测比较困难，相干检测方法是布里渊光时域反射仪(BOTDR)系统中常用的一种检测方法。

2) 布里渊光时域反射技术相干检测原理

相干检测是利用光的相干性对光载波所携带的信息进行检测和处理，下面结合分布式布里渊光纤传感器(布里渊光时域反射仪 BOTDR)系统说明相干检测的基本原理。图 7-19 为相干检测 BOTDR 系统的结构原理示意图。窄线宽可调谐激光器(TLS)发出的连续光被分为两路，其中一路经电光或声光调制器(EOM/AOM)调制成脉冲光并输入传感光纤中，该脉冲光在光纤中产生自发布里渊散射，另一路经过移频(Frequency Shift)后，产生与传感光纤中布里渊散射信号频率相近的本振光(Optical Local Oscillator)。光纤中的自发布里渊散射光(Spontaneous Brillouin Scattering)与本振光混频后进入光电探测器(PD)，从光电探测器输出的电信号经信号处理单元(Digital Processor)进行解包络处理。通过在一定的频率范围内以一定的频率间隔，依次获得布里渊散射谱中各频率点对应的传感光纤各位置处的功率，再对测得的布里渊谱进行洛伦兹曲线拟合得到整个传感光纤沿线的布里渊频移曲线。

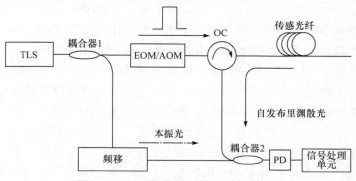

图 7-19 相干检测 BOTDR 系统原理图

在图 7-19 中，若窄线宽可调谐激光光源(TLS)输出频率为 ω_p 的光，自发布里渊散射光(斯托克斯光)频率为 ω_B，本振光的频率为 ω_{LO}，则布里渊散射光和本振光的电磁场可以分别表示为

$$E_B(t) = E_B \exp\left[i\left(\omega_B t + \frac{n\omega_B}{c}r_B\right)\right] + A_B \exp\left[-i\left(\omega_B t + \frac{n\omega_B}{c}r_B\right)\right] \tag{7-45}$$

$$E_{LO}(t) = E_{LO} \exp\left[i\left(\omega_{LO}t + \frac{n\omega_{LO}}{c}r_{LO}\right)\right] + A_{LO} \exp\left[-i\left(\omega_{LO}t + \frac{n\omega_{LO}}{c}r_{LO}\right)\right] \tag{7-46}$$

式中，E_B 和 E_{LO} 分别为布里渊散射光和本振光的场强；n 为光纤的折射率；c 为真空中的光速；r 为光场矢量，在光纤中 $r_B = r_{LO}$，两束光相干后得到的信号电场 E_c 可以表示为

$$\begin{aligned}
E_c(t) = E_B(t)E_{LO}(t) &= E_B E_{LO} \exp\left\{i\left[(\omega_B + \omega_{LO})t + \frac{n(\omega_B + \omega_{LO})}{c}r\right]\right\} \\
&+ E_B E_{LO} \exp\left\{-i\left[(\omega_B + \omega_{LO})t + \frac{n(\omega_B + \omega_{LO})}{c}r\right]\right\} \\
&+ E_B E_{LO} \exp\left\{i\left[(\omega_B - \omega_{LO})t + \frac{n(\omega_B - \omega_{LO})}{c}r\right]\right\} \\
&+ E_B E_{LO} \exp\left\{-i\left[(\omega_B - \omega_{LO})t + \frac{n(\omega_B - \omega_{LO})}{c}r\right]\right\}
\end{aligned} \tag{7-47}$$

从式(7-47)中可以看出，方程式右侧有四个子项，分别对应两个频率成分，第一和第二个子项为高频光 ($\omega_B + \omega_{LO}$)，第三和第四个子项为低频光 ($\omega_B - \omega_{LO}$)。由于探测器带宽的限制，式(7-47)中的高频分量成分在探测器上不发生响应，可以忽略，此时探测器探测到低频光的光场可以表示为

$$E_c(t) = E_B E_{LO} \exp\left\{i\left[(\omega_B - \omega_{LO})t + \frac{n(\omega_B - \omega_{LO})}{c}r\right]\right\} + c.c + \cdots \tag{7-48}$$

由式(7-47)和式(7-48)可以知道，相干检测得到的光功率可以表示为

$$\begin{aligned}
P_c = \eta[E_c(t)]^2 &= \eta E_B^2 + \eta E_{LO}^2 + 2\eta E_B E_{LO} \cos\left[(\omega_B - \omega_{LO})t + \Delta\phi(t)\right] \\
&= P_B + P_{LO} + 2\sqrt{P_B \cdot P_{LO}} \cos\left[(\omega_B - \omega_{LO})t + \Delta\phi(t)\right]
\end{aligned} \tag{7-49}$$

式中，η 为光电探测器的响应率；$\Delta\phi(t)$ 为本振光和布里渊散射信号的相位差；P_{LO} 和 P_B 分别为本振光和布里渊散射信号光的功率。由式(7-49)可以看出，相干检测后输出的直流信号功率为 $P_B + P_{LO}$，交流信号功率为 $2\sqrt{P_B P_{LO}} \cos[(\omega_B - \omega_{LO})t + \Delta\phi(t)]$。从获得的交流信号表达式可以看出，输出信号的中心频率为 $\omega_B - \omega_{LO}$，该频率决定 BOTDR 系统中所需探测器的带宽，减小布里渊散射光与本振光的频率差可以降低输出信号的中心频率 $\omega_B - \omega_{LO}$，降低 BOTDR 系统对光电探测器和放大器带宽的要求。由此可见，相干检测方法不仅可以将 THz 量级的布里渊高频信号降至易于探测和处理的百兆赫兹的中频信号，而且可以提高待测自发布里渊散射谱的测量精度。从获得的交流信号还可以看出，无论布里渊散射信号光还是本振光功率增强都将增加输出信号的功率，在 BOTDR 系统中，当探测脉冲光功率一定时，布里渊散射信号的强度也就是一个定值，在探测器不饱和的情况下，通过增大本振光功率可以增大输出信号的功率，以提高探测的灵敏度和信号的测量精度。在获得的交流信号中，两束光的相位差 $\Delta\phi(t)$ 将影响输出信号的功率，导致噪声的增加。所以，为了减小噪声以及提高测量精度，要求本振光与信号光是相干光源且功率可调。

3) 布里渊激光器本振光源的研究

在相干检测 BOTDR 系统中，如果布里渊散射的泵浦光被用作相干检测的本振光，那么相干检测后输出信号的频率为传感光纤的布里渊频移。由于普通单模光纤的布里渊频移约为 11GHz，为了准确测量布里渊散射信号，就要求所使用的光电探测器带宽大于 11GHz。然而，随着探测器带宽的增加，其等效噪声功率也随之增加，这就降低了 BOTDR 系统的测量精度。此外，随着探测器带宽的增加，系统的成本也会增加。为了避免在 BOTDR 系统中使用高带宽探测器，研究人员提出了通过微波移频调制和布里渊激光器获得本振光的方法。在微波移频调制的方法中，必须使用高速调制器和微波源才能获得移频的本振光，但是在调制过程中会产生多个边带成分光，这些边带光会与返回来的布里渊散射光及瑞利散射光产生干涉，这就给后端的信号处理带来一定的困难，同时也增加了噪声。由于布里渊激光器具有较窄的输出线宽和较低的阈值等优点，将其用作 BOTDR 系统本振光源的方案，引起了人们广泛的研究兴趣。目前，获得布里渊激光器的结构比较复杂，成本较高，限制了该BOTDR 系统在实际检测中的应用，为了提高系统的性能以及降低成本，需要设计一种高性能、低成本的本振光源。

由相干检测的理论分析可以知道，相干检测的本振光必须与被测信号光是相干光，且是功率可调的窄线宽激光器。由于自发布里渊散射谱的带宽约为 35MHz，因此当输出布里渊激光器的带宽小于 10MHz 时，该激光器即可用作相干检测 BOTDR 系统的本振光源。为此，设计的布里渊环形腔激光器本振光源如图 7-20 所示。可调谐激光光源(TLS)输出的光经 95∶5 的保偏耦合器 1 分成两路光。其中 95%的光经 OC 进入环形腔中，作为布里渊激光器的泵浦源，该环形腔包括一个 OC、隔离器(ISO)、70∶20 的耦合器 2、单模光纤 SMF5 和偏振控制器(PC)。保偏耦合器 1 中 5%的输出光被用作检测输出布里渊激光器的本振光。为了确保在环形腔中只存在一阶斯托克斯光，在斯托克斯光的传播方向上增加了 ISO。从耦合器 2 的 20%端口输出的布里渊激光光束，作为相干检测 BOTDR 系统的本振光。

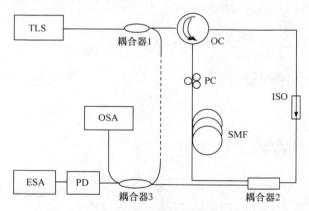

图 7-20　布里渊环形腔激光器结构示意图

为了测量布里渊激光器的性能，把其输出的激光与耦合器 1 中 5%的输出光经 3dB 耦合器 3 混频，利用光电探测器(PD)把光信号转换为电信号。利用光谱分析仪(OSA)测量输出光的光谱及功率，再通过频谱分析仪(ESA)测量布里渊激光器的频谱。

在 BOTDR 的相干检测中，为了能够准确地测量出传感光纤的自发布里渊散射谱的信息，相干检测的本振光线宽应小于自发布里渊散射谱的带宽。由上面的分析可以看出，通过设计，可以获得窄线宽单频布里渊激光器，该激光器可用作相干检测 BOTDR 系统的本振光源。

7.3　基于布里渊激光器本振光源的 BOTDR 系统设计与性能

7.3.1　实验系统

基于布里渊激光器本振光源的相干检测 BOTDR 系统如图 7-21 所示。其中相干检测的本振光单元是一个窄线宽布里渊光纤激光器，如图 7-21 中的 LO 所示，该光纤激光器为第一章设计的光纤激光器。窄线宽可调谐激光器(TLS)输出的光经 95：5 的保偏光纤耦合器 1 分成两束光，其中 5%的输出光进入掺铒光纤放大器(EDFA2)的输入端，其放大输出的连续光经环形器(OC1)作为布里渊激光器的泵浦光。从耦合器 2 的 20%端口输出的布里渊激光作为相干检测的本振光进入耦合器 3 的一个分臂，与背向散射的布里渊散射信号相干后进入 PD。从耦合器 1 中 95%输出端口输出的连续光经电光调制器(EOM)调制成具有一定脉宽的脉冲信号，为了提高脉冲信号的消光比，使用两个电光调制器串联获得高消光比的脉冲信号，两个调制器由脉冲发生器(Pulse Generator)驱动控制。调制成高消光比的脉冲信号首先经掺铒光纤放大器(EDFA1)进行放大，进入环形器(OC1)的第一个端口，从 OC1 的第二个端口进入传感光纤中。由于布里渊散射效率与信号光的偏振态有关，因此为了减小信号光的偏振态引起的噪声，在 OC1 之前增加了扰偏器(PS)。在传感光纤中，由脉冲信号激发的布里渊散射信号经 OC1 的第三个端口输出后，进入 50：50 耦合器(coupler3)的另一个分臂。ESA 和信号处理系统(Signal Processing)用来处理经 PD 转换成的电信号。驱动 EOM 的脉冲发生器为频谱分析仪和信号采集卡提供时钟触发信号。由于布里渊激光器中的增益光纤布里渊频移与传感光纤的布里渊频移不同，所以可以使相干后布里渊频谱的中心频率移至几百 MHz 量级，这样就可以降低所需探测器的电子带宽，提高探测信号的信噪比。

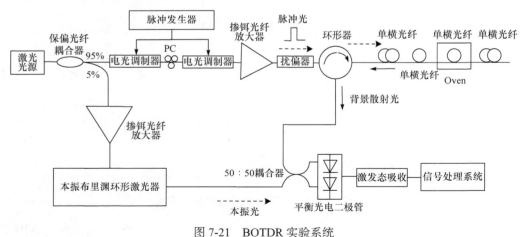

图 7-21　BOTDR 实验系统

7.3.2　实验结果与分析

传感光纤的结构分布如图 7-22 所示，总长度为 10km，其中 SMF1+SMF2、SMF3 和 SMF4 的长度分别为 9765m、35m 和 220m，在这几段光纤中，都没有受到外力变化的影响，其中仅光纤 SMF3 受到温度变化的影响,光纤 SMF3 上的温度受恒温箱(Oven)加热控制,环境温度约为 29℃。

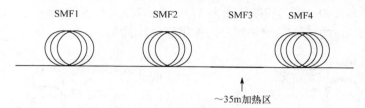

图 7-22 传感光纤的示意图

设定探测脉冲信号的脉宽分别为 50ns 和 100ns,经过 2000 次的平均,对采集到的数据进行处理,获得了如图 7-23 和图 7-24 所示的光纤沿线上三维布里渊频谱的分布图,其中图 7-23 是探测脉冲宽度为 50ns,图 7-24 是探测脉冲宽度为 100ns 时的布里渊频谱图。

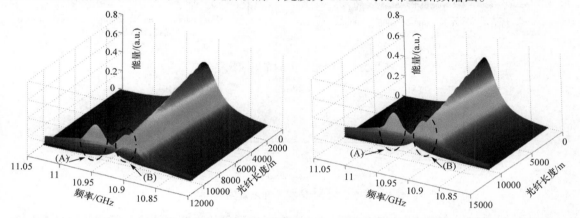

图 7-23　50ns 探测脉冲的布里渊频谱沿光纤的分布图　　图 7-24　100ns 探测脉冲的布里渊频谱沿光纤的分布图

从图 7-23 和图 7-24 可以清楚地看到,布里渊频谱为洛伦兹型,布里渊频谱的幅度随着光纤长度的增加逐渐减小,且这几段传感光纤具有不同的布里渊频移。图 7-23 和图 7-24 中(A)处为加热光纤 SMF3 的布里渊频谱,(B)处为光纤 SMF2 的布里渊频谱,光纤 SMF1 与光纤 SMF2 具有不同的布里渊频移。还可以看出,利用 50ns 和 100ns 的探测脉冲,获得的布里渊散射频谱的幅度不一样。100ns 脉宽的布里渊散射强度高于 50ns 脉宽的布里渊散射强度,这与随着脉冲宽度的减小布里渊散射谱的强度随之减小,而布里渊散射谱的宽度逐渐增加的理论相符合。实验中,把光纤 SMF3 分别加热到 60℃、70℃和 75℃。对传感光纤上每个位置的布里渊频谱进行拟合,得到了不同位置处的布里渊频移,如图 7-25 所示,其中图 7-25 (a)是脉宽为 50ns 的布里渊频移分布,图 7-25(b)是脉宽为 100ns 的布里渊频移分布。从图 7-25 中可以看出,在环境温度为 29℃时光纤 SMF1、SMF2 和 SMF4 的布里渊频移分别为 10.917GHz、10.925GHz 和 10.915GHz;光纤 SMF3 在 60℃、70℃和 75℃时的布里渊频移分别为 10.945GHz、10.956GHz 和 10.972GHz,布里渊频移的差异分别为 11MHz 和 16MHz,对应的温度差异分别为 10.0℃和 14.5℃,那么测量的误差分别为 0.0℃和 0.5℃,对于不同脉宽在相同温度下的布里渊频移,基本相同。从图 7-25 中还可以看出,在 50ns 和 100ns 脉宽下的布里渊频移上升过程中所覆盖的光纤长度分别为 5m 和 10m,即为该 BOTDR 系统在 50ns 和 100ns 脉宽下的空间分辨率。根据空间分辨率的理论可以知道,50ns 和 100ns 探测脉冲对应的系统空间分辨率的理论值为 5m 和

10m,这说明了该 BOTDR 系统的空间分辨率与理论值相符合。设定如图 7-26 所示的传感光纤,光纤 SMF1、SMF2 和 SMF3 的长度分别为 47.63km、123m 和 4.723km,这几段光纤都没有受到外力作用,光纤 SMF2 受到温度控制器的作用控制其温度的变化。

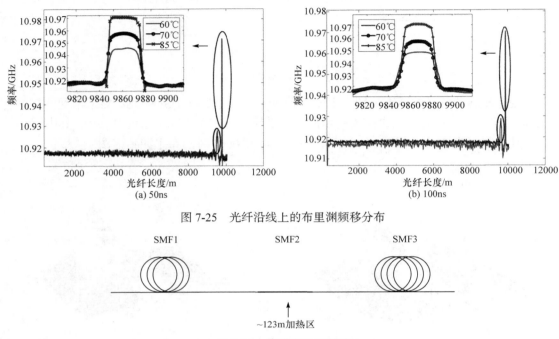

图 7-25　光纤沿线上的布里渊频移分布

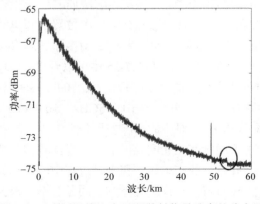

图 7-26　传感光纤示意图

　　在测量过程中,探测脉冲为 500ns,经过 2000 次的平均,获得了中心频率为 10.951GHz 时的时域信号,如图 7-27 所示。从图 7-27 可以看出,布里渊散射信号的功率随着光纤长度的增加呈线性递减,而且可以明显地观测到光纤中被加热的部分。测量的光纤长度约为 53km,且光纤末端信噪比约为 0.5dB,由此可知,该系统还可以进一步增加测量的长度。

　　经过 2000 次的平均,且对测得的数据进行洛伦兹曲线拟合,获得了光纤沿线上的布里渊频移分布,如图 7-28 所示。从图 7-28 可以清楚地看到光纤 SMF1 和 SMF3 之间的布里渊频移不相同,它们的布里渊频移分别为 10.912GHz 和 10.903GHz。光纤 SMF2 在温度为 70℃和 85℃

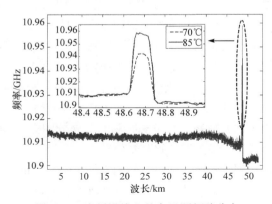

图 7-27　光纤沿线上布里渊散射信号功率的分布图　　　　图 7-28　光纤沿线上的布里渊频移分布

时的布里渊频移分别为 10.942GHz 和 10.957GHz，布里渊频移差异为 16MHz，对应的温度为 14.5℃，所以测量的温度误差约为 0.5℃。可见，利用设计的单频布里渊激光器可以有效地减小布里渊光时域反射仪所需探测器的电子带宽，具有较高的测量精度和实用价值。

习题与思考

1. 光纤作为传感器的优势有哪些？
2. 试述光纤传感器的分类。
3. 简述光纤传感器的工作原理。
4. 简述分布式光纤传感技术的特点。
5. 分布式光纤传感技术按照原理可分为哪几类？
6. 简述光纤中三种散射的区别。
7. 在光纤传感器中，常用的干涉仪有哪些？
8. 谈谈你对分布式光纤传感技术的理解。

参考答案-7

第八章　图像检测技术

在某些应用中，很难通过传统的图像传感器获得所需要的图像。一方面由于传统图像传感器基本特征的限制，例如速度，动态范围等；另一方面由于这些应用中可能需要一些特殊的功能，例如追踪目标轨迹、测量距离等。例如，在将来的智能交通系统(Intelligent Transportation Systems，ITSs)中，要求智能照相系统具有辅助车辆保持车道、测量距离及驾驶员监控等功能。因此,应用在 ITSs 中的图像传感器的动态范围应该大于 100dB,速度也要大于视频的帧频速率，并且能够测量出图像中不同对象间的距离，与此相似的还有应用于安全、监控和机器人视觉等方面的图像传感器。为满足工业领域的智能发展需求，通常需要对目标进行实时精确的检测与分析，获取运动目标图像，从而进行运动状态的信息化提取。同时，运动目标检测也广泛应用于农业、航空航天、生物医学及传感等领域。

8.1　目 标 追 踪

为了实现目标追踪，必须先识别要追踪的物体并提取出来。因此，找到追踪物体的矩心很重要，目前可以实现在一个场景中识别出物体的矩心。在获得物体矩心的方法中，帧差操作是很有效的，因为这种方法可以把移动的物体提取出来。为了实现帧差操作，需要有帧缓冲器。在一些智能传感器中通常将帧缓存器放在像素内部，这样外部就不需要额外的帧缓冲器。通过对两帧之间的像素值取差值来寻找运动物体，差值操作是在芯片内进行的。通过在像素中加入一个电容和一个比较器来检测运动的物体。电阻网络结构可以有效检测运动。

目标跟踪的传感器主要分为模拟处理和数字处理。表 8-1 总结了一些方法的典型例子。每种方法都需要一些输入图像预处理，如边缘检测、二值化等。模拟处理可以使用最大值检测，投影和电阻网络。另一种可以用于目标追踪的技术是调制技术。在这里，虽然需要一个调制光源，但是很容易在场景中将感兴趣区(ROI)与其他物体区分开，因此实现目标追踪相对容易。

表 8-1　目标追踪的智能 CMOS 图像传感器

方法	预处理	工艺/μm	像素/pix	像素尺寸/(μm×μm)	帧频/Hz	功耗/mW
最大值检测法	WTA 和 ID-RN	2	24×24	62×62	12	
	ID-RN 和比较器	0.6	11×11	190×210	20000	
投影法	电流和	2	256×256	35×26	100	
	边缘检测	2	凹陷 9×9 圆周 19×17	凹陷 150×150 圆周 300×300	~10	15
	二进制化	0.18	80×80	12×12	1000	30
	充电求和	0.6	512×512	20×20	1620	75

续表

方法	预处理	工艺/μm	像素/pix	像素尺寸/(μm×μm)	帧频/Hz	功耗/mW
二维电阻网络		0.25	100×100	87×75.34	142000	36.3
胞状类神经网络		0.18	48×48	85×85	200	0.243
数字处理		0.5	64×64	80×80	1000	112

1. 用于目标追踪的最大值检测法

最大值检测法(Max-Det)是一种通过在包含被追踪物体的图像中检测最大的像素信号值来实现目标追踪的方法。WTA 电路通过在每个像素中集成 WTA 电路来检测整幅图下像素信号的最大值。为了得到最大值的 ry 位置，在行与列放置两个一维电阻网络。一个 62μm×62μm 的像素包括 WTA 电路和一个寄生光电晶体管。芯片的像素阵列为 24×24，像素的处理速度达到 7000pixel/s。另一种运用最大值检测法的方法是在行与列的方向各放置一个一维的电阻网络，通过与比较器一起工作，得到每个方向最大值的位置。

2. 用于目标追踪的投影法

目前，已经有研究使用投影法来进行目标追踪。因为投影法只需要沿像素阵列行和列的求和操作，所以很容易实现。沿每一行和列方向上的投影是一阶图像矩，通过数据预处理，如边缘检测和二值化，可以有效得到矩心。成像区域分为两部分：中央区域和周围区域，两部分的像素密度是不一样的，该结构模仿的是感光体在人的视网膜上的分布。拥有大像素密度的中央区的功能是完成边缘检测和运动检测，而拥有小像素密度的周围区域的功能是完成边缘检测和投影。这种光电探测器结构类似于对数传感器。对数传感器含有一个光电晶体管和一个亚阈值晶体管，可以实现对数响应。边缘检测通过一个电阻网络来实现。

研究者研制出了一种智能 CMOS 图像传感器，它可以同时完成普通的成像以及在行与列上的投影。在这种传感器中，20μm×20μm 的像素里拥有 3 个 FD：一个完成成像工作，另外两个完成投影工作。该设计中有源像素完成成像，无源像素通过将某个方向所有像素电荷做加和处理以完成投影。该传感器具有全局曝光及随机访问功能，这对实现高速成像十分有用。该传感器拥有 512×512 的像素阵列，用 0.6μm 标准 CMOS 工艺制成。

3. 基于电阻网络及其他模拟处理的目标追踪

另一种模拟处理是电阻网络技术。双层的电阻网络在时间和空间上的差值操作可以通过帧间做差值来实现，目标追踪在芯片外进行中值滤波。因为采用有源像素和消除电路，这个具有电阻网络的传感器可以获得很高的信噪比以及很低的固定模式噪声。另一种基于细胞神经网络(Cell Neural Network, CNN)的全并行模拟处理方法已经提出，像素尺寸为 85μm×85μm，基于 0.18μm 标准 CMOS 工艺，像素内部集成了模拟信号处理电路及异步数字电路，像素阵列为 64×64。芯片可实现处理的时间为 $5×10^{-10}$s，速度与功耗约为 725MIPS/mw。如果使用全模拟结构的话，在 1.8V 供电的情况下，功耗仅为 243μW。

4. 基于数字处理的目标追踪

基于数字处理的芯片采用 0.5μm 标准 CMOS 工艺制作了 80μm×80μm 的像素，在每个像素中集成了 1 位的数字处理单元或串行处理单元。因为实现了全数字信号处理，所以芯片是全部可编程的，可以达到很高的处理速度，大约为 1ms。采用数字处理的芯片需要在每个像素的内部集成一个 ADC，这块芯片采用由反相器构成的类 PWM 型 ADC。这种芯片已经应用在显微镜反馈系统中，通过光学显微镜观察运动的物体是比较困难的，运用目标捕捉技术可以实现光学显微镜系统对微小的物体进行自动追踪，若使用工作频率为 1kHz 的数字视觉芯片可以结合焦深技术可实现三维的追踪。

8.2　图像检测技术的边缘检测算法

图像边缘检测目的是检测目标图像信息的变化位置，以便能够准确地反映出图像的重要特性的变化，图像特性的改变反映出重要属性的改变，所以对目标图像进行边缘检测尤为重要。常见的边缘检测算法可以分为一阶和二阶边缘检测算法。一阶边缘检测算法包括 Roberts 算法、Sobel 算法、Prewitt 算法；二阶边缘检测算法包括 Laplaciann 算法、Canny 算法、LOG 算法等算法。

边缘检测一般通过空域微分算子来实现，是由图像与微分算子模板卷积而成。两个相邻区域之间因为灰度值不同会存在灰度边缘，已有的局部技术边缘检测算法，主要有一次微分和二次微分，这些边缘检测算法在处理边缘灰度值过渡比较尖锐且噪声较小等不太复杂的图像时，可以得到较好的效果。但对于边缘复杂、采光不均匀的图像来说，效果不太理想，主要问题有边缘模糊、边缘不连续、弱边缘丢失。

8.2.1　传统边缘检测算法分析

传统边缘
检测算法

1. Roberts 算法

Roberts 算子的卷积模板有水平和垂直两个方向，卷积算子表示为式(8-1)，梯度幅值表示为式(8-2)。

$$d_x = \begin{bmatrix} -1 & 0 \\ 0 & 1 \end{bmatrix}, \quad d_y = \begin{bmatrix} 0 & -1 \\ 1 & 0 \end{bmatrix} \tag{8-1}$$

$$R(i,j) = \sqrt{d_x^2 + d_y^2} \approx |d_x| + |d_y| \tag{8-2}$$

通过差分可以得出 Roberts 算子在差分点 $(i+1/2, j+1/2)$ 处连续梯度幅值的近似值 $R(i,j)$。给定恰当的阈值 τ，若 $R(i,j) > \tau$，则将点 (i,j) 视为边缘点。

传统的 Roberts 算法利用邻近像素对角线方向的梯度来检测边缘。它没有考虑到垂直或者水平相邻像素的情况，且抗噪能力较弱。无法过滤局部噪声，会丢失灰度值变化较慢的局部边缘信息，使目标图像的轮廓边缘不连续。

2. Prewitt 算法

Prewitt 算法是一阶微分算子的图像边缘检测算法，是使用目标图像像素点灰度值的差分来实现边缘检测。对目标图像进行 8 个方向的边缘检测，把其中响应最大的方向当成边缘幅度图像的边缘。Prewitt 算法的边缘检测模板见式(8-3)。

$$
\begin{bmatrix} 1 & 1 & -1 \\ 1 & -2 & -1 \\ 1 & 1 & -1 \end{bmatrix}
\begin{bmatrix} -1 & 1 & 1 \\ -1 & -2 & 1 \\ -1 & 1 & 1 \end{bmatrix}
\begin{bmatrix} -1 & -1 & -1 \\ 1 & -2 & 1 \\ 1 & 1 & 1 \end{bmatrix}
\begin{bmatrix} 1 & 1 & 1 \\ 1 & -2 & 1 \\ -1 & -1 & -1 \end{bmatrix}
$$
$\quad\;$正西$\qquad\qquad$正东$\qquad\qquad$正南$\qquad\qquad$正北

$$
\begin{bmatrix} 1 & -1 & -1 \\ 1 & -2 & -1 \\ 1 & 1 & 1 \end{bmatrix}
\begin{bmatrix} 1 & 1 & 1 \\ -1 & -2 & 1 \\ -1 & -1 & 1 \end{bmatrix}
\begin{bmatrix} 1 & 1 & 1 \\ 1 & -2 & -1 \\ 1 & -1 & -1 \end{bmatrix}
\begin{bmatrix} -1 & -1 & 1 \\ -1 & -2 & 1 \\ 1 & 1 & 1 \end{bmatrix}
$$
$\quad\;$西南$\qquad\qquad$东北$\qquad\qquad$西北$\qquad\qquad$东南

$$(8\text{-}3)$$

求其像素点正西处的卷积操作计算为

$$
\begin{aligned}
p_{正西} = &\, f(i-1,j-1) + f(i-1,j) + f(i-1,j+1) + f(i,j-1) - 2 \times f(i,j) \\
&+ f(i,j+1) - f(i+1,j-1) - f(i+1,j) - f(i+1,j+1)
\end{aligned}
\tag{8-4}
$$

3. Sobel 算法

Sobel 算法是先通过水平方向和垂直方向上的卷积模板与目标图像进行卷积，再计算水平方向和垂直方向上的幅值，最后得到梯度值。将目标图像利用设定的阈值进行分割，得到目标图像的边缘信息。假设目标图像函数为 $f(x,y)$，其梯度为

$$
\nabla f(x,y) = \begin{bmatrix} G_x \\ G_y \end{bmatrix} = \begin{bmatrix} \dfrac{\partial f}{\partial x} & \dfrac{\partial f}{\partial y} \end{bmatrix}^{\mathrm{T}}
\tag{8-5}
$$

式中，G_x、G_y 分别表示水平方向和垂直方向的梯度，函数 $f(x,y)$ 变化率最大的方向为梯度方向，方向角和幅值为

$$
\begin{cases}
\delta(x,y) = \arctan t(G_y / G_x) \\
f(x,y) = \mathrm{mag}(f) = \sqrt{G_x^2 + G_y^2}
\end{cases}
\tag{8-6}
$$

4. Laplacian 算法

Laplacian 算法是一个二阶微分算法，在工程数学中常用的一种积分变换，还可以用该算子进行空间锐化滤波。Laplacian 算法对获取方向不敏感，计算相对简单，对噪声非常敏感，容易产生虚假边缘。

Laplacian 算子为四邻域方向是对中心像素点的四个方向求取梯度，四邻域方向模板为

$$
H = \begin{bmatrix} 0 & 1 & 0 \\ 1 & -4 & 1 \\ 0 & 1 & 0 \end{bmatrix}
\tag{8-7}
$$

5. LOG 算法

LOG 算法采用高斯滤波器作为平滑滤波器，并且采用二阶导数(二维 Laplacian 函数)来对平滑图像进行运算。LOG 算法边缘检测判断的根据是二阶导数零点和对应一阶导数的较大值。

LOG 算法运算过程。

(1) 滤波。用高斯滤波函数 $G(x,y)$ 对图像 $f(x,y)$ 进行平滑滤波。高斯函数 $G(x,y)$ 是一个圆对称函数，其平滑的作用是可通过 σ 来控制的。$G(x,y)$ 表示如下：

$$G(x,y) = \frac{1}{2\pi\sigma^2} \exp\left[-\frac{1}{2\pi\sigma^2}(x^2 + y^2)\right] \tag{8-8}$$

滤波后的图像 $g(x,y)$ 是由图像 $G(x,y)$ 和 $f(x,y)$ 进行卷积而得到：

$$g(x,y) = f(x,y) * G(x,y) \tag{8-9}$$

(2) 增强。对高斯滤波后的图像 $g(x,y)$ 进行 Laplacian 运算

$$h(x,y) = \nabla^2\left(f(x,y) * G(x,y)\right) \tag{8-10}$$

(3) 边缘检测判断的根据是二阶导数的零点，即 $h(x,y) = 0$ 的点，和对应一阶导数的较大值。对经过高斯滤波后的图像 $g(x,y)$ 进行 Laplacian 运算可等效为 $G(x,y)$ 的 Laplacian 运算与的卷积，式(8-10)变为

$$h(x,y) = f(x,y) * \nabla^2 G(x,y) \tag{8-11}$$

6. Canny 算法

经典的 Canny 算法边缘检测过程如下。

(1) 把彩色图像变成灰度图像。

该部分是按照 Canny 算法通常处理的图像为灰度图，如果获取的彩色图像，那首先就得进行灰度化。以 RGB 格式的彩图为例，通常灰度化采用的公式为

$$Gray = 0.299R + 0.587G + 0.114B \tag{8-12}$$

(2) 高斯滤波。

高斯滤波的作用是去除噪声。应用高斯滤波去除噪声，减少了假边缘的形成。高斯滤波的半径选择很重要，图像的边缘信息是高频信号，过大的半径很容易让一些弱边缘检测不到。

(3) 计算梯度幅值和方向。

一般使用 Sobel 算子的模板来计算水平方向差分 G_x 和垂直方向差分 G_y，梯度模和方向的计算式为

$$\begin{cases} G = \sqrt{G_x^2 + G_y^2} \\ \theta = \arctan(G_y/G_x) \end{cases} \tag{8-13}$$

梯度角度 θ 范围从弧度 $-\pi$ 到 π，然后把它近似到四个方向，分别代表水平、垂直和两个对角线方向($0°$，$45°$，$90°$，$135°$)。可以以 $\pm i\pi/8$ ($i = 1,3,5,7$)分割，落在每个区域的梯度角给一个特定值，代表四个方向之一。

(4) 非极大值抑制。

非极大值抑制可以将边缘进行细化，一般情况下梯度边缘不是一个像素宽，而是多个像素宽。非极大值抑制在梯度方向上，将灰度值变化最大的像素点保留，将其他的像素点去掉，使边缘更加清晰。

(5) 双阈值边缘连接。

Canny 边缘检测算法使用双阈值，设定一个高阈值和一个低阈值来判断边缘像素点。边缘像素点的梯度值小于低阈值的点会被置 0 抑制掉；边缘像素点的梯度值大于低阈值，小于高阈值，则认为是弱边缘点；边缘像素点的梯度值大于高阈值，则认为是强边缘点。

7. Kirsch 算法

Kirsch 算法是由 R. Kirsch 提出来的一种边缘检测算法，该算法采用 8 个模板对图像中 8 个方向上的每一个像素点进行卷积求导数，运算结果取最大值作为图像的边缘检测输出，边缘检测模板见式(8-14)，其正北方向模板的边缘幅度可以用式(8-15)表示，其他 7 个方向上的边缘幅度的计算方法与式(8-15)相似。

$$\begin{bmatrix} 5 & 5 & 5 \\ -3 & 0 & -3 \\ -3 & -3 & -3 \end{bmatrix} \quad \begin{bmatrix} -3 & 5 & 5 \\ -3 & 0 & 5 \\ -3 & -3 & -3 \end{bmatrix} \quad \begin{bmatrix} -3 & -3 & 5 \\ -3 & 0 & 5 \\ -3 & -3 & 5 \end{bmatrix} \quad \begin{bmatrix} -3 & -3 & -3 \\ -3 & 0 & 5 \\ -3 & 5 & 5 \end{bmatrix}$$

正北　　　　　　　　东北　　　　　　　　正东　　　　　　　　东南

$$\begin{bmatrix} -3 & -3 & -3 \\ -3 & 0 & -3 \\ 5 & 5 & 5 \end{bmatrix} \quad \begin{bmatrix} -3 & -3 & -3 \\ 5 & 0 & -3 \\ 5 & 5 & -3 \end{bmatrix} \quad \begin{bmatrix} 5 & -3 & -3 \\ 5 & 0 & -3 \\ 5 & -3 & -3 \end{bmatrix} \quad \begin{bmatrix} 5 & 5 & -3 \\ 5 & 0 & -3 \\ -3 & -3 & -3 \end{bmatrix}$$

正南　　　　　　　　西南　　　　　　　　正西　　　　　　　　西北

(8-14)

$$\begin{aligned} p_1 &= 5 \times q_0 + 5 \times q_1 + 5 \times q_2 - 3 \times q_3 - 3 \times q_4 - 3 \times q_5 - 3 \times q_6 - 3 \times q_7 \\ &= 5 \times (q_0 + q_1 + q_2) - 3 \times (q_3 + q_4 + q_5 + q_6 + q_7) \end{aligned}$$

(8-15)

8.2.2　图像检测算法仿真结果分析

采用高斯滤波去噪和阈值化处理之后，进行边缘检测的过程，对比四种常见的边缘提取算法，通过 Matlab 仿真，在不同算法情况下对图片进行的边缘检测结果如图 8-1～图 8-9 所示。

图 8-1　原图

图 8-2　灰度化原图

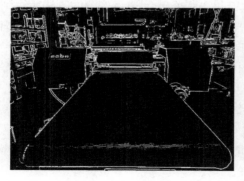

图 8-3　Sobel 仿真

图 8-4　Roberts 仿真

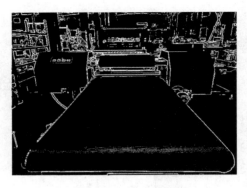

图 8-5　Prewitt 仿真

图 8-6　LOG 仿真

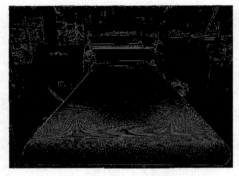

图 8-7　Laplacian 仿真

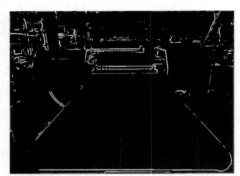

图 8-8　Kirsch 仿真

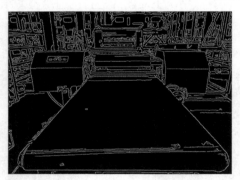

图 8-9　Canny 仿真

　　对上述图像边缘检测进行 Matlab 仿真，由仿真结果可得 Canny 边缘检测的算法所得到的检测效果更好，图像细节更多，所以对 Canny 算法进行在 FPGA 上实现，以得到更加详细的效果。根据结果，对不同的算法进行比较，得到如下结论。

　　(1) Sobel 算法能够平滑噪声，对噪声较多的图像处理效果更好，产生的边缘效果较好，但会存在伪边缘，且定位精确度低。

　　(2) Roberts 算法对噪声敏感，对噪声小的图像检测效果较好，但定位准确性较差。

　　(3) Prewitt 算法对图像有平滑滤波作用，但定位精确度低，图像检测的边缘较粗。

　　(4) LOG 算法在 Laplacian 算法的基础上，增加了高斯滤波，提高了边缘检测中的抗噪声能力。

　　(5) Laplacian 算法对图像边缘检测中的阶跃性边缘点的定位非常准确，但是对噪声很敏感，进而在边缘检测中会失去一部分的边缘信息，就会在检测结果中形成不连续的边缘。

(6) Canny算法使用高斯滤波对图像进行平滑滤波处理,在边缘检测中具有抗噪声的能力，但是会产生边缘丢失的可能。采用了双阈值算法检测，边缘的准确性和连续性比较好。

8.2.3 图像检测系统设计与实现

图像检测系统设计框图如图 8-10 所示，实验装置采用的是 Xilinx 公司的 Artix7 系列 XC7A35T-2FGG484I 芯片为核心的开发板，开发环境为 Vivado Design Suite，硬件描述语言为 Verilog HDL。实验系统主要包括图像采集模块、图像处理模块、图像缓存模块以及图像显示模块。

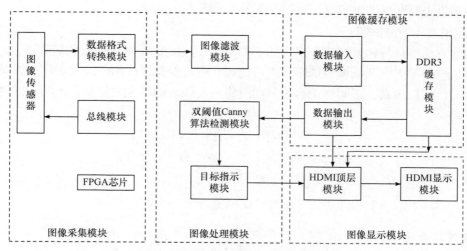

图 8-10 图像检测系统设计框图

1. 图像采集模块

图像采集模块使用的是 OV5640 摄像头，摄像头中的图像传感器是型号为 OV5640 的 CMOS 类型数字图像传感器。

RGB 与 YUV(YC_bC_r) 的色彩空间转换，在 YUV 标准中亮度(Y)与色度(U、V)是独立的，采用 YUV 标准可以降低数字彩色图像所需的储存容量。RGB 与 YC_bC_r 色彩空间转换的算法为

$$\begin{cases} Y = 0.299R + 0.587G + 0.114B \\ C_b = 0.568(B-Y)+128 = -0.172R-0.339G+0.511B+128 \\ C_r = 0.713(R-Y)+128 = 0.511R-0.428G-0.083B+128 \end{cases} \tag{8-16}$$

由于 Verilog HDL 无法进行浮点运算，因此使用扩大 256 倍，再向右移 8bit 的方式为

$$\begin{aligned} Y &= [(77*R+150*G+29*B) \gg 8] \\ C_b &= [(-43*R-85*G+128*B) \gg 8]+128 \\ C_r &= [(128*R-107*G-21*B) \gg 8]+128 \end{aligned} \tag{8-17}$$

2. 图像处理模块

1) 灰度图像滤波处理

为了有效地降低噪声，需要对图像进行中值滤波处理，该部分选取 3×3 的卷积核做中值

滤波处理，在 3×3 窗口图像数据中获取中值。在逻辑设计过程中，采用缓存两个行来暂存前两行数据，使用 3×3 窗口获取中心像素点及其邻域共 9 个像素点。

2) Canny 算法模块

(1) 计算图像中每个像素点的梯度强度和方向。

应用 Sobel 边缘检测计算法算梯度的公式，得到梯度的幅值 G_x、G_y。梯度方向需要用反三角函数进行运算：

$$\theta = \arctan(G_y / G_x) \tag{8-18}$$

通过 Sobel 算法求解并判断 G_x、G_y 它们的正负，判断的倍数关系以及同异号情况，通过第二步的结果去判断梯度方向 G_x、G_y 落在哪块区域里。

(2) 应用非极大值抑制。

将梯度方向信息与梯度幅值合成，一起进入另一个由 Shift Ram 构成的矩阵中，将中心像素梯度幅值与梯度方向两端像素的幅值进行比较，中心像素梯度幅值均大于梯度方向两端像素的幅值时，标记为真，否则标记为假。同时将中心像素的梯度幅值与设定的高低阈值进行比较，可得

$$Compare = \begin{cases} 2'b10 & G > \mathrm{HT} \\ 2'b01 & G > \mathrm{LT} \quad 或 \quad G \leqslant \mathrm{HT} \\ 2'b00 & 其他 \end{cases} \tag{8-19}$$

式中，HT 为高阈值；LT 为低阈值；G 为梯度幅值。

3. 图像缓存模块

图像缓存模块的缓存组件主要分为输入及输出的先进先出(FIFO)模块和第 3 代双倍数据率同步动态随机存取存储器(DDR3 SDRAM)缓存模块，将 DDR3 缓存模块作为外部数据缓存模块。图像数据在 FPGA 与 DDR3 缓存模块之间传输过程中，将会存在跨时钟的问题，因此本系统设计了读写 FIFO 模块。

4. 图像显示模块

HDMI 顶层模块负责驱动 HDMI 显示器的驱动信号的输出，同时为其他模块提供显示器参数、场同步信号和数据请求信号。HDMI 顶层模块例化了 HDMI 驱动模块和 HDMI 驱动转换顶层模块。HDMI 驱动模块负责产生行场信号、数据有效使能信号和像素点的横纵坐标，同时将内部数据请求信号输出至端口，方便从 DDR 控制器中读取数据，完成读出图像数据的功能。HDMI 驱动转换顶层模块负责将 RGB888 格式的视频图像转换成 TMDS 数据输出。用 Verilog HDL 正确描述行时序和场时序，可以完成实时图像信号显示。

以 Xilinx 公司的 Artix7 系列 XC7A35T-2FGG484I 芯片为核心的开发板的实验平台，在开发环境中，利用 Vivado Design Suite 编写 Verilog HDL 代码、编译以及下载烧录，实现图像采集、处理以及 HDMI 显示。通过比较分析可得，在低亮度情况下通过摄像头采集，再进行边缘检测处理比高亮度情况下的结果更好、细节更多。Canny 边缘检测也比 Sobel 边缘检测所得到的信息更加丰富，所检测的边缘也更加详细，而且还可以看出 Canny 边缘检测的抗干扰能力很强，虽然亮度不同的情况下结果有所区别，但是大部分细节都能检测到。图 8-1 为原图，

图 8-11 为 Sobel 边缘检测效果图，图 8-12 为 Canny 边缘检测效果图，表 8-2 为 FPGA 资源利用情况表。

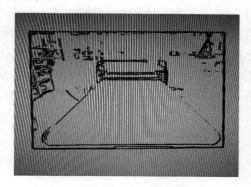

图 8-11　Sobel 边缘检测

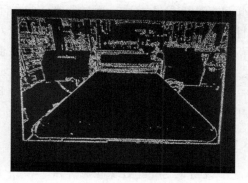

图 8-12　Canny 边缘检测

表 8-2　资源利用情况表

资源名称	已利用数量	可利用的数量	资源利用率/%
LUT	6072	20800	29.19
LUTRAM	567	9600	5.91
FF	5981	41600	14.38
BRAM	10	50	20.00
DSP	2	90	2.22
IO	76	250	30.40
BUFG	8	32	25.00
MMCM	2	5	40.00
PLL	1	5	20.00

8.3　基于自适应阈值图像检测技术及实现

近年来，随着机器视觉技术的迅速发展，其在运动分析、智能控制、人机交互等领域有着潜在的应用研究价值。在机器视觉技术中，运动目标检测问题的研究一直是研究的热点和难点。目前，运动目标检测技术主要集中在基于 PC 机、DSP 等传统技术和基于现场可编程门阵列(Field Programmable Gate Array，FPGA)硬件平台技术等。其中，基于 PC 机的平台技术中，由于其体积较大、携带不便等缺点，使得该技术不能在如无人机侦查等场合应用。DSP平台技术，只能处理某些特定的图像算法，不能实现实时对图像信息的采集与处理，若利用多个 DSP 芯片并行运算实现快速处理，则大大提高了系统的成本。由于 FPGA 硬件平台技术具有处理速度快、可靠性强等优点，因此，利用 FPGA 对图像进行实时硬件处理逐渐成为发展趋势。研究人员做了大量基于 FPGA 相关的研究工作，并取得了较好的研究进展。2019 年，陈磊等提出一种采用多个方向模板和阈值自适应相结合的 Sobel 边缘检测算法，利用 FPGA并行流水的特性将该算法在 FPGA 硬件平台上实现加速。2020 年，李文方等以 FPGA 作为主控芯片，使用串口通信将 Matlab 处理转换的图像数据传输给 FPGA 板卡，使用 Sobel 算子完成图像边缘提取，通过 VGA 接口将原图像和处理后的图像在显示器上显示出来。2020 年，邢凯等在 FPGA 开发板上，构建了彩色视频图像中运动目标检测跟踪系统，此系统可在多种分辨率和帧率下对运动目标进行实时检测跟踪。2021 年，郭铮等针对视频图像处理技术对实时性要求的提高，提出了一种以 FPGA 芯片为核心处理器，融合帧间差分和边缘检测的高清视频目标快速检测方法。通过研究人员的不断努力，机器视觉技术中图像处理的实时性、准确性得到了较大幅度的提高。但是，随着人工智能、智能控制技术的不断发展，高分辨率图像信号的实时处理难度越来越大，精度要求也越来越高。为了解决跟踪系统中存在的精确度低、实时性差、性价比低等问题，在现有研究的基础上，研究改进 Sobel 边缘检测方法，提出一种自适应阈值的边缘检测算法，利用 FPGA 并行处理的特点实现图像信息的实时检测，采用 HDMI 进行实时显示。

8.3.1　自适应阈值的 Sobel 边缘检测算法

1. 改进的 Sobel 边缘检测算法

改进的 Sobel 边缘
检测算法

从 Sobel 边缘检测算法可以看出，传统的 Sobel 算子仅对水平和垂直方向上的模板算子进行梯度计算，如果待测图像的像素点在其他方向上的幅值比较高，而水平和垂直方向合成的梯度幅值比较低，那么此像素点将不会被判别为边缘点，这将导致待测图像的边缘点检测不准确。因此，为了提高待测图像边缘信息的准确度，在传统的 Sobel 算子的基础上增加 45°和 135°方向算子，该方法采用局部 3×3 模板算子和待测图像进行卷积计算获得梯度，改进的 Sobel 算子模型如图 8-13 所示，梯度计算方程为

$$\begin{cases} G_x = (Z7 + 2Z8 + Z9) - (Z1 + 2Z2 + Z3) \\ G_y = (Z3 + 2Z6 + Z9) - (Z1 + 2Z4 + Z7) \\ G_{45°} = (Z6 + 2Z8 + Z9) - (Z2 + 2Z1 + Z4) \\ G_{135°} = (Z2 + 2Z3 + Z6) - (Z4 + 2Z7 + Z8) \end{cases} \quad (8\text{-}20)$$

Z1	Z2	Z3
Z4	Z5	Z6
Z7	Z8	Z9

(a) 目标图像

−1	−2	−1
0	0	0
1	2	1

(b) 水平方向算子

−1	0	1
−2	0	2
−1	0	1

(c) 垂直方向算子

−2	−1	0
−1	0	1
0	1	2

(d) 45°方向算子

0	1	2
−1	0	1
−2	−1	0

(e) 135°方向算子

图 8-13　改进的 Sobel 算子模型

从图 8-13 可以看出，改进的 Sobel 算子模型是将待测图像进行八个方向上的模板算子与待测图像进行卷积，然后对合成梯度值进行检测。由于改进的算法引入了更多的梯度计算模板，因此可以获得更加全面的边缘信息。

2. 自适应阈值算法分析

灯光、太阳光甚至是工作人员在检测过程中的走动等外部因素，都会对所检测目标的灰度造成一定的干扰，很大可能造成待测图像的部分数据丢失。为了能够解决外部因素所带来的影响，边缘检测阈值必须随着外部因素的变化而发生变化。本文将一帧图像分割成若干个 3×3 矩阵的像素窗口，把均值作为边缘检测的阈值，实现阈值随着灰度级的变化而变化，自适应阈值的获取可以用图 8-14 表示，获取均值过程的流程可以表示为：①通过两个行缓存来进行延迟，得到滑动的 3×3 窗口模板；②每行通过 3 个 D 触发器进行延迟，可以使 3×3 滑动模板中的 9 个数据同时输出；③对得到的 9 个数据通过加法器求和(SUM)；④将 SUM 利用除

法器得到均值(AVG)，即所求 AVG 作为自适应阈值。

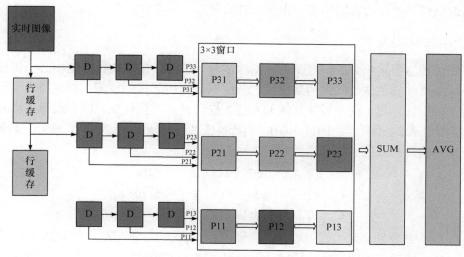

图 8-14 获取均值方法示意图

为了最大程度地去除噪声，保留原有边界，采用双阈值来判断是否为边缘。双阈值判断图像边缘的方法可以用式(8-21)表示。若中心像素的梯度幅值大于自适应阈值，则输出 1；若中心像素的梯度幅值小于自适应阈值的一半，则输出 0；若中心点像素的梯度幅值在自适应阈值的一半和自适应阈值之间，则需要看前一个中心像素点是否为边缘，若是，则输出 1；反之，则输出 0。

$$F(x,y) = \begin{cases} 1 & \text{AVG} \leqslant M \\ 1\text{或}0 & \text{AVG}/2 \leqslant M \leqslant \text{AVG} \\ 0 & M \leqslant \text{AVG}/2 \end{cases} \tag{8-21}$$

8.3.2 自适应阈值的 Sobel 边缘检测系统设计

自适应阈值的 Sobel 边缘检测系统设计框图，如图 8-10 所示，实验装置采用的是 Xilinx 公司的 Artix7 系列以 XC7A35T-2FGG484I 芯片为核心的开发板，其开发环境为 Vivado Design Suite，硬件描述语言为 Verilog HDL。从图中可以看出，实验系统主要包括图像采集模块、图像处理模块、图像缓存模块及图像显示模块。其中，图像采集模块中的传感器使用的是 OV5640 摄像头。在设计过程中，采用串行控制总线协议(Serial Camera Control Bus，SCCB)对图像传感器进行控制，待测图像的分辨率是通过 SCCB 修改摄像头的寄存器地址来实现的。系统中使用的芯片包含 DDR3 内存控制器(MCB)硬核，调用存储器接口生成器(MIG)知识产权核 IP 核去控制 MCB 硬核，可以更加方便地管理 DDR3 存储器。图像显示模块显示经过边缘检测的待测图像，该模块内部包括 HDMI 驱动模块和 HDMI 驱动转换模块。HDMI 驱动模块生成行场信号、数据有效使能信号和像素坐标，并输出数据请求信号，以便从 DDR3 控制器中读取数据。HDMI 驱动转换顶层模块将 RGB888 格式的视频图像转换为 TMDS 数据输出。在设计过程中，用 Verilog HDL 正确描述行时序和场时序，可以完成实时图像信号显示。

在 FPGA 硬件平台上进行设计的算法实现时，根据平台的资源合理规划图像传输通道和处理的过程，设计的算法处理模块可以同时进行相应的处理。实现待测图像的边缘检测，需要对待测图像进行数据格式转换、滤波、二值化、形态学处理等技术处理，再利用 HDL 重新进行数据的组织和处理行为的描述，实现实时处理。

1. 图像数据格式转换

由于图像传感器采集到的信号是彩色图像信号，信息量比较大，因此，必须将彩色待测图像流分成灰度和彩色两个图像的数据流，灰度图像流用于目标检测，彩色图像流用于跟踪显示。为了减少计算量，便于后续算法的实现，设计格式转换算法，以实现彩色图到灰度图的变换，将图像从 24 位真彩色图像(RGB888)转换成 8 位的灰度图像。为了避免浮点运算和资源消耗，采用的转换方法为

$$\begin{bmatrix} Y \\ C_b \\ C_r \end{bmatrix} = \begin{bmatrix} 47 & 157 & 16 \\ -26 & -86 & 112 \\ 112 & -102 & -10 \end{bmatrix} \begin{bmatrix} R \\ G \\ B \end{bmatrix} + \begin{bmatrix} 4096 \\ 32768 \\ 32768 \end{bmatrix} \tag{8-22}$$

式中，R、G、B 分别表示为红、绿、蓝信号，Y、C_b、C_r 分别表示为 YUV 中的亮度、色调以及饱和度，实现待测图像格式转换过程需要将式(8-22)中的 Y、C_b、C_r 右移 8 位，舍弃信号中的 C_b、C_r 分量，保留 Y 信号分量，得到 8 位灰度图像。

2. 灰度图像滤波处理

排序比较算法的核心过程如图 8-15 所示：①对每行的 3 个像素进行排序，得到最大值(MAX)、中值(MID)、最小值(MIN)；②比较 3 行中每行的最大值，获取 3 个最大值中的最小值(MAX_MIN)；③比较 3 行中每行的最小值，获取 3 个最小值中的最大值(MIN_MAX)；④比较 3 行中每行的中值，获取 3 个中值中的中值(MID_MID)；⑤将式(8-20)、式(8-21)获取的值送入下一级的比较器，获取中值(mid_mid)。

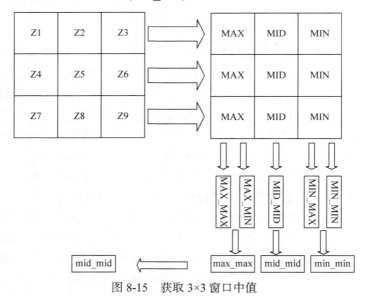

图 8-15　获取 3×3 窗口中值

3. 形态学处理

二值图中包含一定的椒盐噪声，该噪声将影响待测图像检测的准确度，因此，必须对二

值图进行形态学运算。本小节采用开运算(先腐蚀处理再膨胀处理)来消除椒盐噪声，形态学处理模块按照流水线处理方式进行。开运算用到 3×3 的滤波模板，先进行腐蚀操作，把 3×3 滤波模板遍历整个图像做与运算，即当被测目标的前景完全与模板相交时，则输出 1，腐蚀方程可以为

$$y = P11 \& P12 \& P13 \& P21 \& P21 \& P23 \& P31 \& P32 \& P33 \tag{8-23}$$

进行膨胀运算时，把 3×3 滤波模板遍历整个图像做或运算，即当被测目标的前景与模板相交时，则输出 1，膨胀方程为

$$f = P11 \parallel P12 \parallel P13 \parallel P21 \parallel P21 \parallel P23 \parallel P31 \parallel P32 \parallel P33 \tag{8-24}$$

在 FPGA 上实现腐蚀或膨胀处理时，使用 3×3 模板窗口，同时获取三行数据，利用 FPGA 硬件平台中的块 RAM 缓存两行的数据，当第三行数据传输过来时，同时获取块 RAM 里缓存的上两行数据，进行 3×3 窗口的形态学处理。在实现算法设计时，为提高运算速度，腐蚀和膨胀也是全部采取两级流水的方式来实现：①第一级流水将 3×3 模板每一行的 3 个二值数进行"与"运算；②第二级则把第一级"与"运算后的 3 个结果再进行"与"运算，由此通过两个时钟的处理便可得到腐蚀的结果。

在 Vivado 2019.2 开发环境中，FPGA 主时钟为 50MHz，图像的分辨率为 1024×768，并使用 Verilog HDL 编写代码，同时编译及下载烧录到开发板里，实现图像的采集、多方向自适应阈值边缘检测算法及形态学操作算法。为了分析复杂环境下检测的效果，选取了边缘信息比较多的裁切机系统，利用传统和改进 Sobel 边缘检测算法对待测图像进行检测，检测结果如图 8-16 所示，从图中可以看出，利用改进 Sobel 边缘检测算法可以更准确地定位边缘点且图像信息更加完整，边缘图像明显更加立体。

　　(a) 原始图像　　　　　　　　　(b) 传统Sobel边缘检测　　　　　　　(c) 改进Sobel边缘检测

图 8-16　改进边缘检测效果图

为了分析设计的自适应阈值的检测方法，在增加光照条件情况下，设定固定阈值和采用自适应阈值的方法对待测图像进行了边缘检测，检测结果如图 8-17 所示，图 8-17(b)是采用固定阈值获得的检测结果，与图 8-17(c)做比较，在没有光线的干扰下，改进后的固定阈值可以很大程度上反映出图像的边缘信息，而使用同样的算法，在光线的干扰下，从图 8-17(b)中可以看出，检测目标受到了光线的干扰，不能真实地反映待测图像的边缘信息；图 8-17(c)是在没有增加开操作运算的自适应阈值检测结果，可以看出自适应阈值的方法能使更多的边

 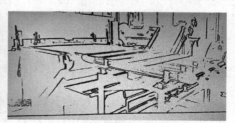

　　　　(a) 原始图像　　　　　　　　　　　　　(b) 固定阈值边缘检测

(c) 自适应阈值边缘检测(无开操作)　　　　　(d) 自适应阈值边缘检测(有开操作)

图 8-17　自适应边缘检测开操作效果图

缘信息检测出来，也对光线的抗干扰能力比较强。但是，由于阈值本身在不断地变化，造成了一些椒盐噪声；图 8-17(d)是增加开操作运算的自适应阈值检测结果，从图中可以很明显地看出，消除了大量的噪声干扰，改善了边缘检测后图片的质量，能够更灵活地适应自然环境的变化。

8.4　基于改进差分算法的图像检测系统

针对运输系统中运动目标在运动垂直方向上边缘信息缺失的问题及运动目标检测实时性差的缺点，本文提出了一种改进的融合边缘检测算法的四帧差分法，结合现场可编程门阵列(FPGA)芯片的并行工作特性，满足了运动目标检测的实时性要求。改进的四帧差分算法是采用间隔帧间差分的方式，将运动目标区域提取出来与边缘检测相融合，同时利用 FPGA 中多端口 SDRAM 图像缓存技术对实时图像进行缓存和输出。系统实现了对运输带上运动目标的检测，结果表明，该算法能够较好地解决在传统帧间差分法中运动目标在运动垂直方向上边缘缺失的问题，同时也能准确且实时地检测出待测运动目标。

8.4.1　传统帧间差分法和四帧差分算法

1. 传统帧间差分法

传统帧间差分法是将连续两帧图像像素进行差分操作来获取运动目标轮廓的方法。如果图像序列中出现运动物体，那么相邻两帧图像对应的像素点之间就会发生较明显的像素值变化，从而实现运动目标区域的检测。因此，对第 $k-1$ 帧图像 $P_{k-1}(x,y)$ 和第 k 帧图像 $P_k(x,y)$ 进行差分，从而得到差分图像 $E_{(k-1,k)}(x,y)$：

$$E_{(k-1,k)}(x,y) = \left| P_{k-1}(x,y) - P_k(x,y) \right| \tag{8-25}$$

由于受到运动目标环境和噪声的影响，差分之后的图像需要进行阈值 T 的二值化处理，从而对图像序列进行有无运动目标的判断：

$$R_{(k-1,k)}(x,y) = \begin{cases} 1 & E_{(k-1,k)}(x,y) \geqslant T \\ 0 & E_{(k-1,k)}(x,y) < T \end{cases} \tag{8-26}$$

式中，$R_{(k-1,k)}(x,y)$ 为二值化图像，若 $R_{(k-1,k)}(x,y)$ 为 1，表示图像序列中存在运动目标；若 $R_{(k-1,k)}(x,y)$ 为 0，表示图像序列中无运动目标。

2. 四帧差分算法

传统两帧差分法虽然在一定程度上实现了对运动目标的检测识别，但会导致运动目标出现重影和空洞，这些影响会大大降低运动目标的检测精度。为了有效提高运动目标的检测精度，在不增加背景实时更新的复杂算法下，本文采用了四帧差分算法。四帧差分算法主要在传统的两帧差分算法上再增加两帧图像，采用的是将连续四帧的灰度图像进行差分。算法首先从图像序列中提取连续四帧的灰度图像 $P_{k-3}(x,y)$、$P_{k-2}(x,y)$、$P_{k-1}(x,y)$、$P_k(x,y)$，然后将连续四帧的灰度图像进行间隔差分，从而获得差分图像 $E_{(k-3,k-1)}(x,y)$、$E_{(k-2,k)}(x,y)$，可以表示为

$$\begin{cases} E_{(k-3,k-1)}(x,y) = \left| P_{k-3}(x,y) - P_{k-1}(x,y) \right| \\ E_{(k-2,k)}(x,y) = \left| P_{k-2}(x,y) - P_k(x,y) \right| \end{cases} \tag{8-27}$$

将式(8-27)中差分图像 $E_{(k-3,k-1)}(x,y)$ 和 $E_{(k-2,k)}(x,y)$ 与阈值 T 进行比较，从而获得差分图像的二值化信息，可以表示为

$$\begin{cases} B_{(k-3,k-1)}(x,y) = \begin{cases} 1 & E_{(k-3,k-1)}(x,y) \geqslant T \\ 0 & E_{(k-3,k-1)}(x,y) < T \end{cases} \\ B_{(k-2,k)}(x,y) = \begin{cases} 1 & E_{(k-2,k)}(x,y) \geqslant T \\ 0 & E_{(k-2,k)}(x,y) < T \end{cases} \end{cases} \tag{8-28}$$

式中，$B_{(k-3,k-1)}(x,y)$ 为两帧差分二值化图像；若 $B_{(k-3,k-1)}(x,y)$ 为 1，则表示两帧图像序列中存在运动目标；若 $B_{(k-3,k-1)}(x,y)$ 为 0，则表示两帧图像序列中无运动目标。将两次的差分结果进行逻辑"或"运算，提取出运动目标，可以表示为

$$R_{(k-3,k-2,k-1,k)}(x,y) = \begin{cases} 1 & B_{(k-3,k-1)}(x,y) \bigcap B_{(k-2,k)}(x,y) = 1 \\ 0 & B_{(k-3,k-1)}(x,y) \bigcap B_{(k-2,k)}(x,y) = 0 \end{cases} \tag{8-29}$$

式中，$R_{(k-3,k-2,k-1,k)}(x,y)$ 为四帧差分二值化图像；若 $R_{(k-3,k-2,k-1,k)}(x,y)$ 为 1，则表示四帧图像序列中存在运动目标；若 $R_{(k-3,k-2,k-1,k)}(x,y)$ 为 0，则表示四帧图像序列中无运动目标。

8.4.2 改进四帧差分算法

1. 改进四帧差分算法原理

传统帧间差分算法是将两帧灰度图像进行差分，通过相邻两帧第 $k-1$ 帧和第 k 帧的差分，得到目标区域外轮廓，如图 8-18 所示，运动取景框中的矩形物体沿着右下角的运动方向进行位移，从而获得相邻两帧的灰度图像。对这两帧的图像进行差分，得到运动目标的外轮廓。但是由于运输带中规则物体和特定运动方向的特殊性，传统的帧间差分法会导致运动目标在运动方向垂直位置的边缘信息缺失，如图 8-19 所示，在第 $k-1$ 帧的运动目标沿着水平向右的方向上移动，获得第 k 帧的运动目标图像，将这两帧的图像进行差分得到的目标区域外轮廓仅剩下两条边缘线。

为解决规则物体在运动垂直方向上边缘缺失的问题，本小节基于帧间差分法设计了改进的四帧差分算法，算法框图如图 8-20 所示。算法步骤如下。

(1) 将视频序列进行图像预处理，预处理是将 RGB 图像转换为灰度图像，通过 SDRAM

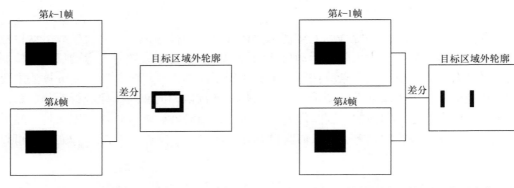

图 8-18　帧间差分法效果图(向右下角运动)　　　图 8-19　帧间差分法效果图(水平向右运动)

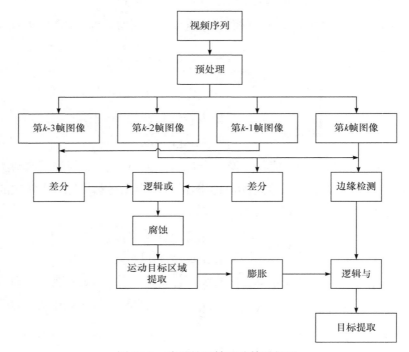

图 8-20　改进的四帧差分算法框图

存储连续缓存三帧图像。

(2) 将缓存在 SDRAM 的三帧图像与当前帧同时进行间隔差分处理，即第 $k-3$ 帧图像与第 $k-1$ 帧图像进行差分，第 $k-2$ 帧图像与第 k 帧图像进行差分。

(3) 将两次差分结果进行逻辑或操作，并对逻辑或操作之后的图像进行腐蚀处理，从而去除二值图像的噪声部分。

(4) 将腐蚀后的二值图像进行运动目标区域检测，并通过运动区域矩形框对运动目标区域进行提取。

(5) 将提取之后的运动目标区域进行边缘膨胀处理，从而增加运动区域的边缘信息范围。

(6) 对当前第 k 帧的图像进行边缘检测，从而获得当前帧图像的边缘信息。

(7) 将运动区域信息与边缘信息进行逻辑与运算，从而获得运动目标的提取。

2. 自适应帧间差分阈值算法

在运动目标检测中，由于运动物体所受到的光照强度、方向变化的不同，会导致采集的图像产生局部阴影的效果，从而降低了目标定位的精确度。在图像视觉处理过程中，通常对灰度图像进行二值化操作，即阈值化图像。阈值化图像的根本原理是利用设定的阈值判断图像像素为 0 还是 255，阈值过小或过大都会导致运动目标图像边界模糊甚至识别不到。阈值可以通过固定阈值和自适应阈值来设置，其中，固定阈值是需要通过不断尝试，多次试验，从而获得一个相对较优的阈值。但是随着环境的变化，采集到的图像效果也会随之变化。因此，相对于固定阈值，自适应阈值拥有较好的适应性，它能够根据当前图像所处的环境，改变阈值的大小，自动调节出当前最佳的阈值。

自适应帧间差分阈值算法是将图像中低于某个阈值的像素设置为黑色，而其他的设置为白色。传统帧间差分法的阈值是采用反复试验测试出来的固定阈值进行设定，因此限制了帧间差分法在光照多变场景下的应用。改进的自适应阈值帧间差分法通过差分阈值的自适应调整从而适用于不同光照条件下的应用场景。

本文中的自适应阈值是利用中值滤波处理，通过中值滤波模块获得图像灰度等级的中值，图 8-21 为像素点 P 及其周围 8 个像素点所组成的 3×3 滤波模板，从图中可以看出，中值滤波是将每一像素点及该像素点的邻域作为一个滤波模板，计算出模板中所有像素点的灰度值的中值，利用中值滤波产生的中值设定帧间差分的自适应阈值。

11	12	13
21	P	23
31	32	33

图 8-21　3×3 滤波模板

为快速通过中值滤波获得中值，系统利用 FPGA 的流水线操作，在图像 3×3 矩阵中快速排列，图 8-22 为中值滤波算法框图。首先，系统先生成一个 3×3 的像素矩阵，对这个矩阵进行逐行排序，从而得到每行的最大值(MAX)、中值(MID)和最小值(MIN)。然后，系统对排序后的像素矩阵进行处理，取出三个最大值中的最小值(MIN_of_MAX)、三个中间值中的中间值(MID_of_MID)、三个最小值中的最大值(MAX_of_MIN)。最后，将得到的三个值，再次取中值，最终获得 9 个像素值中的中值，该中值作为自适应阈值对图像进行二值化操作，从而实现差分操作中的自适应阈值处理。

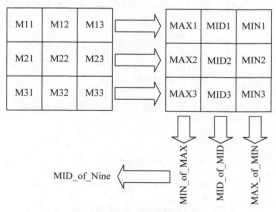

图 8-22　中值滤波算法框图

3. 边缘检测算法

在边缘检测图像处理中，图像的边缘信息通常是通过图像灰度级的突变来体现，而这些边缘信息点的集合称为边缘。因此，为了提取边缘信息，通常用梯度和阈值的差值来进行判断。

一幅图像可以视为一个二维函数，图像的一阶导数可以用梯度来表示。在图像处理中，为了求得相邻灰度像素的梯度，通常采用一些空间域的模板来计算梯度的分量，而用于计算梯度偏导数的滤波器模板称为梯度算子，如 Sobel 算子、Roberts 算子、Prewitt 算子等。其中，Sobel 算子是利用相邻灰度像素点在水平方向和垂直方向上的梯度来提取边缘信息。图 8-23(a)、(b)分别是 Sobel 算子大小为 3×3 的水平和垂直两个方向上的卷积核，图 8-23(c)是像素 (x,y) 的 8 个邻域像素点区域。

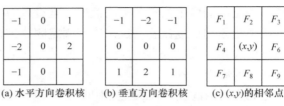

(a) 水平方向卷积核   (b) 垂直方向卷积核   (c) (x,y)的相邻点

图 8-23　Sobel 算子

图像 $f(x,y)$ 的水平方向和垂直方向的梯度分别表示为

$$\begin{cases} G_x = F_3 + 2F_6 + F_9 - (F_1 + 2F_4 + F_7) \\ G_y = F_7 + 2F_8 + F_9 - (F_1 + 2F_2 + F_3) \end{cases} \tag{8-30}$$

结合式(8-30)，图像的总梯度表示为

$$G = \sqrt{\left(G_x\right)^2 + \left(G_y\right)^2} \tag{8-31}$$

为提高 FPGA 的运算效率，将式(8-31)简化取近似，可得

$$G = \left|G_x\right| + \left|G_y\right| \tag{8-32}$$

根据式(8-30)，G_x 可以近似为 3×3 区域中第三行和第一行的差，G_y 可以近似为 3×3 区域中第三列和第一列的差。由于在 FPGA 中实现乘除运算需要浪费一定的组合逻辑资源，因此，通常采用移位运算法来进行处理，实现图像梯度的 Verilog 关键伪代码如下。

x 方向偏导数：

$$G_{y3} = F_3 + (F_6 \ll 1) + F_9 \tag{8-33}$$

$$G_{y1} = F_1 + (F_4 \ll 1) + F_7 \tag{8-34}$$

$$G_x = (G_{y3} \geqslant G_{y1})?(G_{y3} - G_{y1}):(G_{y1} - G_{y3}) \tag{8-35}$$

y 方向偏导数：

$$G_{x3} = F_7 + (F_8 \ll 1) + F_9 \tag{8-36}$$

$$G_{x1} = F_1 + (F_2 \ll 1) + F_3 \tag{8-37}$$

$$G_y = (G_{x3} \geqslant G_{x1})?(G_{x3} - G_{x1}):(G_{x1} - G_{x3}) \tag{8-38}$$

式中，G_{y1} 和 G_{y3} 分别为第一列和第三列的值，G_{x1} 和 G_{x3} 分别为第一行和第三行的值。

4. SDRAM 存储

为了实现四帧差分算法中四帧图像的读写，需要对实时图像进行四帧缓存，因此增加了 SDRAM 的 FIFO 读写控制，将一般的两读两写的四端口控制模块增加为四读四写的八端口 SDRAM 控制模块，设计的图像存储控制图如图 8-24 所示。由于 SDRAM 的操作时序非常复杂，因此采用 FIFO 模块作为 SDRAM 的控制端口。从图中可以看出，在图像存储控制模块中，首先将 SDRAM 地址空间分为四块地址区域，每一块地址区域都对应着一组 FIFO 用于图像序列的读写。图像序列存入对应的写 FIFO 当中，四个写 FIFO 通过读写控制仲裁再将数据序列分别写入到 SDRAM 的四个不同的存储空间中，最后四个读 FIFO 分别从四个对应的 SDRAM 地址空间中取出数据，最终实现四条独立并行数据流的传输，其中每组数据流占用不同的 FIFO 和 SDRAM 地址空间。

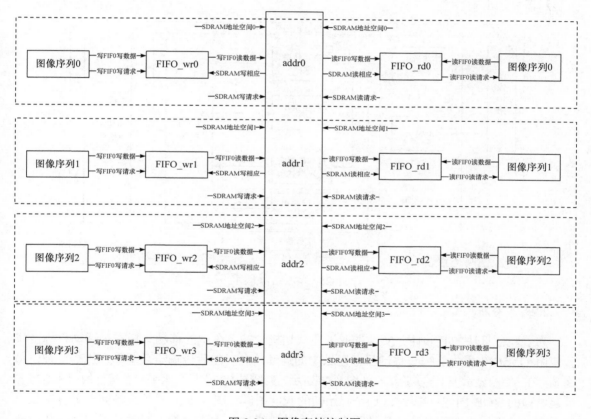

图 8-24　图像存储控制图

8.4.3　系统设计与结果分析

1. 系统设计

本系统采用的是由 Altera 公司推出的 CycloneⅣ FPGA 系列芯片，核心芯片是 EP4CE10F17C8。该芯片拥有 10320 个逻辑单元、414kbits 的嵌入式存储资源、23 个 18×18 的嵌入式乘法器、2 个通用锁相环、10 个全局时钟网络、8 个用户 I/O Bank 和最大 179 个用户 I/O，是一款性价比较高的芯片。

　　本实验系统主要分为图像采集、图像处理、图像缓存以及图像显示组件，实验结构框图如图8-25所示。系统中使用的摄像头是选用Omni Vision(豪威科技)公司生产的OV5640 COMS图像传感器，其感光阵列能够达到2592×1944(即500万像素)，能实现最快15fps(2592×1944)或90fps(640×480)分辨率的图像采集。系统从图像传感器初始化完成后开始，将采集到的图像数据经过图像采集模块输入到格式转换模块中，然后将彩色图像转换为灰度图像，再通过FIFO模块写入SDRAM模块中进行缓存，接着连续缓存三帧灰度图像。通过SDRAM模块的缓存，系统可以得到第$k-3$帧、第$k-2$帧和第$k-1$帧灰度图像，然后将这三帧图像与当前第k帧灰度图像输入到四帧差分模块。通过四帧差分模块的灰度图像可以获得运动区域的二值化图像信息，然后系统将二值化运动区域图像信息进入目标检测定位模块，从而获得运动目标的定位结果，接着利用FIFO模块将缓存在SDRAM中的图像输入到VGA显示模块，最终通过显示器显示出来。

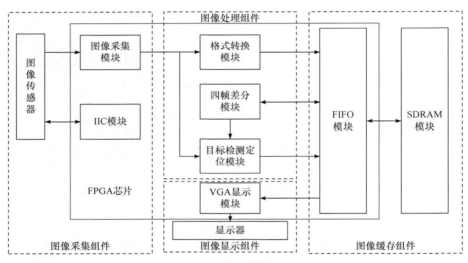

图8-25　实验结构框图

2. 结果分析

　　为了验证算法的有效性，实验选取工业裁切机运输系统中的移动木板作为运动目标。实验使用OV5640摄像头采集移动目标区域中的运动信息，然后传输给系统平台进行处理，最终显示在VGA显示屏上。实验结果如图8-26所示，实验图中的木板是水平向右运行的，图8-26(a)是起始帧的RGB图像；图8-26(b)是起始帧的灰度图像；图8-26(c)是传统帧间差分算法二值化图像，可以看出在运动物体移动垂直方向上的边缘信息无法检测，同时由于图像的灰度转换导致木板的中间颜色与运输带颜色相近，系统误认为是背景部分，导致木板中间部分无法显示；图8-26(d)是改进四帧差分算法中运动区域的提取，通过对运动区域的提取，系统可以获得运动目标的区域位置信息，便于后续对运动目标进行边缘处理；图8-26(e)是改进四帧差分算法的二值化图像，可以清晰地看出运动木板在运动垂直方向上的边缘信息以及木板中间的纹理信息；图8-26(f)是运动目标检测的定位结果，通过包围框的形式，将运动目标进行框选，从而获得清晰的运动目标位置信息。由结果可知，采用改进融合边缘检测算法的四帧差分算法有效地解决了对于运输带上运动物体在运动垂直方向上边缘信息缺失的问题，同时解决了传统帧间差分算法导致的重影、空洞等问题，从而更好地提高了对运动目标定位的精确度。

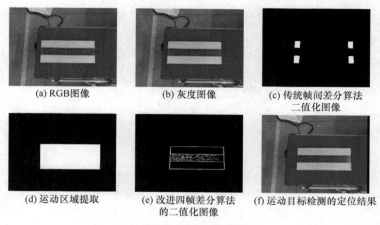

(a) RGB图像   (b) 灰度图像   (c) 传统帧间差分算法
二值化图像

(d) 运动区域提取   (e) 改进四帧差分算法
的二值化图像   (f) 运动目标检测的定位结果

图 8-26 图像处理结果

8.5 基于以太网传输的图像检测系统设计及实现

随着智能科技的发展和进步,以太网传输技术和图像处理技术的使用在日益增加,对大吞吐量的数据进行实时处理和快速传输必不可少。一方面,随着多媒体技术的发展,视频传输方式也向实用性、智能化和现代化发展。传统的视频传输方式主要通过电缆进行传输,但电缆的线路不易分支、维修困难、工艺要求高,并且只适用于区域性传输,对目前来说具有很大的弊端。随着计算机局域网的发展,为了数据能够快速、准确地传输,以太网技术应运而生。以太网具有兼容性好、成本低、通信速率高、传输距离远等特点,广泛应用于工业智能、网络视频、交换机等特定场合。以太网技术也在随着传输速率的要求在不断适应时代的发展,从最早的标准以太网(10Mbit/s)到快速以太网(100Mbit/s),再到千兆以太网(1000Mbit/s)。目前,市场上出现的万兆以太网(10Gbit/s)拓展了 IEEE802.3 协议和 MAC 的规范,使理论传输速率能够达到10Gbit/s。但是在日常生活中,标准以太网和快速以太网已经能够满足绝大多数的应用需求,只有对数据量庞大且传输速率要求较高的场合,才会用到千兆以太网甚至是万兆以太网。另一方面,随着超大规模数字集成电路的发展,由于现场可编程门阵列(FPGA)独特的灵活性和强大的功能性被越来越多的行业使用,如工业、医疗、人工智能和图像处理等方面。因此,为了满足大吞吐量数据的处理速度和传输速度,本节以 FPGA 为图像数据处理的硬件平台,将以太网作为图像数据处理的传输媒介,对图像数据进行采集、处理、缓存、传输和存储。

1. 系统的总体设计

该系统主要包括图像采集模块、图像缓存模块、图像处理模块及以太网传输存储模块。系统的主要设计思路是通过图像采集单元实现 OV5640 摄像头内部寄存器的驱动和配置,并编写 SCCB 协议来传输采集的图像数据,然后,图像处理单元对采集到的图像数据进行图像数据转换,把原彩色数据转换成 8 位的灰度数据,并进行了滤波和边缘检测的预处理。由于采集图像数据的吞吐速度与输出图像数据的吞吐速度不一致,所以在输出图像数据之前先经过 SDRAM 缓存一帧图像数据后,才允许输出数据。为了迎合以太网传输数据的位宽,在输出数据之前先经过图像数据封装,把 SDRAM 输出的 16 位数据封装成便于以太网接收的 8 位数据，随后再经过 UDP 传输模块把数据发送到上位机上进行显示存储。该系统整体框图如图 8-27 所示。

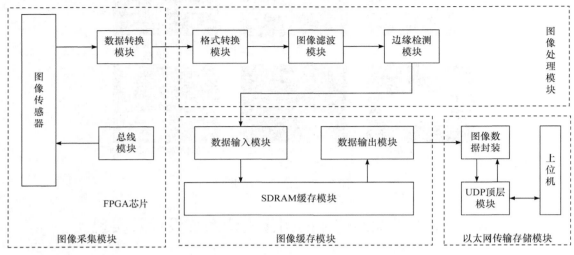

图 8-27　整体框图

2. 图像采集模块的设计

图像采集模块所使用的摄像头是豪威科技公司生产的CMOS图像传感器,型号为OV5640。它的感光阵列能够达到 2592×1944，能够实现最快 15fps QSXVGA(2592×1944)或者 90fps VGA(640×480)。传感器的内部具有图像处理的功能，可以对采集到的原视频先进行白平衡、自动曝光控制等操作，这些功能需要寄存器来配置驱动，而驱动寄存器的接口通过 SCCB 接口控制，其接口协议兼容 IIC 接口协议。OV5640 摄像头的工作原理是由时序发生器控制感光阵列把光信号转换成模拟信号；经过增益放大器后进入位宽为 10bit 的 AD 转换器里，转换成数字信号；然后通过 ISP 进行相关的图像处理，最后输出 10 位的数据流。

SCCB 接口有两线制和三线制,两线制的接口只能是一个主器件对一个从器件进行控制。由于是实时拍摄，数据的传输量较大，所以 OV5640 摄像头与驱动之间采取的是两线制 SCCB 协议来进行图像的数据传输。SCCB 协议与 IIC 协议的传输方式相似，SCCB 的接口总线由 SIO_C 串行时钟线和 SIO_D 串行双向线构成，即 IIC 协议中的 SCL 和 SDA 信号线。SCCB 写传输协议如图 8-28 所示,通过查询 OV5640 的开发手册,其器件地址为 7′h3c,所以在 SCCB 写传输协议里，ID Address(W)器件地址左移 1 位，低位补 0，即器件地址为 8′h78。图 8-28 中 X 表示不必关心位，该位是由从机 OV5640 发出应答信号来响应主机 FPGA，表示当前 ID

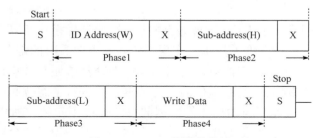

图 8-28　SCCB 写传输协议

Address、Sub-address 和 Write Data 的寄存器数据是否传输完成，由于从机 OV5640 有可能不发出应答信号，因此主机 FPGA 可以不用判断此处是否有应答，可以直接默认为当前数据传输完成。

OV5640 内置众多的寄存器，需要驱动指定的寄存器来实现相应的功能，程序中配置的关键寄存器见表 8-3。

表 8-3 OV5640 关键寄存器配置说明

地址	默认值	详细说明
0x3008	0x02	Bit[7]：软件复位 Bit[6]：软件电源休眠
0x3017	0x00	输入/输出控制(0：输入 1：输出) Bit[7]：FREX 输出使能 Bit[6]：VSYNC 输出使能 Bit[5]：HREF 输出使能 Bit[4]：PCLK 输出使能 Bit[3:0]：D[9:6]输出使能
0x3808	0x0A	Bit[3:0]：DVP 输出水平像素点数高 4 位
0x3809	0x20	Bit[7:0]：DVP 输出水平像素点数低 8 位
0x380A	0x07	Bit[2:0]：DVP 输出垂直像素点数高 3 位
0x380B	0x98	Bit[7:0]：输出垂直像素点数低 8 位

摄像头 OV5640 采集图像数据流程为：①由 PLL 时钟模块为 IIC 驱动模块提供 25MHz 的驱动时钟，并且由 IIC 驱动模块驱动 OV5640 SCCB 接口；②IIC 的寄存器配置模块需要对有关寄存器的地址、数据和起始信号进行配置，同时输出 OV5640 有关寄存器的地址、数据和启动 IIC 驱动模块的信号，并且与 IIC 驱动模块的用户接口相连接，完成对 OV5640 摄像头的基础配置；③在系统时钟的驱动下，将输出的行、场同步信号、使能信号和 16 位视频数据流传输给图像处理模块，完成对图像数据的采集工作。

3. 相关算法及缓存的设计

1) 图像灰度化

摄像头 OV5640 采集输出的图像数据格式是 RGB565，一个点如果算上 RGB 色彩，其维度就会达到 1600 万以上，特征量、计算量等会呈指数倍增长。一方面，为了减少计算量，对图像进行灰度处理，一个点也就 256 个维度，极大地降低了设备的功耗和时间。另一方面，识别物体最关键的因素是像素梯度，即物体的边缘。由于受到不同光照的影响，同类物体颜色会有较大的变化，为了减少光照等其他因素的影响，采用灰度图来进行梯度计算。因此，获取灰度图像的过程可表示为：①将采集到的 RGB565 图像数据格式采用高位补低位的方式转换成 RGB888 图像数据格式；②根据公式(8-38)将 RGB888 图像数据格式转换成 YC_bC_r 图像数据格式；③提取 YC_bC_r 图像数据格式中的灰度分量即 Y 分量，完成图像数据灰度化处理。

$$Y = 0.299R + 0.587G + 0.114B \tag{8-39}$$

由于 Verilog HDL 很难对浮点数进行运算，所以对式(8-38)中的浮点数先扩大 256 倍使其变成整数，再整体除以 8 即右移 8 位，转换的过程为

$$Y = [(77 \times R + 150 \times G + 29 \times B) \gg 8] \tag{8-40}$$

为了实现实时信号的处理，本算法采用流水线操作，第一级流水线分别对三基色进行乘积并行运算，第二级再对第一级得到的三个数进行求和，第三级对第二级得到的结果进行移位运算，每一级的运算都相差一个像素时钟，运算速度整体提高了 3 倍。

2）中值滤波

在进行图像采集的同时，噪声的干扰也是不可避免的。为了减少图像数据中噪声的干扰，必须对图像进行滤波处理。常见的滤波处理方式有线性滤波和非线性滤波，线性滤波包含方框滤波、均值滤波和高斯滤波等，非线性滤波包含中值滤波等。均值滤波是归一化后的方框滤波，输出图像的每一个像素是核窗口内输入图像对应像素的平均值。但其具有一定的缺陷，既不能很好地保护图像去除噪声时的细节部分，使图像变得模糊，也不能很好地去除图像上的噪声干扰，尤其是椒盐噪声。高斯滤波作为一种线性平滑滤波技术，它是自身和邻域内的其他像素值经过加权平均后得到的每一个像素点的值，常用于图像处理过程中的减噪过程，可以很好地消除高斯噪声，但是算法复杂，占用资源多。

在满足图像要求的前提下，同时考虑到实现滤波的复杂性和有效性，该系统采用中值滤波来消除图像数据中孤立的噪声点，使图像的像素值更接近真实值。其基本原理是图像或者数字序列中一点的值用其邻域中各点的中值代替，让周围的像素值更加接近真实的像素值，用于消除孤立的噪声点。与均值滤波比较，噪声成分未放入平均计算中，中值滤波里的噪声成分很难被选上，所以几乎不会影响到输出的结果。系统采用 3×3 的矩阵窗口来实现中值滤波。获取中值的方式有冒泡排序法、选择排序法等，但是在 FPGA 上所占用的资源多不易实现，因此本文采取流水线的操作方式，在图像的 3×3 矩阵中快速获取中值：①在生成的 3×3 像素矩阵中，每行按大、中、小排序；②提取每列中最大值中的最小值、中值的中值、最小值中的最大值；③对步骤②所产生的 3 个值再次进行比较，提取出中值。该方式提高了运算速度，确保了图像能够实时处理。

3）八个方向 Sobel 边缘检测

由于图像边缘和噪声属于高频信号，仅仅依靠频带的方式很难提取出边缘信息。边缘检测的目的是标识数字图像里亮度变化明显的点。常见的边缘检测有 Roberts 算子、Sobel 算子、Prewitt 算子和 Canny 算子等。Roberts 算子计算梯度的方法较为简单，其采用的是对角线方向相邻两个像素的差值，但不能对 45°倍数的边缘进行检测，虽然定位相对比较精确，但由于不包括平滑，对噪声比较敏感。Prewitt 算子与 Sobel 算子都采用两个核对目标图像进行卷积，一个核对垂直边缘的响应最大，另一个核对水平边缘的响应最大，两个卷积绝对值的最大值作为该点的输出值。Prewitt 算子是平均滤波，Sobel 算子是加权平均滤波且检测的图像边缘可能大于两个像素，它们对灰度渐变的低噪声图像都有很好的检测效果。Prewitt 算子在计算上比 Sobel 算子简单一些，但容易产生新的噪声，而 Sobel 算子边缘检测效果较好，受噪声的干扰的影响也较小，但会出现一些伪边缘，导致定位精度不高。与 Sobel 算子和 Prewitt 算子相比，Canny 算子没有充分利用边缘的梯度方向而是在边缘的梯度方向上做非极大值抑制和双阈值的滞后阈值处理，使得边缘检测的定位精度更加准确。不同的系统，针对不同的环境要求，选择合适的边缘检测是必要的。传统的 Sobel 算子采用的是四个方向的梯度与目标图像进行卷积计算。为了保证传输的实时性和边缘信息的准确性，该系统采用八个方向的 Sobel 算子进行边缘检测。Sobel 算子主要利用垂直方向算子、水平方向算子、45°方向算子和 135°

方向算子与目标图像进行卷积计算，八个方向的 Sobel 算子模型如图 8-13 所示。

对水平变化、垂直变化、45°变化和 135°变化分别求导并且求出其均方根，可以得到八个方向的梯度值 G 为

$$G = \sqrt{G_x^2 + G_y^2 + G_{45}^2 + G_{135}^2} \tag{8-41}$$

为了减少计算的工作量，可以对式(8-41)进行近似计算：

$$G = |G_x| + |G_y| + |G_{45°}| + |G_{135°}| \tag{8-42}$$

根据经验设定阈值 T，若梯度值 G 大于设定阈值 T，则判定为边缘，用 1 来表示，反之为 0。从图 8-29 可以看出，改进的 Sobel 算子模型是对待测图像进行 8 个方向上的梯度进行了检测，改进算法引入更多的梯度计算模板，使得边缘信息更全面。

4) SDRAM 缓存模块

为了保证图像数据写入的速度能够与读出的速度相匹配，把经过采集和预处理后的图像数据先经过 SDRAM 读写存储器缓存一帧数据后，再将图像数据读出。SDRAM 是一种同步动态随机存储器，它具有读写速度快、存储空间大以及价格相对便宜等特点，其内部是一个存储阵列，称为 L-Bank。SDRAM 寻址的基本原理是先指定某一行，再指定某一列，向行列的交叉处写入数据，通常 SDRAM 存储空间被划分成 4 个 L-Bank，在需要寻址时，先指定其中的一个 L-Bank，再在指定的 L-Bank 里选择相应的行与列进行寻址。SDRAM 利用电容的充电和放电特性以及可以保存电荷的能力来存储数据，它主要由行选通三极管、列选通三极管、存储电容和刷新放大器组成，当行选通三极管和列选通三极管使存储电容与行地址线和列地址线导通时，可以执行放电与充电操作，即读取和写入。SDRAM 的存储容量大小是通过 L-Bank 的数量与行数、列数和存储单元容量的乘积得到的，系统采用 SDRAM 的型号为 W9825G6DH-6，该芯片的内部具有 4 片 BANK 区域，行、列地址分别为 13bit 和 9bit，总线位宽为 16bit，存储空间为 32MB，可以满足实时视频数据缓存的基本要求。

由于 SDRAM 在 FPGA 中的时序非常复杂，所以把 SDRAM 存储器封装成类似 FIFO 接口，便于用户操作。如图 8-29 所示，PLL 时钟模块通过调用 PLL IP 核来产生 100MHz 的主时钟和 100MHz 的相位偏移时钟作为 SDRAM 读写控制模块的驱动时钟。FIFO 控制模块作为 SDRAM 控制器与用户端的交互接口，当用户端写入 FIFO 的数据量达到设定的突发长度时，数据将通过 SDRAM 控制器自动写入 SDRAM 存储器中；并且当读出 FIFO 的数据量没有达到设定的突发长度时，将通过 SDRAM 控制器自动读出 SDRAM 存储器中的数据。SDRAM 控制器主要包含了 3 个子模块：SDRAM 状态控制模块、SDRAM 命令控制模块和 SDRAM 数据读写模块。其中，SDRAM

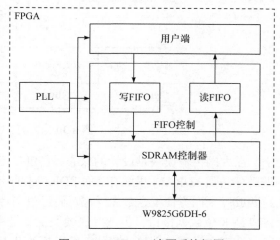

图 8-29 SDRAM 读写系统框图

状态控制模块根据 SDRAM 内部及外部操作指令控制初始化状态机和工作状态机。SDRAM 存储芯片的初始化、行激活、读写刷新、预充电等一系列操作均是通过 SDRAM 状态控制模

块实现。SDRAM 命令控制模块则是根据两个状态机当前的状态给 SDRAM 输入对应的控制命令。SDRAM 数据读写模块则是通过数据总线输出使能信号 sdram_out_en 来控制 SDRAM 双向数据总线的输入和输出。同时根据工作状态机的状态，在写数据时，将写入 SDRAM 里的数据发送到 SDRAM 数据总线上，在读数据时，将寄存 SDRAM 数据总线上的数据。

5）以太网传输存储的设计

以太网实时传输视频所采用的传输层方法一般是 TCP 协议和 UDP 协议。TCP 协议可以通过一次握手机制来保障两端间数据传输的相对可靠性。但是，当接收数据时，接收方要校验数据是否正确，若数据正确会返回一个数据正确信号的报文。只有当发送方接收到返回的报文时，才会发送下一个数据，否则，将重新发送原来的数据包，直到数据正确。虽然这种发送机制对于传输数据而言是十分合理的，但是要想达到实时传输的效果就会出现很多问题。例如延迟问题，当在传输通道中数据丢包率高时，由于 TCP 协议的机制，数据将不断地重复发送，造成传输通道的堵塞，视频延时大，传输质量下滑，不能达到实时传输的效果。而 UDP 与 TCP 相比较而言能够提供更高的吞吐量和比较低的延迟。因此，UDP 协议更适合实时传输的场合。

UDP 协议是一种无连接、不可靠的传输协议，它位于 OSI 模型中的传输层，其传输速度比 TCP 协议快，占用资源比 TCP 协议少，满足实时视频传输的要求。以太网数据包格式为前导码+帧起始界定符+以太网帧头+以太网数据段+帧检验序列。其中，数据段包含了 IP 首部和 IP 数据段，IP 数据段包含了 UDP 首部和 UDP 数据段，而 UDP 数据段中的数据就是用户想要的有效数据。图 8-30 为以太网 UDP 传输数据包格式。

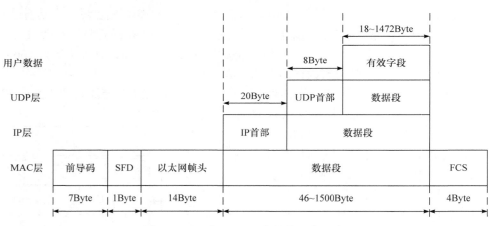

图 8-30　以太网 UDP 传输数据包格式

以太网传输模块是设计的核心，它包含图像数据封装模块和 UDP 模块。因为图像经过处理后存储到 SDRAM 里缓存，而 SDRAM 输出的数据位数是 16 位，所以将缓存后的图像数据封装成以太网方便发送的 32 位数据。经过图像数据封装模块输出的数据是 32 位数据，而 GMII 接口是 8 位数据接口，因此发送模块主要是完成 32 位数据转 8 位数据的功能。UDP 模块一般包含三个子模块即接收模块、发送模块和 CRC 校验模块。由于该系统只负责将打包好的图像数据发送给上位机，因此该系统的 UDP 模块只包含发送模块和 CRC 校验模块。UDP 发送模块跳转图如图 8-31 所示，发送模块包括前导码、帧起始界定符、以太网帧头、IP 首部、UDP 首部、有效数据、CRC 校验，这些需要发送的数据采用三段式状态机实现，由 skip_en 信号控制发送。UDP 发送模块最初处于空闲状态，当检测到发送使能的上升沿时会跳转到 IP 首部校验和计算状态，当 IP 首部校验完成后，前导码、帧起始界定符、以太网帧头、IP 首部、UDP 首部、有效数据和 CRC 校验值会根据 skip_en 信号按顺序发送。其中，在发送数据状态下会有一个读 FIFO 发送请求信号，把 FIFO 里存储的数据发送出去。CRC 校验模块是对除了前导码和帧起始界定符之外的发送数据做校验，并把每次校验的结果拼在 FCS 字段中。如果校验值错误或者不存在，那么将会直接丢弃掉这一帧数据。

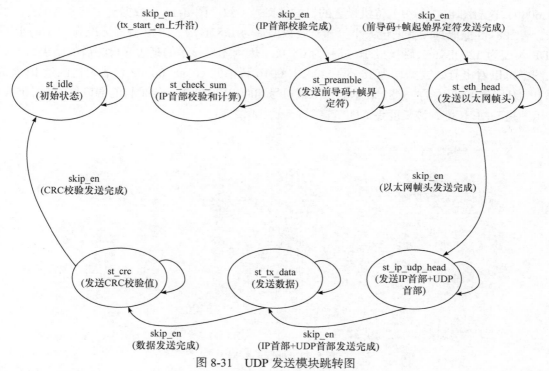

图 8-31　UDP 发送模块跳转图

本系统是以 Quartus 16.1 为开发环境、以 Verilog HDL 为开发语言，通过 FPGA 实现的，FPGA 的系统时钟为 50MHz，所采集的分辨率为 1024×768，通过网线将开发板与上位机连接，把目的 IP 地址设置为 192.168.0.3，确保程序中的目的 IP 地址与上位机的 IP 地址保持一致。系统所占用的逻辑单元为 4472bit，占用开发板逻辑单元的 44.7%。图像传输的结果如图 8-32

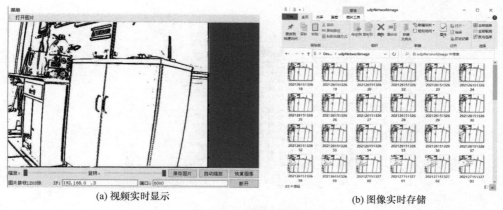

(a) 视频实时显示　　　　　(b) 图像实时存储

图 8-32　图像接收画面

所示，图 8-32(a)是上位机接收到 FPGA 发送的视频图像数据，从图中可以看出图像的边缘信息相对准确；图 8-32(b)为上位机实时存储的图像数据。

为了进一步验证图像传输的准确性，采用 Wireshark 进行抓包实验，查看 FPGA 开发板向上位机传输的数据包。该系统的 FPGA 的 IP 地址为 192.168.0.2，端口号设置为 5000，由图 8-33 所示抓取到的数据可知源 IP 地址正在通过 UDP 协议流向目的 IP 地址发送数据，即 FPGA 发送数据到上位机，图像的每行有效数据段为 1282Bytes；还可以看出源端口号 5000 指向目的端口号 6000，这与图 8-32(a)中上位机设置的目的端口号一致。图 8-34 为数据包中某一行的详细数据。从图 8-33 抓取到的数据包大小可知有效数据端为 1282Byte，UDP 首部标准为 8Byte，因此 UDP 长度为 1290Byte，转换成 16 进制为 05_0a。因为图像显示的是边缘检测后的结果，所以从图中可以看出有效数据均为 ff。图 8-34 中 0010 行中的 c0_a8_00_02 代表发送的是 IP 首部源 IP 地址，0020 行中的 13_88 表示的是源端口号 5000，17_70 表示的是目的端口号 6000，05_0a 表示的是 UDP 长度，该长度是 UDP 首部与有效数据之和。

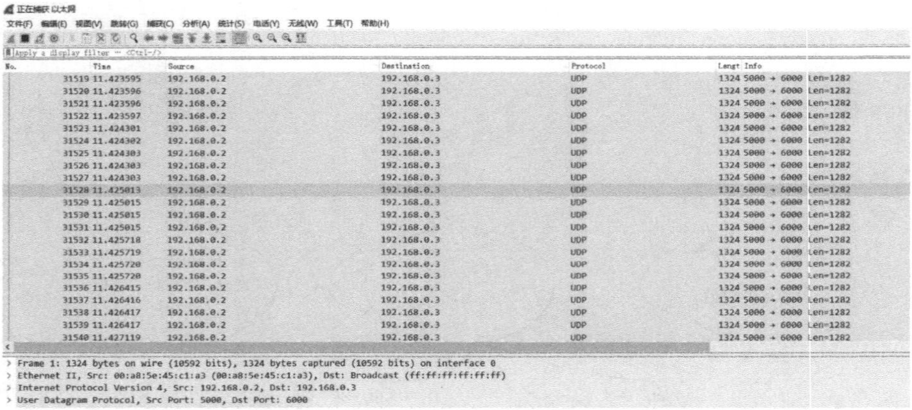

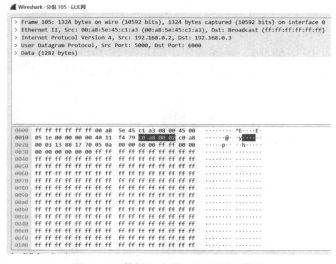

图 8-33　抓取的数据包

图 8-34　数据包中某一行的详细数据

8.6　基于卷积神经网络的图像识别

传统的服装分类方法主要是提取图像的颜色、纹理、边缘等特征，这些人工选取特征方法过程烦琐且分类精度较低。相比于传统的服装识别，卷积神经网络(Convolution Neural Network，CNN)是一种端对端的识别方式，相比于传统的识别有着很大的优势。

CNN 是一种深度学习网络，能够准确地实现目标检测与目标类型的识别与检测，广泛应用于计算机视觉、图像识别与处理等多个领域中。同样卷积神经网络也适合于服装识别。2018 年，胡聪等进行了基于自适应池化的神经网络的服装图像识别，实验表明自适应池化方法可以扩展到其他的神经网络中，小样本调优法对高效选取神经网络的超参数提供了依据。2019 年，高妍等进行了基于改进 HSR-FCN 的服装图像识别分类算法的研究，实验表明区域的全卷积网络在训练时间更短的情况下，原来的网络模型 R-FCN 平均准确率大约提高了 3%，达到 96.69%。2020 年，陆建波等设计了一种改进残差网络的服装图像识别模型，实验结果表明，提出的网络模型在服装图像识别分类精度上优于传统的深度残差网络。

8.6.1　基于改进的 AlexNet 模型

1. AlexNet 模型

近年来深度学习成为机械学习的重要发展方向之一，人工神经网络是从信息处理角度对人脑神经元网络进行抽象，建立某种简单模型，按不同的连接方式组成不同的网络。

传统的神经网络对于简单的识别有着很好的精度，但是对于复杂度高的识别，传统的神经网络会产生巨量的计算，导致资源浪费。而卷积神经网络通过卷积操作与池化操作对计算量进行缩减，并且能更好地对识别对象进行特征提取，共享性的权重能够使得训练不会过拟合，即能对训练集外的数据集也能保持良好的识别。卷积神经网络首先通过卷积操作对对象进行特征提取，然后通过池化操作进行特征提取，并且降低计算量与优化难度，最后通过全连接层对对象进行分类。其中，权重的更新办法一般为梯度下降法，通过对误差函数进行梯度下降，最后得到一个相对误差最小的值，完成训练。

AlexNet 网络模型由 Hinton 及他的学生 Alex Krizhevsky 设计，并于 2012 年的 ImageNet 竞赛中获得冠军，其物体分类错误率仅有 16.4%，比传统的机器学习分类算法出色很多。该模型由十一层组成，分别为五个卷积层、三个池化层及三个全连接层，其中图像特征信息的提取工作主要由卷积层和池化层完成，而全连接层的作用则是整合局部特征信息，将特征信息扁平化处理，传递给 softmax 层继续完成分类任务。

AlexNet-8 网络模型的网络结构如图 8-35 所示。第 1 个卷积层包含 96 个 11×11 大小的卷积核，第 2 个卷积层包含 256 个大小为 5×5 的卷积核。第 3、4 个卷积层分别包括 384 个 3×3 大小的卷积核，第 5 个卷积层包含 256 个 3×3 大小的卷积核等 5 个卷积层、3 个池化层和 3 个全连接层构成。后面的 3 个卷积层通过填充最外层来保持卷积后输出的尺寸不变。其中 AlexNet 模型相比于 LeNet 模型引入了 ReLU 激活函数来加快训练的速度，它的作用为缓解梯度消失的问题，增加网络的稀疏性，缓解过拟合，使网络更精准。

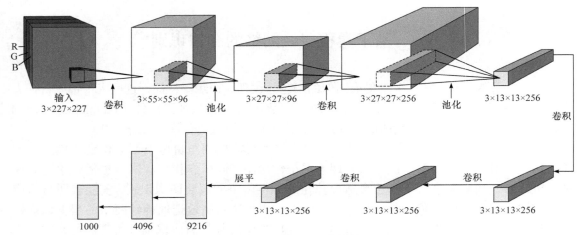

图 8-35　AlexNet-8 网络结构图

2. 改进的 AlexNet 模型

原本的 AlexNet 网络模型输入为 3×227×227 的 RGB 图像，采取 minist-fashion 数据集，其大小为 1×28×28，因此采用小的卷积核替换大的卷积核，5×5 的卷积核替换 55×55 的卷积核，3×3 替换 27×27 的卷积核。这样能更有效地提取数据集的特征，最后去除了两层全连接，只保留了最后一层全连接层，其网络模型如图 8-36 所示。

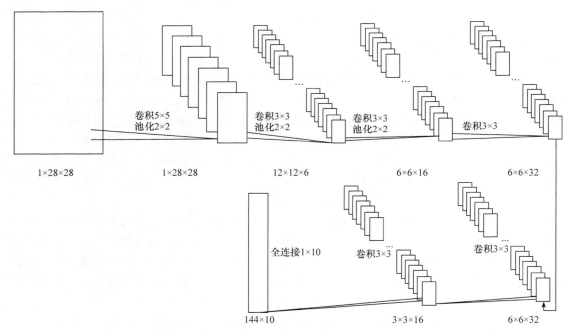

图 8-36　改进 AlexNet-8 网络结构图

8.6.2　模型实现

1. 数据集

本小节采用的数据集为 Fashion-MNIST，这是一个替代 MNIST 手写数字集的图像数据集，它由 Zalando(一家德国的时尚科技公司)旗下的研究部门提供，涵盖了来自 10 种类别的共 7 万个不同商品的正面图片。Fashion-MNIST 的大小、格式和训练集/测试集划分与原始的 MNIST 完全一致。

不同于 MNIST 手写数据集的是，Fashion-MNIST 数据集包含了 10 个类别的图像，分别是：t-shirt(T 恤)、trouser(牛仔裤)、pullover(套衫)、dress(裙子)、coat(外套)、sandal(凉鞋)、shirt(衬衫)、sneaker(运动鞋)、bag(包)、ankle boot(短靴)。

2. 训练网络

模型在 PyCharm 上，采用 tensflow2.1 环境进行网络搭建，将 7 万张数据集分为 6 万张训练数据集和 1 万张测试数据集。通过 tensflow2.1 环境封装好的函数搭建好改进的 AlexNet-8，每次喂入 32 个数据，循环训练 15 次。最后精准度为 93.5%。

3. 权重的提取

为了利用 ZYNQ 来加速网络模型，对训练好的网络的权重进行提取，将训练好每层权重用相对应的名称文件存储起来，这时所提取的权重为浮点型。由于 FPGA 更适用于读取二进制数据，所以利用一段 C 语言将提取出来的权重转化为二进制数据文件。

4. FPGA 加速

模型采用 Xilinx 公司的 ZYBO-Z7 开发板作为实验平台，该开发板搭载了 XC7Z010-1CLG400C FPGA 芯片，有着充足逻辑资源，并且该实验平台在 Xilinx ZYNQ-7000 全可编程片上架构系统，适用于嵌入式开发。另外平台还配套了 SD 卡口，来进行大量数据的存储。这类开发板相比于普通的 FPGA 平台，最大的区别是该开发板搭载了一颗双核 ARM Cortex-A9 处理器，整体分为软件部分和 FPGA 资源的硬件部分，分别简称为 PS 端和 PL 端。两者之间通过双片 BRAM 与 AXI 总线控制来实现通信，在软件开发时，通过 Xilinx 软件开发工具包(Software Development Kit，SDK)实现。这使得平台既可十分方便地通过在 PS 端上部署系统对 FPGA 的参数进行调整或者是发送相应的参数选择性地改变 FPGA 的逻辑工作模式，又可利用 FPGA 高效的运算能力对运算进行加速，提高整个系统运行的速度，同时保留嵌入式平台体积小、功耗小、便于部署的优点。

利用 ZYNQ 的 FPGA 加速部分在 Vivado 上实现，而 Vivado 搭载了高层次综合工具(HLS)能将 C 语言的逻辑转换为硬件语言设计。卷积操作和池化操作先通过 C 语言实现，再通过高层次综合工具转化为相应的硬件语言设计生成 IP 核，导入到 Vivado 电路设计中，通过 AXI 总线的方式使得 ARM 与 IP 连接通信。将设计好的电路导入到 SDK 中进行嵌入式开发，通过对 IP 调用搭建改进的 AlexNet-8 的模型，再通过读取 SD 卡将权重读入模型实现整体的网络加速。

本实验首先采用 Python 搭载 tensorflow2.1 搭建神经网络，先对原始的 AlexNet 与 LeNet 网络进行搭建，对 fashion-minist 数据集进行训练与识别。再对 AlexNet 进行小卷积核取代大卷积核的优化。经过 15 次迭代后，采用相同的测试集进行精度对比，见表 8-4。

表 8-4　网络精度对比

网络类型	原本准确度
LeNet5	91.31%
AlexNet8	91.49%
改进 AlexNet8	93.56%

对 Vivado 中的 SDK 进行嵌入式开发，首先对 ARM 中编写卷积操作与池化操作，通过调用 time 函数，读取出所用时间，通过上位机发送到电脑。然后，调用卷积 IP 核与池化 IP 核进行卷积与池化操作，同样通过上位机读取出运算时间，见表 8-5。最后，调用 IP 核搭建好改进好的 AlexNet8，采用相同的测试集对网络进行测试，得到加速后的精度，精度变化见表 8-6。

表 8-5　单次运算不同平台运算时间对比

平台	卷积运算时间	池化运算时间
ARM	116522μs	865μs
FPGA	34795μs	373μs

表 8-6　网络加速后精度变化

平台	改进 AlexNet8
Python	93.56%
ZYNQ	92.76%

习题与思考

1. 分析在图像检测中 Sobel、Roberts、Prewitt、LOG、Laplacian 和 Canny 算法各自的优缺点。

2. 什么是三基色原理？什么是彩色重现？

3. 简述图像缓存模块作用。

4. 简述四帧差分算法步骤。

5. 简述 YC_bC_r 图像数据格式特点及其采样格式。

参考答案-8

参 考 文 献

AMNON Y, POCHI Y. 光子学: 现代通信光电子学[M]. 陈鹤鸣, 施伟华, 汪静丽, 等译. 北京: 电子工业出版社, 2014.

安毓英. 光电子技术[M]. 4 版. 北京: 电子工业出版社, 2016.

安毓英. 激光原理与技术[M]. 北京: 科学出版社, 2010.

卞金洪, 高尚尚, 刘海波, 等. 基于相干函数和仿生小波变换的双麦克风语音增强算法[J]. 电子器件, 2022, 45(4): 843-847.

陈海燕. 激光原理与技术[M]. 北京: 国防工业出版社, 2016.

陈家璧, 彭润玲. 激光原理及应用[M]. 3 版. 北京: 电子工业出版社, 2013.

狄红卫. 光电子技术[M]. 3 版. 北京: 高等教育出版社, 2021.

冯衍, 姜华卫, 张磊. 高功率拉曼光纤激光器技术研究进展[J]. 中国激光, 2017(2): 69-71.

高尚尚, 王新宇, 王小丫, 等. 基于以太网传输的图像处理系统设计及 FPGA 实现[J]. 计算机测量与控制, 2022, 30(7): 213-218.

高原, 高建军, 杜佳豪, 等. 多峰布里渊散射谱的拟合算法研究[J]. 南京师大学报(自然科学版), 2019, 42(1): 90-94.

巩稼民, 郭翠, 沈一楠, 等. 一种增益平坦的光子晶体拉曼光纤放大器[J]. 光子学报, 2017(7): 99-104.

巩稼民, 郭涛, 杨钰荃, 等. 基于增益谱多项式拟合的双泵浦碲基光纤级联拉曼光纤放大器[J]. 红外与毫米波学报, 2016, 35(2): 154-159.

江兴方, 邱建华. 现代光电子技术[M]. 西安: 西安电子科技大学出版社, 2023.

Jun Ohta. 智能 CMOS 图像传感器与应用[M]. 北京: 清华大学出版社, 2015.

KASAP S O. 光电子学与光子学——原理与实践[M]. 2 版. 罗风光, 译. 北京: 电子工业出版社, 2016.

吕白达. 激光光学[M]. 四川: 四川大学出版社, 1976.

吕立冬. 频分复用相干光时域反射系统研究[D]. 南京: 南京大学, 2012.

潘英俊, 邹建, 林晓钢. 光电子技术[M]. 重庆: 重庆大学出版社, 2016.

施建华, 谢文科, 马浩统. 光电技术. 第 2 版[M]. 北京: 科学出版社, 2014.

石顺祥, 刘继芳. 光电子技术及其应用[M]. 北京: 科学出版社, 2010.

王成辰, 王小丫, 郭乃宏, 等. 传送带偏移检测技术研究及 FPGA 实现[J]. 计算机测量与控制, 2022, 30(9): 40-45+53.

王成辰, 徐东超, 周锋, 等. 复杂零件数控加工的仿真与优化研究[J]. 福建电脑, 2020, 36(4): 23-26.

王大衍. 现代光学与光子学的进展[M]. 天津: 天津科学技术出版社, 2006.

王庆, 周锋, 郭乃宏, 等. 基于 FPGA 的裁切机步进电机控制算法设计[J]. 计算机测量与控制, 2022, 30(11): 127-132+160.

王如刚, 陈振强, 胡国永. 新型复合功能晶体 Nd: YCOB 的非线性光学研究[J]. 暨南大学学报(自然科学与医学版), 2006, 27(3): 376-392.

王如刚, 周六英, 张旭苹. 高稳定性布里渊环形激光器的研制与性能研究[J]. 光电子·激光, 2013, 24(10): 1774-1777.

阎吉祥. 光电子学[M]. 北京: 清华大学出版社, 2017.

姚建铨, 于意仲. 光电子技术[M]. 北京: 高等教育出版社, 2006.

臧琦, 邓雪, 刘杰, 等. 用于长距离光学频率传递链路的双向掺铒光纤放大器的优化设计[J]. 光学学报, 2017(3): 190-197.

张旭苹. 全分布式光纤传感技术[M]. 北京: 科学出版社, 2013.

张旭苹, 张益昕, 王峰, 等. 基于瑞利散射的超长距离分布式光纤传感技术[J]. 中国激光, 2016, (7): 7-21.

张永林, 狄红卫. 光电子技术[M]. 2 版. 北京: 高等教育出版社, 2012.

郑继红. 光电子技术导论[M]. 北京: 中国科学技术大学出版社, 2015.

周炳琨. 激光原理[M]. 7 版. 北京: 国防工业出版社, 2014.

周锋, 李楠, 刘雪莉, 等. 基于 AD9951 的 DDS 信号发生器设计[J]. 软件导刊, 2020, 19(7): 85-88.

周自刚, 范宗学, 冯杰. 光电子技术基础[M]. 北京: 电子工业出版社, 2015.

周自刚, 胡秀珍. 光电子技术及应用[M]. 北京: 电子工业出版社, 2017.

周自刚, 杨永佳, 陈浩. 光电子技术及应用[M]. 北京: 科学出版社, 2023.

朱京平. 光电子技术基础 [M]. 2 版. 北京: 科学出版社, 2019.

DERICKSON D. Fiber Optic Test and Measurement[M]. Englewood: Prentice Hall PRT, 1998.

HACKER B, WELTE S, REMPE G, et al. A photon-photon quantum gate based on a single atom in an optical resonator[J]. Nature, 2016, 536(7615): 193.

JIAN F, ZHOU G Y, HOU Z Y, et al. Experiment research on optical properties of all microstructure optical fiber laser[J]. Optics & Laser Technology, 2017, 91: 22-26.

JOST J D, HERR T, LECAPLAIN C, et al. Counting the cycles of light using a self-referenced optical microresonator [J]. Optica, 2015, 2(7): 706.

KUO C Y. Fundamental nonlinear distortions in analog links with fiber amplifiers[J]. Journal of Lightwave Technology, 2016, 11(1): 7-15.

LI J B, CHEN B Q, LIU Y, et al. Study on image detection method of navigation route for cotton harvester[J]. Applied Mechanics and Materials, 2012, (246-247): 219-224.

LIGA G, ALVARADO A, AGRELL E, et al. Information rates of next-generation long-haul optical fiber systems using coded modulation[J]. Journal of Lightwave Technology, 2017, 35(1): 113-123.

LIHACHEV G, GORODETSKY M L, KIPPENBERG T J, et al. Frequency combs and platicons in optical microresonators with normal GVD[J]. Optics Express, 2015, 23(6): 7713.

MAHRAN O. Performance studyofmacro-bending EDFA/Raman hybridoptical fiber amplifiers[J]. Optics communications, 2015, 353: 157-164.

PEI L, WENG S, WU L, et al. Progress in Optical Fiber Laser Sensing System[J]. Chinese Journal of Lasers, 2016, 43(7): 0700001.

QI L M. Volleyball action extraction and dynamic recognition based on gait tactile sensor[J]. Journal of Sensors, 2021, (12): 1-11.

UMEZAWA T, KANNO A, KASHIMA K, et al. Bias-Free operational UTC-PD above 110 ghz and its application to high baud rate fixed-fiber communication and w-band photonic wireless communication[J]. Journal of Lightwave Technology, 2016, 34(13): 3137-3147.

WANG B, FAN X, WANG S, et al. Laser phase noise compensation in long-range OFDR by using an optical fiber delay loop[J]. Optics Communications, 2016, 365: 220-224.

WANG H, LI Z, FU C, et al. Solution-processed PbSe colloidal quantum dot-based near-infrared photodetector [J]. IEEE Photonics Technology Letters, 2015, 27(6): 612-615.

WANG R G, CHEN R, ZHANG X P. Two bands of widely tunable microwave signal photonic generation based on stimulated brillouin scattering[J]. Optics Communication, 2013, 277(15): 192-195.

WANG R G, ZHANG X P, HU J H, et al. Photonic generation of tunable microwave signal using brillouin fiber laser [J]. Applied Optics, 2012, 51(7): 1027-1032.

WANG R G, ZHOU L Y, ZHANG X P. Performance of Brillouin optical time domain reflectometer with erbium doped fiber amplifier[J]. Optik, 2014, 125(17): 4764-4767.

WARD B G. Maximizing power output from continuous-wave single-frequency fiber amplifiers[J]. Optics Letters, 2015, 40(4): 542-545.

WOO E J, MOON Y S, CHOI U S, et al. Proposal of Image Detection Algorithm to Implement Hand Gestures[J]. Journal of IKEEE, 2018, 22(4): 1222-1225.

YUAN H, LIU X, AFSHINMANESH F, et al. Polarization-sensitive broadband photodetector using a black phosphorus vertical p-n junction[J]. Nature Nanotechnology, 2015, 156-157(23): 707-713.

ZHANG K H, SHEN H K. Solder joint defect detection in the connectors using improved faster-RCNN algorithm[J]. Applied Sciences, 2021, 11(2): 576-590.

ZHANG L, ZHANG Y, ZHANG J, et al. Fabrication of band-pass filter in optical fiber communication system[J]. Chinese Journal of Lasers, 2016, 43(3): 0305003.

ZHOU B, WU D, LI S G, et al. Photonic generation of multi-frequency phase-coded microwave signal based on a dual-output Mach-Zehnder modulator and balanced detection[J]. Optics Express, 2017, 25(13): 14516.